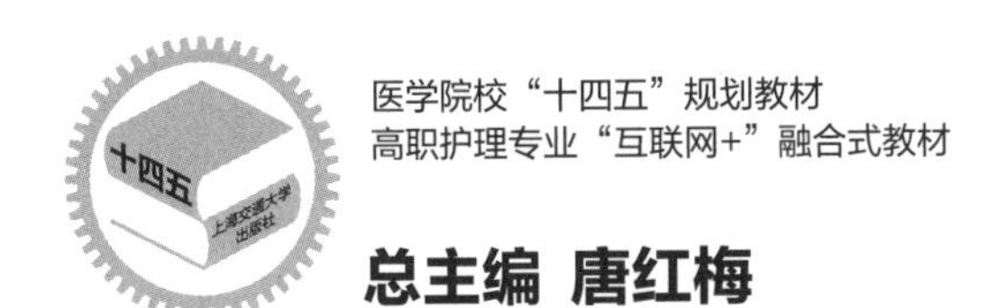

医学院校“十四五”规划教材
高职护理专业“互联网+”融合式教材

总主编 唐红梅

生物化学

主编◎高 玲 蔡太生 刘光艳

数字教材

使用说明：

1. 刮开封底二维码涂层，扫描后下载“交我学”APP
2. 注册并登录，再次扫描二维码，激活本书配套数字教材
3. 如所在学校有教学管理要求，请学生向老师领取“班级二维码”，使用APP扫描加入在线班级
4. 点击激活后的数字教材，即可查看、学习各类多媒体内容
5. 激活后有效期：1年
6. 内容问题可咨询：021-61675196
7. 技术问题可咨询：029-68518879

内容提要

本教材是高职护理专业“互联网+”融合式系列教材之一，围绕护理专业的培养目标和生物化学教学大纲编写而成。全书共11章，分四大模块，分别介绍了生物大分子的化学组成、结构及功能(蛋白质、核酸、酶)，物质代谢及其调节(糖代谢、脂类代谢、蛋白质代谢、核苷酸代谢、生物氧化)，基因信息的贮存、传递与表达(遗传信息的传递)及机能生化(肝脏生化)；还附有6个实训教程，分别介绍了生物化学常用实验操作方法和实验技能。本教材以纸质教材和数字资源相结合的方式呈现，囊括PPT课件、微课、动画、在线案例、拓展阅读、课程思政、案例解析、复习与自测等，可供高职高专护理、助产等专业教学使用，也可作为卫生专业技术人员执业资格考试、自学考试的学习用书。

图书在版编目(CIP)数据

生物化学/高玲，蔡太生，刘光艳主编. —上海：上海交通大学出版社，2023.8

高职护理专业“互联网+”融合式教材/唐红梅总主编

ISBN 978-7-313-28987-2

Ⅰ.①生… Ⅱ.①高…②蔡…③刘… Ⅲ.①生物化学—高等职业教育—教材 Ⅳ.①Q5

中国国家版本馆CIP数据核字(2023)第129713号

生物化学
SHENGWU HUAXUE

主　　编：高　玲　蔡太生　刘光艳
出版发行：上海交通大学出版社　　地　　址：上海市番禺路951号
邮政编码：200030　　电　　话：021-64071208
印　　制：常熟市文化印刷有限公司　　经　　销：全国新华书店
开　　本：787mm×1092mm　1/16　　印　　张：16
字　　数：337千字
版　　次：2023年8月第1版　　印　　次：2023年8月第1次印刷
书　　号：ISBN 978-7-313-28987-2　　电子书号：ISBN 978-7-89424-340-9
定　　价：68.00元

本书编委会

主　编

高　玲　蔡太生　刘光艳

副主编

付凤洋　张守花　钟娈娈

编委会名单（按姓氏汉语拼音排序）

蔡太生　鹤壁职业技术学院

付凤洋　重庆医药高等专科学校

高　玲　滨州职业学院

刘光艳　滨州职业学院

马雪艳　大理大学

孟泉科　三门峡职业技术学院

陶艳阳　鹤壁职业技术学院

张守花　鹤壁职业技术学院

钟娈娈　娄底职业技术学院

朱健美　济南市第四人民医院

出版说明

党的十八大以来，党中央高度重视教材建设，做出了顶层规划与设计，提出了系列新理念、新政策和新举措。习近平总书记强调“坚持正确政治方向，弘扬优良传统，推进改革创新，用心打造培根铸魂、启智增慧的精品教材”。这也为本套教材建设明确了前进方向，提供了根本遵循。

高职护理专业“互联网+”融合式教材是由上海交通大学出版社联合上海健康医学院牵头组织编写。教材编写得到全国十余所职业院校的积极响应与大力支持，由护理教育专家、护理专业一线教师、出版社编辑组成“三结合”编写队伍。编写团队在前期调研的基础上，结合我国护理卫生职业教育教学特点，深入贯彻落实习近平总书记关于职业教育工作和教材工作的重要指示批示精神，全面贯彻党的教育方针，落实立德树人根本任务，突显高等职业教育护理专业的特点，在注重“三基(基本理论、基本知识、基本技能)、五性(思想性、科学性、时代性、启发性、适用性)、三特定(特定对象为三年制高职专科护理专业学生、特定要求为纸质教材与互联网平台资源有机融合、特定限制为教材总字数应与教学时数相适应)”基础上，以“十四五”时期全面推进健康中国建设对护理岗位工作实践提出的新要求为出发点，以教育部发布的《高等职业学校护理专业教学标准》

等重要文件为书目制订和编写依据，以打造具有护理职业教育特点的立体教材为特色，紧紧围绕培养理想信念坚定，具有良好职业道德和创新意识，能够从事临床护理、社区护理、健康保健等工作的高素质技术技能人才为目标。全套教材共27册，包括专业基础课8册，专业核心课7册，专业扩展课12册。

本套教材编写具有如下特色：

1. 统分结合，目标清晰

本套教材的编写团队由全国卫生职业教育教学指导委员会护理类专业教学指导委员会主任委员唐红梅研究员领衔，集合了国内十余家院校的专家、学者。教材总体设计围绕学生护理岗位胜任力和数字化护理水平提升为目标，符合三年制高职专科学生教育教学规律和人才培养规律，在保证单册教材知识完整性的基础上，兼顾各册教材之间的有序衔接，减少内容交叉重复，使学生的培养目标通过各分册立体化的教材内容得以全面实现。

2. 立德树人，全程思政

本套教材紧紧围绕立德树人根本任务，强化教材培根铸魂、启智增慧的功能，把习近平新时代中国特色社会主义思想及救死扶伤、大爱无疆等优秀文化基因融入教材编写全过程。教材编写团队通过精心设计，巧妙结合，运用线下、线上全时空渠道，将教材与护理人文、职业认同、专业自信等课程思政内容有机融合，将护理知识、能力、素质培养有机结合，引导学生树立正确的护理观、职业观、人生观和价值观，着眼于学生"德智体美劳"全面发展。

3. 守正创新，科学专业

本套教材编写坚持"三基、五性、三特定"的原则，既全面准确阐述护理专业的基本理论、基础知识、基本技能和理论联系实践体系，又能根据群众差异化的护理服务需求，构建全面全程、优质高效的护理服务体系需要，充分反映护理实践的变化、反映护理学科教学和科研的最新进展。教材编写内容科学准确、术语规范、逻辑清晰、图文得当，符合护理课程标准规定的知识类别、覆盖广度、难易程度，符合护理专业教学科学，具有鲜明护理专业职业教育特色，满足护理专业师生的教与学的要求。

4. 师生共创，共建共享

本套教材编写过程中广泛听取一线教师、护理专业学生对教材内容、形式、教学资源等方面的意见，再根据师生用书数据信息反馈不断改进编写策略与内容。师生用书过程中，还可以通过云端数据的共建共享，丰富教学资源、更新教与学的内容，为广大用书教师提供个性化、模块化、精准化、系统化、全方位的教学服务，助力教师成为“中国金师”。同时，教材为用书学生提供精美的视听资源、生动有趣的案例，线上、线下互动学习体验，助力学生护理临床思维养成，激发学生的学习兴趣及创新潜能。

5. 纸数融合，动态更新

本套教材纸质课本与线上数字化教学资源有机融合，以纸质教材为主，通过思维导图，便于学生了解知识点构架，明晰所学内容。依托纸媒教材，通过二维码链接多元化、动态更新的数字资源，配套“交我学”教学平台及移动终端 APP，经过一体化教学设计，为用书师生提供教学课件、在线案例、知识点微课、云视频、拓展阅读、直击护考、处方分析、复习与自测等内容丰富、形式多样的富媒体资源，为现代化教学提供立体、互动的教学素材，为“教师教好”和“学生学好”提供一个实用便捷、动态更新、终身可用的护理专业智慧宝库。

打造培根铸魂、启智增慧的精品教材不是一蹴而就的。本套融合式教材也需要不断总结、调整、完善、动态更新，才能使教材常用常新。希望全国广大院校在使用过程中能够多提供宝贵意见，反馈使用信息，以逐步完善教材内容，提高教材质量，为建设中国特色高质量职业教育教材体系做出更多有益的研究与探索。最后，感谢所有参与本套教材编写的专家、教师及出版社编辑老师们，因为有大家辛勤的付出，本套教材才能顺利出版。

前　言

随着人民生活水平的提高和医疗卫生技术的发展，社会对护理从业人员提出了更高的职业技术和素质要求。为此，上海交通大学出版社组织全国高等院校护理专业骨干教师及行业精英一起，对优质资源进行产教融合，编写一套老师好用、学生好学，能够引领国内护理职业教育发展方向的、线上线下动态的、新型的多媒体护理专业精品教材。

生物化学是医护专业的一门重要的专业基础课程，为后续专业课程学习奠定坚实的基础。本教材紧紧围绕护理专业的培养目标，结合后续课程和岗位实际工作对知识、能力和素质的要求，按“必需、够用”和“科学性、系统性、实用性、创新性、简洁性、趣味性”的原则，采用“任务驱动、项目导向”模式合理安排生物化学教学内容，并根据教学内容确定教学难点、痛点、趣味点，以体现高职高专的教育特色。另外，梳理、提炼出生物化学知识点里的思政元素，进行“融入式”设计，激发学生的爱国情怀和责任担当意识，达到润物细无声的育人效果。

教材按三年制护理大专 32 学时编写，内容包括绪论、有机化学、蛋白质化学、核酸化学、酶和维生素、生物氧化、糖代谢、脂类代谢、氨基酸与核苷酸代谢、遗传信息的传递、肝脏化学 11 个章节。每个章节分别列出学习目标、思维导图、案例导入、案例回顾及精美的图表，并通过二维码链接生物化学新进展、新成果等丰富、多元化的数字资源。这些内容将有助于学生明确学习目标、提高学习兴趣和美感、拓宽视野，培养学生的创新思维。为培养学生动手能力和提高学生操作技能，本教材还编排了6个实验，供教师在教学时选用。

本教材供高职高专护理、助产等专业教学使用，也可作为卫生专业技术人员执业资格考试、自学考试的学习用书。

本书在编写过程中，得到了上海交通大学出版社编辑的悉心指导和各位编者所在院校的大力支持，在此一并致谢！对本书所引用的参考文献的原作者也表示衷心的感谢。

限于编者水平，教材中难免有疏漏和不妥之处，敬请同行专家和使用本教材的师生们批评指正，提出宝贵的意见和建议，帮助我们进一步完善和提高。

编　者

2023年4月12日

目　录

第一章　绪　论

章前引言

生物化学(biochemistry)常被简称为生化,是研究生命物质特别是生物大分子的化学组成、结构、功能以及生命活动过程中各种化学变化规律的科学。它主要以应用生物学、化学和免疫学等的原理、方法和技术从分子水平探讨生命现象的本质。而医药生物化学则关注人类和人类疾病相关的生化性质,人体中蛋白质、糖类、脂类、核酸等生物大分子的结构和功能,物质代谢,信号转导,生命遗传物质的遗传变异和表达调控,以及疾病发生和治疗相关的生物化学问题等。对一些常见病和严重危害人类健康的疾病的生化问题进行研究,有助疾病的预防、诊断和治疗。

学习目标

1. 知道生物化学这门课的特点和研究内容。
2. 了解生物化学的发展简史。
3. 根据生物化学和医学的关系解决实际问题。

思维导图

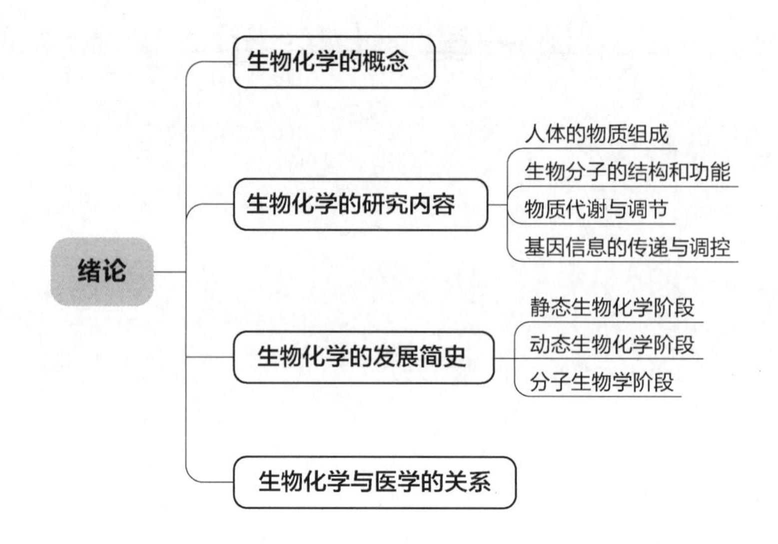

第一节 生物化学的研究内容

云视频 1-1 生物化学的介绍

生物化学的研究对象和范围涉及整个生物界。而医用生物化学侧重于研究人体内发生的各种化学变化，主要集中在以下几个方面。

一、人体的物质组成

组成人体的基本单位是细胞，而细胞又是由成千上万种化学物质所组成的，主要由无机物、小分子有机物和生物大分子构成。活细胞的有机物主要由碳、氢、氧、氮、磷、硫等元素组成。人体的主要物质包括水（占体重的 55%～67%）、蛋白质（占体重的 15%～18%）、脂类（占体重的 10%～15%）、无机盐（占体重的 3%～4%）、糖类（占体重的 1%～2%）。除此之外，还有核酸、维生素、激素等多种化合物。

拓展阅读 1-1 人体元素的作用

二、生物分子的结构和功能

医用生物化学的重点是对人体生物大分子的研究，如蛋白质、多糖、复合脂类、核酸等大分子的结构和功能。生物大分子通常是由基本结构单位按一定顺序和方式连接而形成的多聚体。因此，对生物大分子的研究，除了确定其基本结构外，更重要的是研究其空间结构及其功能关系。结构是功能的基础，而功能则是结构的体现。尽管生物大分子种类繁多、结构复杂、功能各异，但其结构具有一定的规律性。

三、物质代谢与调节

生命体的最基本特征是新陈代谢，它在生物体的调节控制之下有条不紊地进行，可分为合成代谢和分解代谢。即机体在生命活动中，一方面不断地从外界环境中摄取氧气和营养物质，并将其转化成自身的组分，以实现生长发育和组分的更新，同时储存能量，这个过程称为合成代谢。另一方面，体内的组分不断地分解，转化成代谢终产物并将其排出体外，同时释放能量供机体利用，这个过程称为分解代谢。在新陈代谢过程中，物质的合成代谢和分解代谢总称为物质代谢，能量的释放利用和储存转化则称为能量代谢。物质代谢与能量代谢密切相关、相互依存。生物体内的物质代谢主要包括糖、脂类、蛋白质和核酸代谢，其本质是一系列复杂的化学反应过程，这些反应过程绝大部分是由酶催化的。在神经、体液等全身性调节因素的作用下，酶的活性或含量的变化对物质代谢的调节起着重要作用。

四、基因信息的传递与调控

基因表达的调控是分子遗传学研究的一个中心问题。在生物体内，每一次细胞分裂增殖都包含着细胞核内遗传物质的复制传递。遗传信息的传递涉及遗传、变异、生长、分化、衰老和死亡等诸多生命过程。DNA是遗传信息的载体，通过半保留复制合成子代DNA；通过转录把DNA上的遗传信息转录成RNA，即为RNA（mRNA、tRNA、rRNA）的合成。再以mRNA为模板合成能执行各种生理功能的蛋白质。随着人类基因组计划（human genome project，HGP）的完成，包含3万～4万个基因的人类染色体核苷酸序列已全部测定出来。在利用分子生物学技术深入探讨发病过程，从基因水平上理解疾病的发病机制，将为研究这些疾病的发生、发展、诊断和治疗提供新的手段。

第二节　生物化学的发展简史

拓展阅读1-2　示踪原子与医学检测

生物化学的研究始于18世纪，在20世纪初作为一门独立的学科发展起来，近代又有了诸多重大进展和突破，是一门既古老又年轻的学科。它的发展历程大致可分为3个阶段：静态生物化学阶段、动态生物化学阶段和分子生物学阶段。

一、静态生物化学阶段

18世纪中叶到20世纪初是生物化学发展的萌芽阶段，这一阶段的主要工作是分析和研究生物体的组成、结构、性质和功能等，被称为静态生物化学阶段。

“生物化学”这一名词的出现在19世纪末、20世纪初，但它的起源可追溯得更远。它的研究起始于1883年，安塞姆·佩恩发现了第一个酶——淀粉酶。1896年，爱德华·毕希纳阐释了一个复杂的生物化学进程：在酵母细胞提取液中的乙醇发酵过程。“生物化学”这一名词在1882年就已经有人使用；但直到1903年，当德国化学家卡尔·纽伯格使用后，“生物化学”这一词汇才被广泛接受。

取得的主要成就：对糖类、脂类和氨基酸的性质进行了较为系统的研究；从血液中分离出了血红蛋白；发现了核酸和酶，认识了酶的基本特性；化学合成了简单的多肽。

二、动态生物化学阶段

20世纪初期至中期，生物化学进入了蓬勃发展阶段，就在这一时期，人们基本上弄清了生物体内各种主要化学物质的代谢途径。由于代谢过程处于动态变化中，故此阶段被称为动态生物化学阶段。

这一阶段典型的事件：1912年霍普金斯发现了食物辅助因子——维生素。1921年，班廷和贝斯特首次发现胰岛素。1926年，奥图·瓦伯格发现了呼吸作用的关键酶——细胞色素氧化酶。1937年，汉斯·阿道夫·克雷布斯发现了三羧酸循环。1944年，恩伯顿等完全阐述了糖酵解的整个途径，揭示了生物化学的普遍性。

取得的主要成就：在营养学方面，发现了人类必需氨基酸、必需脂肪酸及多种维生素；在内分泌方面，发现了多种激素；在酶学方面，酶结晶获得成功；在物质代谢方面，由于化学分析和同位素示踪技术的发展与应用，对生物体内主要物质的代谢途径已基本确定，包括糖代谢的酶促反应过程、脂肪酸β-氧化、尿素合成途径等；在遗传学方面，确定了DNA是遗传的物质基础。

拓展阅读1-3　人类基因组计划

三、分子生物学阶段

20世纪后半叶以来，生物化学发展最显著的特征是分子生物学的崛起。这一阶段的主要研究工作就是探讨各种生物大分子的结构与其功能之间的关系。

比较典型的事迹：1953年，詹姆斯·沃森和弗朗西斯·克里克提出了DNA双螺旋结构模型，为揭示遗传信息传递的规律奠定了基础。DNA双螺旋结构模型是生物化学发展进入分子生物学时期的重要标志。生命科学的发展进入分子生物学时代。此后，对DNA的复制机制、DNA的转录过程以及各种RNA在蛋白质合成过程中的作用进行了深入研究，并提出DNA与遗传信息传递之间的关系。1958年，弗朗西斯·克里克提出了遗传信息传递的中心法则。1966年，尼伦伯等破译了mRNA分子中的遗传密码，由此人们找到了破解生命之谜的钥匙。20世纪70年代，重组DNA技术的建立不仅促进了对基因表达调控的研究，而且使人们主动改造生物体成为可能。由此，相继获得了多种基因工程产品，大大推进了医药的发展。20世纪80年代，核酶(ribozyme)的发现补充了人们对生物催化剂本质的认识。聚合酶链式反应(polymerase chain reaction,PCR)技术的发明,更使人们在体外高效扩增DNA成为可能。1985年,美国科学家率先提出"人类基因组计划",该计划于1990年正式启动。2003年,美、中、日、德、法、英等六国科学家宣布人类基因组序列图绘制成功。目标是完成人类基因组DNA中30亿个碱基对的全部测序工作,绘制出人类基因的基因图谱、物理图谱和序列图谱。在此基础上,后基因组计划将进一步深入研究各种基因的功能与调节。今后,一旦某个疾病位点被定位,就可以从局部的基因图中筛选出相关基因并进行分析。

随着人类基因组计划测序工作的完成,生物化学进入后基因组时代,各种基因的功能与调控成为人们深入研究的对象。该领域的研究成果必将进一步加深人们对生命的认识,同时也为人类的健康和疾病的研究带来根本性的变革,将大大推动医学的发展。

第三节 生物化学与医学的关系

生物化学是生命科学领域中一门重要的基础学科。它和医学各学科密切相关,相互促进。其理论和技术已经渗透到基础医学和临床医学的各个领域。各种疾病发病机制阐述、诊断手段、治疗方案和预防措施等的实施,无一不依据生物化学的理论和技术。因此,只有扎实地掌握生物化学的基本理论和技术才能成为合格的医务工作者。

生物化学是基础医学中重要的必修课之一。对与其关系比较密切的遗传学、生理学等领域有深刻的影响。生物化学的理论和方法与临床实践的结合,产生了医学生化的许多领域,例如,研究生理功能失调与代谢紊乱的病理生物化学,以酶的活性、激素的作用与代谢途径为中心的生化药理学,与器官移植和疫苗研制有关的免疫生化等。通过对生物高分子结构与功能进行深入的研究,揭示生物体物质代谢、能量转换、遗传信息传递、神经传导、免疫和细胞间通信等许多奥秘,使人们对生命本质的认识跃进到一个崭新的阶段。

生物化学与临床医学关系十分密切,对一些常见病和严重危害人类健康的疾病的生化问题进行研究,有助预防、诊断和治疗的进行。如血清中肌酸激酶同工酶的电泳图谱用于诊断冠心病、淀粉酶用于胰腺炎诊断等。现已证实,临床上许多疾病的发生与物质代谢的紊乱、物质缺乏有关。例如,糖尿病、黄疸是由物质代谢紊乱引起的,酪氨酸酶基因的缺陷会导致白化病,维生素D缺乏会导致佝偻病等。对体液内各种生化指标(如糖、无机盐、酶类等)进行检测,已成为疾病诊断的常规手段。

在治疗方面,磺胺类药物的发现开辟了利用抗代谢物作为化疗药物的新领域,如5-氟尿嘧啶用于治疗肿瘤。青霉素的发现开创了抗生素化疗药物的新时代,再加上各种疫苗的普遍应用,使很多严重危害人类健康的传染病得到控制或基本被消灭。

为了更深层次地探索疾病的病因,做出更为准确、灵敏的诊断及更为有效的防治方案,人们对医学的研究深入到分子水平。近年来,人类对一些重大疾病,如恶性肿瘤、免疫性疾病等在分子水平上展开了研究，并在这些疾病的发生、发展、诊断、预防和治疗等方面取得了许多重要的成果。当前迅速发展的基因诊断和基因治疗，也为临床医学的诊断和治疗带来了全新的理念。这些都离不开生物化学理论和技术的支持。

生物化学在临床护理中也起着重要的指导作用。如配药是临床护士的一项主要职责，避免输液时药物配伍禁忌、药物溶解不全等造成的浪费和损失，均要运用生物化学的知识。在临床给药的途径中，需要根据药物的理化性质、药物代谢动力学等特点选择溶媒，给药时合理的滴速等是从细胞的生化和生理特点考虑的。以抗生素为例，抗生素的溶媒必须是等渗溶液，否则会导致细胞胀裂而亡。如果静脉滴注抗生素的滴速太快，会引起局部药物浓度过高导致不良反应；速度过慢会使血药浓度达不到最低抑菌和杀菌浓度而影响药效。另外，还要考虑药物半衰期的问题，以确定给药时间，这些均需要生物化学知识。为此，护士在配药过程中，不仅需要加强无菌意识，注意规范护理操作，还需要考虑药物的理化性质和药物在体内代谢的特点，才能更好地运用到临床护理中。

课堂互动1-1　医院里用碘酒消毒的生物化学原理是什么？

（张守花）

数字课程学习

○教学 PPT　○复习与自测　○更多内容……

第二章　有机化学

章前引言

生物有机化学是有机化学和生物化学的交叉领域，是将有机化学研究的理论和方法向生命科学渗透的学科，负责在分子水平上研究生物过程的化学本质。生物有机化学是生命科学的一个分支，是用化学手段处理生物学过程的学科。

生物有机化学的具体研究内容包括分析生物分子(如蛋白质、核酸)的结构、性质、合成，以及酶和酶促有机反应的具体机制等。

学习目标

1. 知道各类有机化合物的命名、结构、性质以及它们之间的相互关系，为解决生物有机化学问题打下基础。
2. 理解各种有机化学反应的基本特征和原理。
3. 知道各类重要有机化合物的来源及其主要用途。
4. 描述各类有机化合物的结构。
5. 根据有机化合物分子结构、性质与功能的关系，判断疾病产生的原因。

思维导图

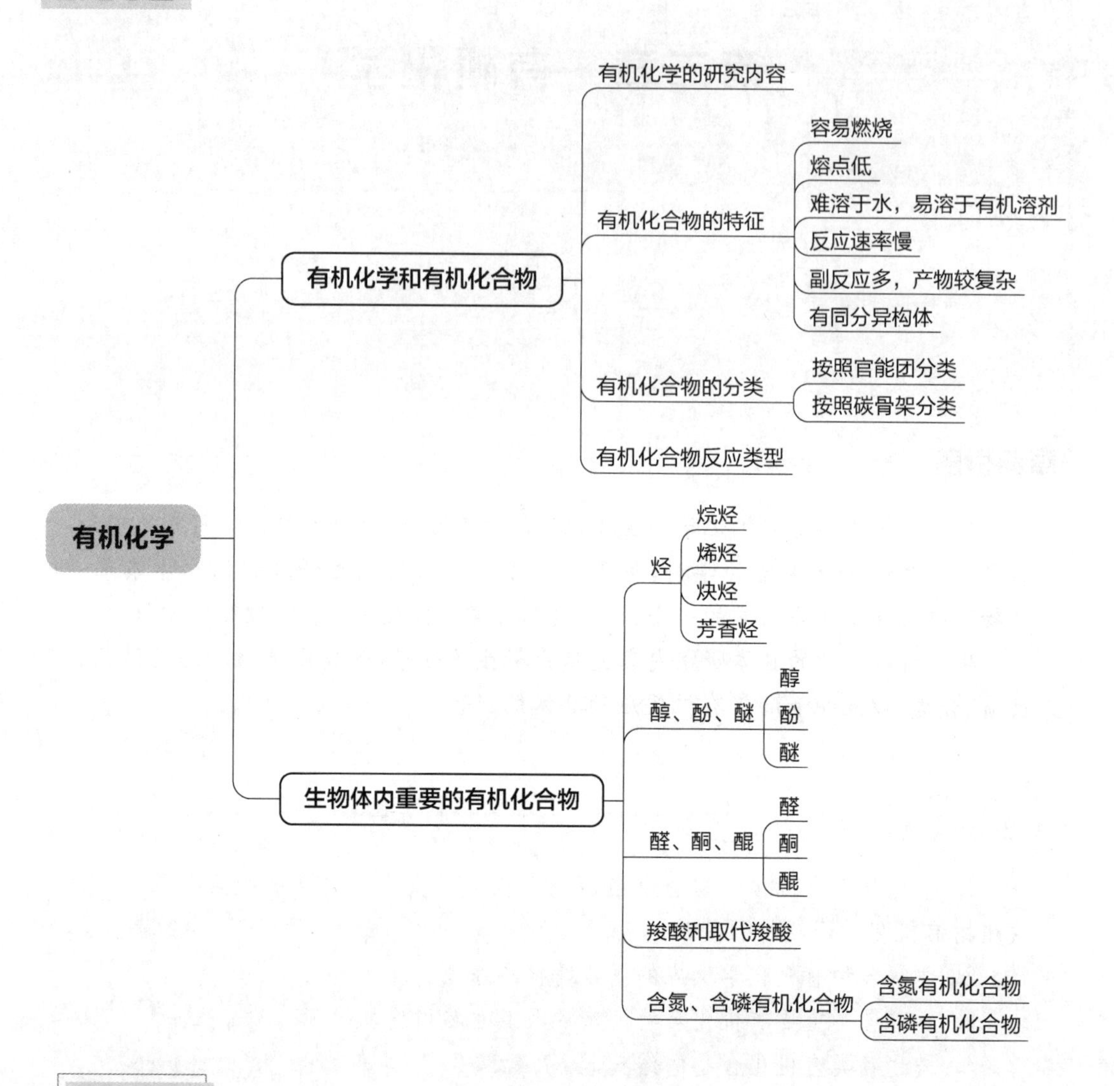

案例导入

张某，女，45岁，在农田里喷洒农药回来后，感觉心里不舒服，并出现呕吐，头晕，胸闷等症状。张某平时身体健康，无过敏史。去医院就诊，经查张某的血清胆碱酯酶含量小于300 U/L，而正常参考值为4 300～10 500 U/L。

问题：

1. 患者出现上述症状的原因是什么？

2. 患者的症状该如何救治？

第一节　有机化学和有机化合物

拓展阅读 2-1　有机化学在生命科学领域的应用

有机化学是化学学科的一个分支，它的研究对象是有机化合物。

什么是有机化合物？早期化学家将所有物质按其来源分为两类，把从生物体中获得的物质定义为有机化合物，从非生物或矿物中得到的物质定义为无机化合物。现在绝大多数有机物已不是从天然的有机物体内取得，但是由于历史和习惯的原因，仍用它来称呼一类具有许多共同特性的化合物为有机化合物。所有有机物含有碳元素，绝大多数含有氢元素，还有一些含有氧、氮、硫、磷、氯等元素，但习惯上把碳本身和简单的碳化合物看作无机化合物，如 CO、CO_2、CS_2、HCN 等。

一、有机化学的研究内容

有机化学的研究内容非常广泛，主要包括有机化合物的分离和提纯、有机化合物元素组成的定性和定量分析、有机化合物结构的确定、有机反应的研究、有机化合物的物理和生理性质的研究等。

二、有机化合物的特征

1. *容易燃烧*　一般有机化合物都容易燃烧。如果分子中只含 C、H、O，则最终产物是 CO_2 和 H_2O，不留残渣，这个性质常用来区别有机物和无机物，但 CCl_4 不燃烧。

2. *熔点低*　有机化合物在室温下常为气体、液体或低熔点的固体。因为有机化合物中化学键主要是共价键，极性较小，而且有机化合物是一个分子晶体，晶格之间是范德华力，晶格能小，所以熔点低。

3. *难溶于水，易溶于有机溶剂*　根据相似相溶原理，水是极性分子，而有机物大多是非极性分子或极性较弱的分子，因此难溶于水，易溶于有机溶剂。

4. *反应速率慢*　大多数反应需加热、光照或加催化剂，以供给或减少断裂共价键所需的能量。

5. *副反应多，产物较复杂*　有机分子组成复杂，反应时有机分子的许多部分都会受到影响，即反应时并不限定在分子某一部位。因此，一般在得到主产物的同时还有副产物生成。

6. *有同分异构体*　又称同分异构物，是指有相同的分子式，却有着不同的“结构式”的一类物质。如甲醚（CH_3OCH_3）和乙醇（CH_3CH_2OH）是同分异构体。虽然它们的分子组成相同，但却是不同的物质。

三、有机化合物的分类

1. *按照官能团分类* 决定一类化合物典型性质的原子或原子团叫作官能团。具有相同官能团和相似结构的化合物具有相似的性质,化合物按照官能团进行分类,反映了有机化合物之间的内在联系。表 2-1 所示为一些重要的官能团的结构和名称。

表 2-1 一些重要官能团的结构和名称

有机物类型	通式	官能团	举例
烷烃	R—H	单键	CH_4、CH_3CH_3、△
烯烃	$>C=C<$	碳碳双键	$CH_2=CH_2$
炔烃	—C≡C—	碳碳三键	$CH_3—C≡C—CH_3$
芳烃	六取代苯环(R、R、R、R、R、R)	芳环	苯环
醇和酚	ROH,ArOH	—OH	CH_3OH、苯环—OH
醚	R—O—R′	—O—	CH_3OCH_3、$ArOCH_3$
胺	$R—NH_2$	$—NH_2$	CH_3NH_2、$C_6H_5NH_2$
醛	R—C(=O)—H	—CHO	CH_3CHO、C_6H_5CHO
酮	R—C(=O)—R′	$>C=O$	CH_3COCH_3
羧酸	RCOOH	—COOH	CH_3COOH、C_6H_5COOH
酯	RCOOR′	—COOR′	CH_3COOCH_3

2. *按照碳骨架分类* 按照碳链结合方式的不同,可分为开链化合物(脂肪族化合物)、碳环族化合物和杂环化合物三类。

四、有机化合物反应类型

1. *取代反应* 指有机物分子中的某些原子或原子团被其他原子或原子团所代替的反应。如酯化反应、酯的水解反应等。由于取代反应广泛存在,可以认为所有的有机物都能发生取代反应。

2. *加成反应* 指有机物分子中不饱和的碳原子跟其他原子或原子团直接结合并生成新的化合物的反应。如醛、酮催化加氢;油脂的加氢硬化。

3. *消去反应* 指有机物在适当的条件下,从一个分子脱去一个小分子(如水、HX

等），而生成不饱和（双键或三键）化合物的反应。如醇的消去反应等。此外，醇或卤代烃的消去反应需要满足一定的结构条件。

4. 脱水反应　指有机物在适当的条件下，脱去相当于水的组成的氢氧元素的反应。包括分子内脱水（消去反应）和分子间脱水（取代反应）。

5. 水解反应　属于取代反应，指的是有机物与水发生的反应。有机化学里能够与水发生水解反应的物质，一般包括酯和油脂水解等。

6. 氧化反应　指有机物加氧或去氢的反应。如醇的催化氧化，苯酚在空气中放置转化成粉红色物质（醌）等。

7. 还原反应　指的是有机物加氢或去氧的反应。如醛、烯及其同系物、酚、不饱和油脂等有机物的催化加氢。

8. 酯化反应　指酸和醇作用生成酯和水的反应（一般需要浓硫酸催化）。并非所有生成酯的反应都属于酯化反应，比如 $CH_3COONa+CH_3CH_2Br \longrightarrow CH_3COOCH_2CH_3+NaBr$ 的反应就不属于酯化反应。

9. 显色反应　指将试样中被测组分转变成有色化合物的化学反应。如淀粉溶液加碘水后显蓝色；蛋白质（分子中含苯环的）加浓硝酸后显黄色。

第二节　生物体内重要的有机化合物

一、烃

由碳和氢两种元素组成的有机物叫作烃，也叫作碳氢化合物（hydrocarbon，HC）。分子中根据碳架结构可以把烃分成饱和烃与不饱和烃两大类。饱和烃一般是指烷烃和环烷烃，不饱和烃一般包括烯烃、炔烃和芳香烃等。

（一）烷烃

1. 概念　烷烃（paraffin hydrocarbon）是指分子中的碳原子以单键相连，其余的价键都与氢原子结合而成的化合物。烷烃属于饱和烃，烷烃的通式可写为 C_nH_{2n+2}。

2. 命名　烷烃常用的命名法有普通命名法和系统命名法两种。

1）普通命名法（习惯命名法）　一般只适用于简单、含碳较少的烷烃，基本原则是根据分子中碳原子的数目称“某烷”。碳原子数在十以内时，用天干字甲、乙、丙、丁、戊、己、庚、辛、壬、癸表示；碳原子数在十个以上时，则以十一、十二、十三……表示。例如戊烷和十二烷。

$CH_3CH_2CH_2CH_2CH_3$	$CH_3(CH_2)_{10}CH_3$
戊烷	十二烷

为了区别异构体，直链烷烃称“正”某烷；在链端第二个碳原子上连有一个甲基且无

其他支链的烷烃,称“异”某烷;在链端第二个碳原子上连有 2 个甲基且无其他支链的烷烃,称“新”某烷。例如:戊烷的 3 种异构体,分别称为正戊烷、异戊烷、新戊烷。

$$CH_3CH_2CH_2CH_2CH_3 \qquad \begin{array}{l} CH_3\underset{\displaystyle CH_3}{\underset{|}{C}}HCH_2CH_3 \end{array} \qquad \begin{array}{c} CH_3 \\ | \\ CH_3-C-CH_3 \\ | \\ CH_3 \end{array}$$

正戊烷　　　异戊烷　　　新戊烷

2) 系统命名法　对于结构复杂的烷烃,则按以下原则命名。

(1) 选主链:在分子中选择一个最长的碳链作主链,根据主链所含的碳原子数叫作某烷。主链以外的其他烷基看作主链上的取代基,同一分子中若有 2 条以上等长的主链时,则应选取分支最多的碳链作主链。例如:正确的选择是 2,不是 1。

1

$$\boxed{CH_3CH_2CH_2-CH-CH_2CH_3}$$
$$\begin{array}{l} \qquad\qquad\qquad\quad | \\ \qquad\qquad\qquad\quad CH-CH_3 \\ \qquad\qquad\qquad\quad | \\ \qquad\qquad\qquad\quad CH_3 \end{array}$$

2

$$\begin{array}{l} CH_3CH_2CH_2-CH-CH_2CH_3 \\ \qquad\qquad\qquad\quad | \\ \qquad\qquad\qquad\quad CH-CH_3 \\ \qquad\qquad\qquad\quad | \\ \qquad\qquad\qquad\quad CH_3 \end{array}$$

(2) 编序号:由距离支链最近的一端开始,将主链上的碳原子用阿拉伯数字编号。将支链的位置和名称写在母体名称的前面,阿拉伯数字和汉字之间必须加一半字线隔开。如 3-甲基丁烷。

$$\begin{array}{l} 6\quad 5\quad 4\quad 3\quad 2\quad 1 \\ CH_3CH_2CH_2CHCH_2CH_3 \\ \qquad\qquad\quad | \\ \qquad\qquad\quad CH_3 \end{array}$$

(3) 写名称:如果含有几个相同的取代基时,要把它们合并起来。取代基的数目用二、三、四……表示,写在取代基的前面,其位次必须逐个注明,位次的数字之间要用逗号隔开。如 2,2,3-三甲基己烷。

$$\begin{array}{l} \qquad\qquad\qquad\qquad\quad CH_3\ \ CH_3 \\ \qquad\qquad\qquad\qquad\quad |\qquad | \\ CH_3-CH_2-CH_2-CH-C-CH_3 \\ \qquad\qquad\qquad\qquad\qquad\quad | \\ \qquad\qquad\qquad\qquad\qquad\quad CH_3 \end{array}$$

3. 性质　烷烃中最简单的是甲烷,分子式是 CH_4,乙烷、丙烷、丁烷和戊烷的分子式分别为 C_2H_6,C_3H_8,C_4H_{10} 和 C_5H_{12}。这样一系列化合物叫作同系列,同系列中的各个化合物彼此互称为同系物,CH_2 则叫作同系列的系差。同系物具有相类似的化学性质,其物理性质一般随分子中碳原子的递增而有规律地变化。总之,分子量越大的烷烃,其熔沸点越高,密度越大。烷烃是非极性分子,根据“相似相溶”经验规律,烷烃不溶于水,而易溶于有机溶剂,如乙醚等。图 2-1 所示为甲烷分子的模型。

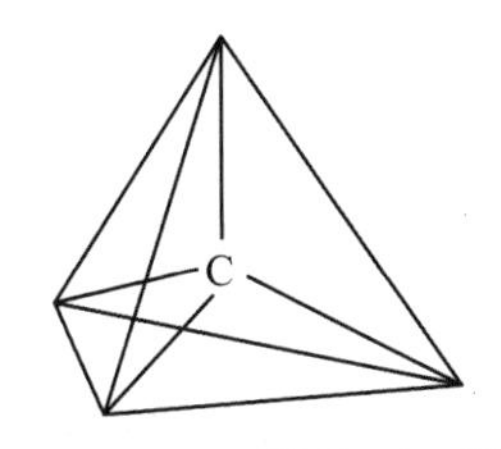

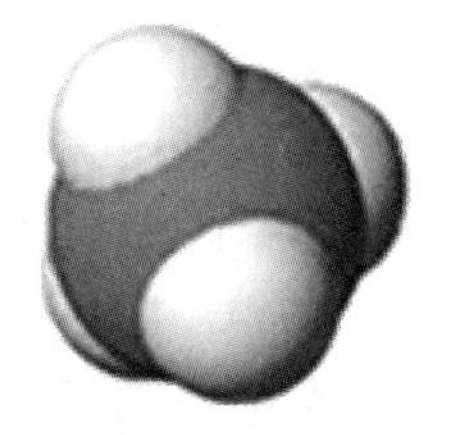

图 2-1　甲烷分子的模型

烷烃中的碳都是饱和的，所以化学性质稳定。在常温下与强酸、强碱、强氧化剂及还原剂都不易反应。结构决定性质，因此它的同系物化学性质也基本相似。但是同系列中碳原子数差别较大的，反应速率会有较大差别，有时甚至不反应。

1）取代反应　被卤素取代的反应称卤代反应。

$R—H+X_2 \xrightarrow{\triangle或hv} R—X+HX$　R—X(X=Cl、Br)为卤代烷。

烷烃与卤素在室温和黑暗中并不起反应，但在高温下或光照下，可以发生反应生成卤代烷和卤化氢。

2）氧化反应　烷烃在空气中燃烧、完全氧化生成碳和水，同时放出大量的热能。

$$C_nH_{2n+2}+\frac{3n+1}{2}O_2 \longrightarrow nCO_2+(n+1)H_2O+热能$$

（二）烯烃

1. 概念　分子结构中碳原子间含有碳碳双键(>C=C<)的烃，叫作烯烃(alkene, olefin)。烯烃的通式为 C_nH_{2n}。

2. 命名　烯烃系统命名法和烷烃的相似。简单的烯烃命名要点主要有以下几点：

(1) 选择含碳碳双键的最长碳链为主链，称为“某烯”。

(2) 从最靠近双键的一端开始，将主链碳原子依次编号。

(3) 将双键的位置标明在烯烃名称的前面。

(4) 其他同烷烃的命名。另外，烯烃还有顺反命名法和顺序规则法等。

3. 性质　乙烯是烯烃中的第一个成员，是由 2 个碳原子和 4 个氢原子组成的化合物。2 个碳原子之间以碳碳双键连接(见图 2-2)。

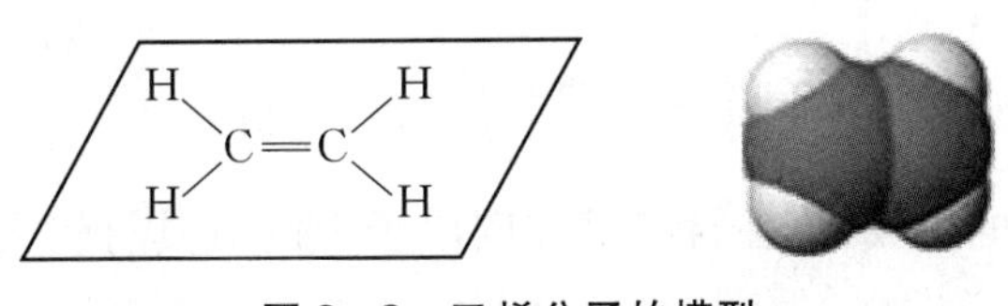

图 2-2　乙烯分子的模型

云视频 2-1　乙烯

1）加成反应　烯烃能与卤化氢气体或浓的氢卤酸发生加成反应，生成卤代烷。加成反应的难易程度：HI>HBr>HCl。

$$CH_2{=}CH_2 + HCl \xrightarrow[AlCl_3]{130\sim250\ ℃} CH_3CH_2Cl$$

2）氧化反应　烯烃容易被高锰酸钾等氧化剂所氧化，生成中间体之后再生成邻位二元醇。

$$3CH_3{-}CH{=}CH_2 + 2KMnO_4 + 4H_2O \longrightarrow 3CH_3{-}\underset{\large OH}{\underset{|}{CH}}{-}\underset{\large OH}{\underset{|}{CH_2}} + 2MnO_2 + 2KOH$$

（三）炔烃和二烯烃

1. 概念　分子结构中碳原子间含有碳碳三键（—C≡C—）的烃，叫作炔烃（alkyne），它的通式为 C_nH_{2n-2}。分子中含有2个双键的开链烃，叫作二烯烃（diene）。二烯烃的通式和炔烃的相同。

2. 命名　炔烃的系统命名法和烯烃相似，只是将“烯”字改为“炔”字。二烯烃的命名与烯烃相似，选择含有2个双键的最长的碳链为主链，从距离双键最近的一端经主链上的碳原子编号，词尾为“某二烯”，2个双键的位置用阿拉伯数字标明在前，中间用短线隔开。若有取代基时，则将取代基的位次和名称加在前面。例如：

$CH_2{=}C(CH_3)CH{=}CH_2$　2-甲基-1,3-丁二烯

3. 性质

1）乙炔的性质　乙炔是最简单的炔烃。其化学式是 C_2H_2，结构式是 H—C≡C—H，所有的原子在一条直线上。三键是炔烃的官能团，炔烃的化学性质主要发生在三键上。炔烃的加成活泼性不如烯烃，三键碳上的氢显示一定的酸性。

（1）加成反应：乙炔与卤素加成的速度比乙烯慢，乙烯可以使溴水很快褪色，而乙炔则需要较长时间才能使溴水褪色。

$$HC{\equiv}CH \xrightarrow{Br_2,\ H_2O} Br{-}CH{=}CH{-}Br \xrightarrow{Br_2,\ H_2O} H{-}\underset{\large Br}{\underset{|}{\overset{\large Br}{\overset{|}{C}}}}{-}\underset{\large Br}{\underset{|}{\overset{\large Br}{\overset{|}{C}}}}{-}H$$

（2）氧化反应：和乙烯一样，炔烃也容易被高锰酸钾等氧化，但其产物主要是羧酸或 CO_2。

$$HC{\equiv}CH \xrightarrow{KMnO_4/H^+} CO_2 + MnO_2$$

（3）金属炔化物的生成：连在含三键的碳原子上的氢具有较大的活泼性，能被金属置换而生成炔的金属衍生物。

2）二烯烃的性质

（1）1,2-加成和1,4-加成：共轭二烯烃除了具有烯烃的亲电加成、氧化等反应外，还有自己的一些特殊反应。

室温下以1,4-加成为主。

$$CH_2=CH-CH=CH_2 + HBr \xrightarrow{1,2-加成} CH_2(H)-CH(Br)-CH=CH_2$$

$$CH_2=CH-CH=CH_2 + HBr \xrightarrow{1,4-加成} CH_2(H)-CH=CH-CH_2Br$$

(2) 双烯合成：共轭二烯烃和某些具有碳碳双键的化合物进行1,4-加成反应，生成环状化合物，这个反应叫作双烯合成。例如：

$$CH_2=CH-CH=CH_2 + \text{顺丁烯二酸酐} \xrightarrow[25℃]{C_6H_6} \text{四氢邻苯二甲酸酐}$$

(四) 芳香烃

1. 概念　分子中含有苯环、芳香环结构的碳氢化合物，具有苯环基本结构，早期发现的这类化合物多有芳香味道，所以称为芳香烃(aromatic hydrocarbon)。但后来发现的不具有芳香味道的烃类也都沿用这种名称。

2. 命名　最简单的单环芳烃是苯。其他的这类单环芳烃可以看作是苯的一元或多元烃基的取代物。命名的方法有两种：一种是将苯作为母体。烃基作为取代基，称为××苯；另一种是将苯作为取代基，苯环以外部分作为母体，称为苯(基)××。例如：

$C_6H_5-CH_3$	$C_6H_5-CH(CH_3)_2$	$C_6H_5-CH=CH_2$	$C_6H_5-C\equiv CH$
甲苯	异丙苯	苯乙烯	苯乙炔
(methylbenzene)	(isopropyl benzene)	(phenyl ethylene)	(phenyl acetylene)
(苯为母体)		(苯为取代基)	

3. 性质　最简单的芳香烃是苯，其化学式为C_6H_6，苯具有高度的不饱和性。1865年德国化学家凯库勒提出了苯环的结构式：

$$C_6H_6\ (\text{凯库勒式})\quad 简写为\ ⌬\ 或\ ⏣$$

由于苯的结构和特殊性，所以苯的化学性质具有易发生取代反应而难发生加成反应的特性。

1）取代反应　苯与氯、溴在一般情况下不发生取代反应，但在铁盐等的催化作用下加热，生成相应的卤代苯。

$$C_6H_6 + Br_2 \xrightarrow[50\sim60\ ℃]{Fe\ 或\ FeBr_3} C_6H_5Br + HBr$$

2）氧化反应　具有 α-氢的烷基苯可以被高锰酸钾、重铬酸钠等强氧化剂氧化，也可以被空气中的氧催化氧化，并且不论烃基碳链的长短，都被氧化成苯甲酸。例如：

$$C_6H_5CH_2CH_2CH_3 \xrightarrow[\triangle]{KMnO_4} C_6H_5COOH$$

（五）典型的烃类物质

课堂互动 2-1　乙烯催熟剂有毒吗

1. 乙烯(ethylene)　存在于植物的某些组织、器官中，是由蛋氨酸在供氧充足的条件下转化而成的。乙烯是合成乙醇（酒精）等的基本化工原料，还可用作水果和蔬菜的催熟剂。乙烯是世界上产量最大的化学产品之一。世界上已将乙烯产量作为衡量一个国家石油化工发展水平的重要标志之一。世界卫生组织国际癌症研究机构公布的致癌物中乙烯在 3 类致癌物清单中。

2. 苯(benzene)　在常温下是甜味、可燃、有致癌毒性的无色透明液体，并带有强烈的芳香气味；难溶于水，易溶于有机溶剂，也可作为有机溶剂；能与乙醇、乙醚、丙酮等混溶，因此常用作制药的中间体及溶剂。世界卫生组织国际癌症研究机构公布的致癌物中苯在 1 类致癌物清单中。

二、醇、酚、醚

醇、酚、醚可以看作是水分子中的氢原子被烃基取代的衍生物。水分子中的一个氢原子被脂肪烃基取代的是醇，被芳香烃基取代且羟基与苯环直接相连的是酚，如果 2 个氢原子都被烃基取代的衍生物就是醚。

（一）醇

1. 概念　羟基是醇(alcohol)的特征官能团。按照分子中所含羟基的数目可分为一元醇、二元醇和多元醇。例如：

CH_3CH_2OH　　$CH_2(OH)—CH_2(OH)$　　$CH_2(OH)—CH(OH)—CH_2(OH)$

醇也可按分子中的烃基的饱和度，分为饱和醇和不饱和醇。例如，R—OH 和 R—CH═CH—CH_2—OH。

2. 命名

1) 普通命名法　对简单的醇，即烃基+醇。如甲醇、乙醇、异丙醇、叔丁醇、苄醇等。

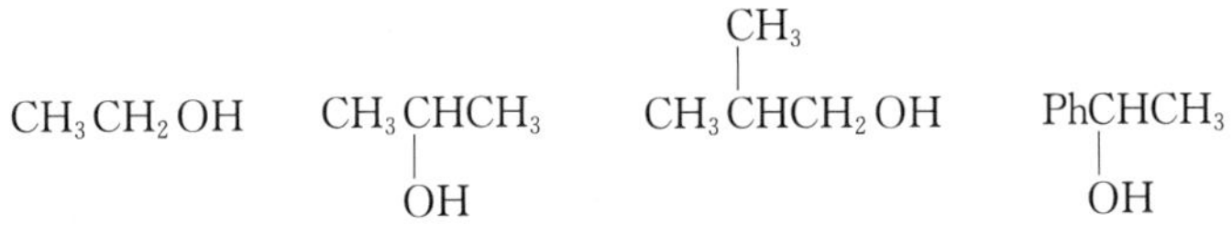

CH_3CH_2OH 乙醇　$CH_3CH(OH)CH_3$ 异丙醇　$CH_3CH(CH_3)CH_2OH$ 异丁醇　$PhCH(OH)CH_3$ α-苯乙醇

有的醇用俗名：如木醇（甲醇）、酒精（乙醇）、甘油（丙三醇）等。

2) 系统命名法　以羟基（—OH）为官能团，选含羟基的最长链为主链，称某醇；从近羟基的一端编号；取代基的位次及名称写在母体名称之前。

$(CH_3)_2CHCH_2CH_2OH$ 3-甲基-1-丁醇　$Ph—CH_2CH_2OH$ 2-苯基乙醇　$CH_3CH{=}CHCH_2OH$ 2-丁烯-1-醇（巴豆醇）

对多元醇，则命名为二醇，在其之前标上 OH 的位次。

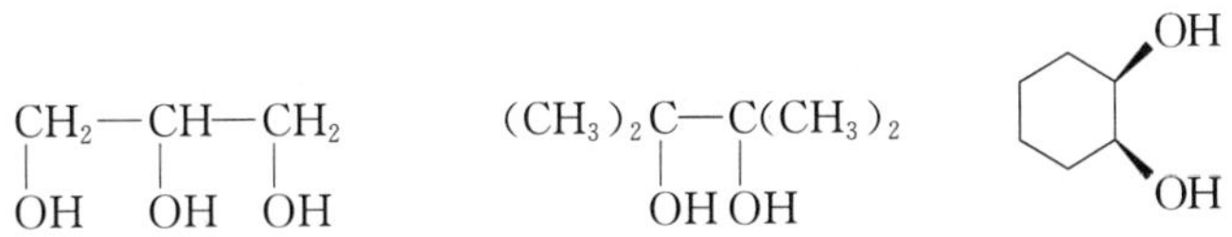

$CH_2(OH)—CH(OH)—CH_2(OH)$ 丙三醇（甘油）　$(CH_3)_2C(OH)—C(OH)(CH_3)_2$ 2,3-二甲基-2,3-丁二醇　顺-1,2-环己二醇

3. 性质　十二个碳原子以下的饱和一元醇是液体；十二个碳原子以上者为蜡状固体；低级的醇有酒味，中级的醇有强烈的气味，高级醇一般无气味。

醇的官能团是羟基，C—O 键和 O—H 键都比较活泼，多数反应都发生在这 2 个部位（下式虚线所指的地方）。

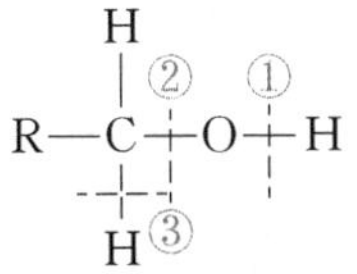

$$R—CH_2—O—H$$

① O—H 键断裂，与强碱性物质反应；
② C—O 键断裂，羟基发生取代反应；
③ C—H 键断裂，发生氧化反应；

(1) 醇的酸性：在醇羟基中，由于氢与氧相连，O—H 键有较大极性，有断裂的可能，表现为酸性。

醇可以与活泼金属钠反应放出氢气，得到醇钠。

$$2RCH_2OH + 2Na \longrightarrow 2RCH_2ONa + H_2\uparrow$$

(2) 与氢卤酸的反应：醇与氢卤酸反应生成卤代烃。

$$ROH + HX \longrightarrow RX + H_2O$$

(3) 脱水反应：醇与浓硫酸脱水可生成醚或烯，主要看反应条件；醇与强酸一起加热，脱水变成烯烃；如果温度在 140 ℃左右，2 个乙醇分子间脱去水分子而生成乙醚。

$$C_2H_5OH \xrightarrow[170\,℃]{\text{浓}\ H_2SO_4} CH_2{=}CH_2 + H_2O$$

$$C_2H_5OH + HO{-}C_2H_5 \xrightarrow[140\,℃]{\text{浓}\ H_2SO_4} C_2H_5OC_2H_5 + H_2O$$

(4) 氧化反应：醇分子中的 α-氢原子受羟基的影响，具有较大的活性，易被氧化，如 α-氢原子被氧化为羟基，生成不稳定的伯二醇，然后脱去 1 分子水生成醛或酮。醛比醇更易被氧化，生成后继续被氧化成羧酸。

(二) 酚

1. 概念　羟基与苯环直接相连的化合物是酚(phenol，hydroxybenzene)。如：

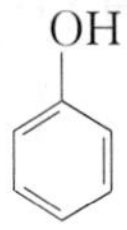

苯酚 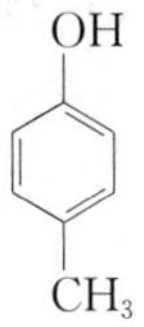　　对甲苯酚 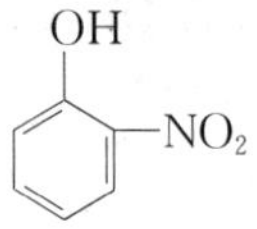　　邻硝基苯酚

2. 命名

1) 当酚羟基为官能团时，命名为芳酚。含 2 个羟基称二酚，3 个羟基称三酚，如：

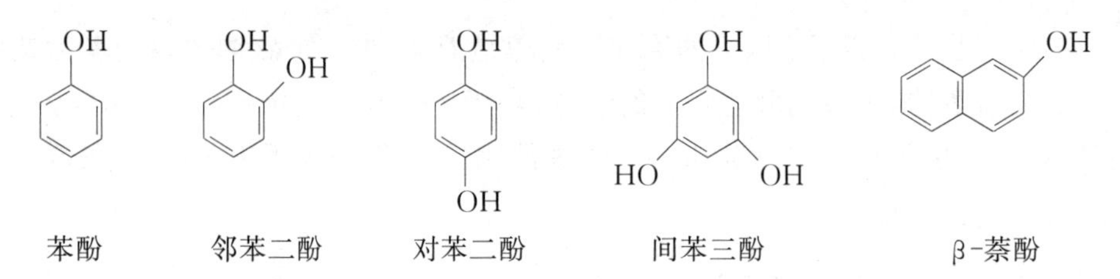

苯酚　　邻苯二酚　　对苯二酚　　间苯三酚　　β-萘酚

2) 酚羟基作为取代基

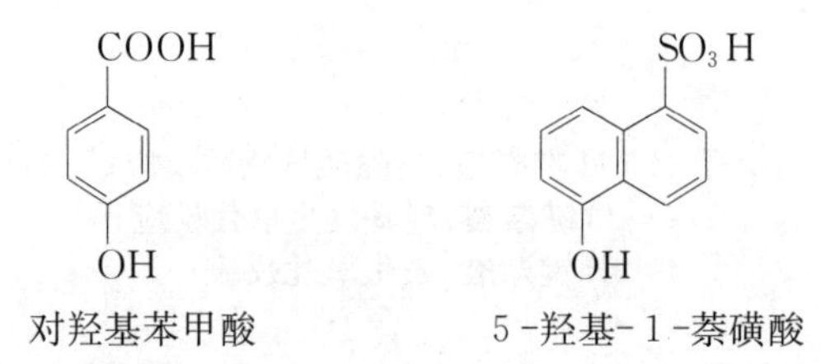

对羟基苯甲酸　　5-羟基-1-萘磺酸

3. 性质　苯酚是最简单的酚，化学式是 C_6H_6O。一般酚为固体，少数烷基酚为高沸点的液体。酚常温下微溶于水，当温度高于 65 ℃时能与水任意互溶。酚的分子间能形成氢键，有较高的沸点和熔点。酚能溶于乙醇、乙醚及苯等有机溶剂，在水中的溶解度不大，但随着酚中羟基的增多，水溶性增大。

1) 酚的酸性　苯酚和碱反应，生成易溶于水的苯酚钠。

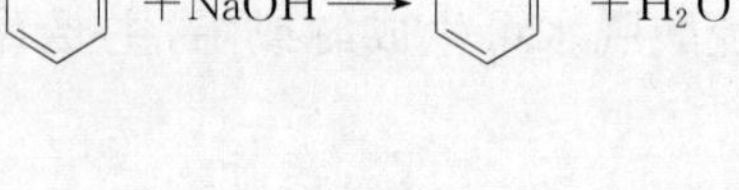

$$C_6H_5OH + NaOH \longrightarrow C_6H_5ONa + H_2O$$

2）显色反应　苯酚跟 $FeCl_3$ 溶液作用显示紫色。

$$6C_6H_5OH + FeCl_3 \longrightarrow [Fe(OC_6H_5)_6]^{3-} + 6H^+ + 3Cl^-$$

3）苯环上的取代反应　苯酚能跟卤素、硝酸、硫酸等发生苯环上的取代反应，如：

$$C_6H_5OH\text{(苯酚)} + Br_2 \xrightarrow[0\,℃]{ClCH_2CH_2Cl} p\text{-}BrC_6H_4OH\text{(对溴苯酚)} + HBr$$

(三) 醚

1. 概念和命名　2 个烃基通过氧原子连接起来的化合物叫作醚(ether)。在醚的结构中，氧原子与 2 个烃基相连，烃基可以相同，也可不相同，相同的称为简单醚，不相同的称为混合醚。例如：$C_2H_5OC_2H_5$ 二乙醚(简称乙醚)、$CH_3OC_2H_5$(甲乙醚)。

2. 性质　醚分子间不能形成氢键，因此沸点较低。氧原子上有未共用电子对，可以与水分子形成氢键。因此，甲醚溶于水，乙醚在水中的溶解度为 10 g(25 ℃)，高级醚不溶于水。

一般来说，醚类性质比较稳定。在一定的条件下，由于醚键的存在，醚类可以生成盐和配合物，与 HI 或 HBr 的反应生成醇和卤代烷，还可以生成过氧化物。

(四) 典型的化合物

1. 醇

拓展阅读 2-2　酒精对人体的危害

1）乙醇　俗称酒精，在常温常压下是一种易燃、易挥发的无色透明液体，低毒性，长期饮用或饮用较多时，可使肝、心、脑等器官发生病变，尤其是纯液体不可直接饮用。能与水以任意比互溶，能与乙醚、丙酮和其他多数有机溶剂混溶。乙醇的用途很广，可用乙醇制造醋酸等。医疗上也常用体积分数为 70%～75%的乙醇作消毒剂等。

2）丙三醇　又名甘油，无色、无臭、味甜，外观呈澄明黏稠液态，具有强烈的吸湿性，能与水、醇类、胺类和酚类以任意比例混溶，水溶液为中性。低浓度丙三醇溶液可滋润皮肤。丙三醇在医药上可治疗心绞痛；用甘油栓剂或 50%的甘油溶液灌肠可治疗便秘。

3）环己六醇　又称肌醇，最初是从动物肌肉中分离得到的，白色结晶状粉末，无臭、味甜。环己六醇主要用于治疗肝硬化、脂肪肝、血中胆固醇过高等，是脂质代谢的必需维生素，具有促进细胞生长的作用。

云视频 2-2　乙醇

2. 酚

1）苯酚　是具有特殊气味的无色针状晶体，有毒，是生产某些药物(如阿司匹林)

的重要原料；也可用于消毒外科器械、皮肤杀菌、止痒及中耳炎。苯酚常温下微溶于水，易溶于有机溶剂，当温度高于 65 ℃时能跟水以任意比例互溶。苯酚有腐蚀性，接触后会使局部蛋白质变性，其溶液沾到皮肤上可用酒精洗涤。世界卫生组织国际癌症研究机构公布的致癌物，苯酚在 3 类致癌物清单中。

2）甲苯酚　又称煤酚。甲苯酚的杀菌力为苯酚的 4 倍，医药上常用的消毒药水煤酚皂液就是含 47%～53%甲苯酚的肥皂溶液，又称来苏水，稀释至 3%～5%，可用于一般家庭消毒。

在线案例 2-1　乙醚中毒

3. 乙醚　无色透明液体，有特殊的刺激性气味，带甜味，极易挥发。乙醚在空气的作用下能氧化成过氧化物、醛和乙酸，暴露于光线下能促进其氧化。乙醚蒸气极易燃烧和爆炸，使用乙醚时要特别注意远离火源。当吸入一定量的乙醚蒸气时，会使人失去知觉，故乙醚曾是医疗上使用的全身麻醉剂。

三、醛、酮、醌

（一）醛和酮

1. 概念　醛(aldehyde)和酮(ketone)分子里都含有羰基（$-\overset{O}{\overset{\|}{C}}-$），统称为羰基化合物，羰基所连接的 2 个都是烃基的叫作酮，其通式为 $R-\overset{O}{\overset{\|}{C}}-R'$。其中至少有一个是氢原子的叫作醛，通式为 $R-\overset{O}{\overset{\|}{C}}-H$（RCHO）。通常把 $-\overset{O}{\overset{\|}{C}}-$ 叫作羰基，$-\overset{O}{\overset{\|}{C}}-H$ 叫作醛基。醛和酮互为官能团异构，同时本身也存在碳链异构。

2. 命名　少数结构简单的醛、酮，可以采用普通命名法命名，即在与羰基相连的烃基名称后面加上“醛”或“酮”字。例如：

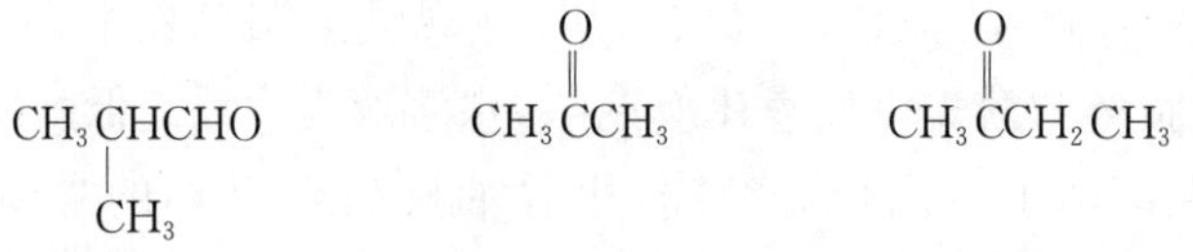

$$\underset{\displaystyle CH_3}{\overset{}{CH_3\underset{|}{C}HCHO}} \qquad CH_3\overset{O}{\overset{\|}{C}}CH_3 \qquad CH_3\overset{O}{\overset{\|}{C}}CH_2CH_3$$

异丁醛　　二甲(基)酮　　甲(基)乙(基)酮

结构复杂的醛、酮通常采用系统命名法命名。选择含有羰基的最长碳链为主链，从距羰基最近的一端编号，根据主链的碳原子数称为“某醛”或“某酮”。如：

$$CH_3-\underset{\displaystyle CH_3}{\underset{|}{C}}HCHO \qquad CH_3\underset{\displaystyle Br}{\underset{|}{C}}H\overset{O}{\overset{\|}{C}}\underset{\displaystyle Br}{\underset{|}{C}}HCH_3$$

2-甲基丙醛　　2,4-二溴-3-戊酮

羰基在环内的脂环酮,称为“环某酮”。如:

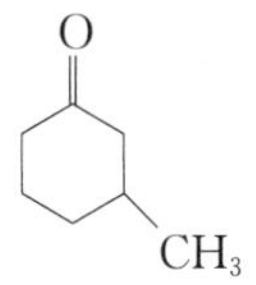

3-甲基环己酮 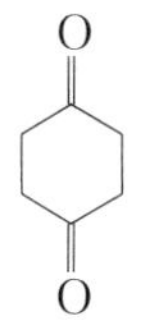　　1,4-环己二酮

某些醛常用俗名。例如:

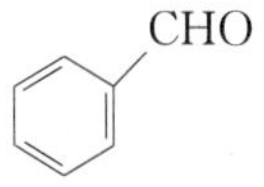

苦杏仁油(苯甲醛) 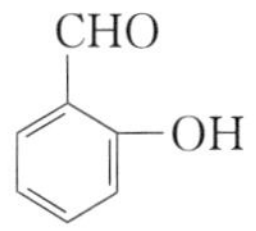　水杨醛(2-羟基苯甲醛) 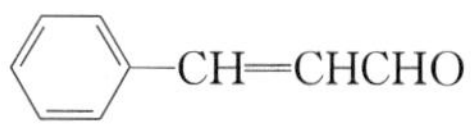　肉桂醛(3-苯基丙烯醛)

3. 性质　在常温下,除甲醛是气体外,十二个碳原子以下的醛、酮为液体,高级的醛和酮为固体。低级的醛有强烈的刺激性气味,低级酮有令人愉快的清爽气味,中级的醛和酮有果香味。

1) 氢氰酸的加成　醛或酮与氢氰酸作用,得到 α-羟基腈(氰醇)。

$$R-\underset{}{\overset{H}{\overset{|}{C}}}=O + H-CN \rightleftharpoons R-\overset{H}{\overset{|}{\underset{\underset{CN}{|}}{C}}}-OH$$

2) 羟醛缩合　在稀碱溶液中,两分子有 α-氢的醛互相结合生成 β-羟基醛的反应称为羟醛缩合,例如:

$$2CH_3CH=O \xrightarrow[4-5\ ℃]{NaOH,\ H_2O} CH_3\overset{OH}{\overset{|}{C}}HCH_2CH=O$$

β-羟基醛在加热的情况下很容易脱水生成 α,β-不饱和醛:

$$CH_3-\overset{OH}{\overset{|}{C}}H-\overset{H}{\overset{|}{C}}HCHO \xrightarrow{\triangle} CH_3CH=CHCHO + H_2O$$

3) 醛的氧化

(1) 用高锰酸钾或重铬酸钾氧化:

$$CH_3(CH_2)_5\overset{O}{\overset{\|}{C}}H \xrightarrow[20\ ℃]{KMnO_4,\ H_2SO_4,\ H_2O} CH_3(CH_2)_5COOH$$

(2) 银镜反应是将醛和土伦试剂(硝酸银的氨水溶液)共热,醛氧化成相应的酸,银离子被还原成金属银,沉淀在试管上形成银镜,此方法可用于区别醛和酮。

$$CH_3CHO + 2Ag(NH_3)_2OH \longrightarrow CH_3COONH_4 + 2Ag\downarrow + 3NH_3 + H_2O$$

(3) 还原糖实验：斐林试剂是一种可以鉴别还原性物质的试剂，一般由氢氧化钠与硫酸铜溶液配成，医院常用斐林试剂检查糖尿病，如待测液中存在还原糖，则呈现砖红色沉淀；如待测液中不存在还原糖，则仍然呈蓝色。

(二) 醌

1. 概念　醌(quinone)是含有环己二烯二酮或环己二烯二亚甲基结构的一类有机化合物的总称。最简单的醌是苯醌，包括对苯醌(1,4-苯醌)和邻苯醌(1,2-苯醌)。

2. 命名　醌的命名通常在“醌”字前加上芳基的名称，并标明羰基的位次。如1,4-苯醌、1,4-萘醌。

3. 性质　醌都有颜色，对位醌大部分呈黄色，而邻位醌大部分为橙色或红色。

1) 烯键的加成　醌分子中的碳碳双键能与卤素、卤化氢等试剂加成。

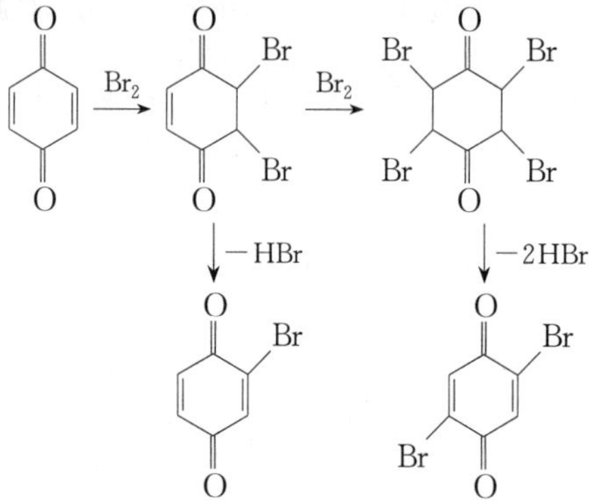

Br_2　　Br_2

Br　Br　Br　Br　Br　Br

$-HBr$　　$-2HBr$

Br　Br　Br

2) 与羰基试剂的反应　醌能与羟胺等羰基试剂反应，生成单肟或双肟。

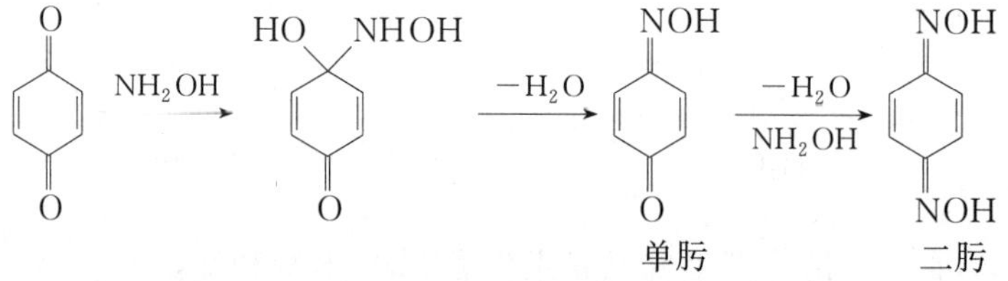

NH_2OH　HO　NHOH　$-H_2O$　NOH　$-H_2O$ / NH_2OH　NOH

NOH

单肟　二肟

3) 还原反应　对苯醌容易被还原成对苯二酚，这个反应是可逆的。

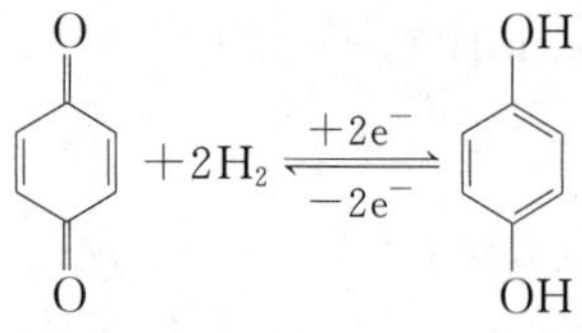

$+2H_2 \underset{-2e^-}{\overset{+2e^-}{\rightleftharpoons}}$　OH　OH

(三) 典型的化合物

1. 醛和酮

在线案例 2-2　甲醛的危害

1) 甲醛　又称蚁醛，是无色有刺激性的气体，对人的眼、鼻等都有刺激作用，易溶于水和乙醇。甲醛水溶液的浓度最高可达55%，一般为35%～40%，通常为37%，称作甲醛水,俗称福尔马林。甲醛有凝固蛋白质的作用,因而具有杀菌和防腐的能力,常用来保存生物标本。世界卫生组织国际癌症研究机构公布的致癌物,甲醛在1类致癌物清单中。

2）丙酮　又名二甲基酮,是一种无色透明液体,有特殊的辛辣气味,易溶于水和甲醇等有机溶剂。丙酮可作为合成烯酮、醋酐等物质的重要原料,也常常被不法分子作为毒品的原料溴代苯丙酮。在生物体内的物质代谢中,丙酮是油脂的分解产物,糖尿病患者尿液中的丙酮含量高于正常人。

四、羧酸和取代羧酸

(一) 羧酸

1. 概念　烃分子中的氢原子被羧基(—COOH)取代而生成的化合物叫作羧酸(carboxylic acid)。其官能团为羧基,通式为 RCOOH。

2. 命名

1）根据来源命名　甲酸最初由蚂蚁蒸馏得到,称为蚁酸。乙酸最初是从食用的醋中得到,称为醋酸。还有草酸、苹果酸、柠檬酸。

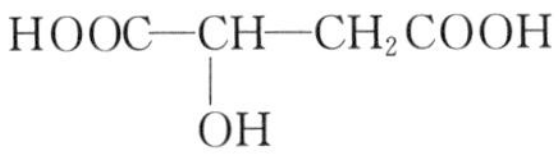

$HOOC—CH(OH)—CH_2COOH$

苹果酸

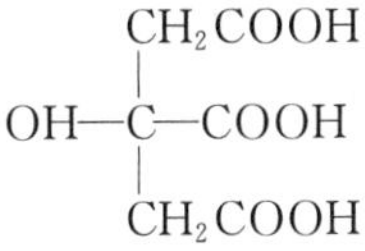

$HO—C(CH_2COOH)_2—COOH$

柠檬酸

$HO—C(=O)—C(=O)—OH$

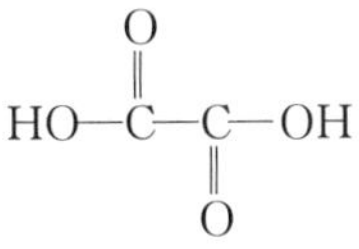

草酸

2）系统命名　含羧基最长的碳链作为主链,根据主链上碳原子数目称为某酸。编号从羧基开始。

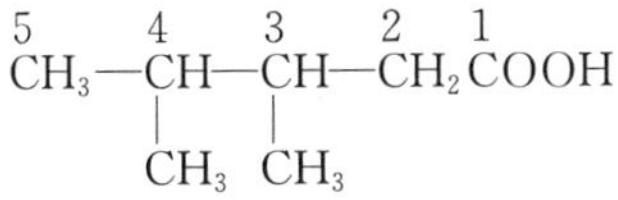

$\overset{5}{C}H_3—\overset{4}{C}H(CH_3)—\overset{3}{C}H(CH_3)—\overset{2}{C}H_2\overset{1}{C}OOH$

3,4-二甲基戊酸

$\overset{4}{C}H_3—\overset{3}{C}(CH_3)=\overset{2}{C}H—\overset{1}{C}OOH$

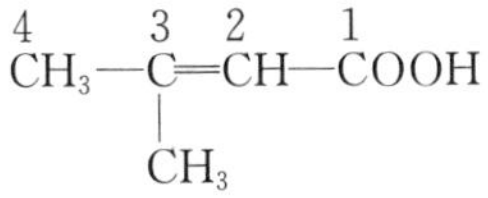

3-甲基-2-丁烯酸

3）芳香族羧酸　可以作为脂肪酸的芳基取代物命名。羧酸常用希腊字母来标明位次。

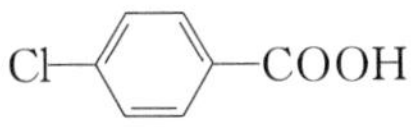

$Cl—C_6H_4—COOH$

对氯苯甲酸

$C_{10}H_7—CH_2COOH$

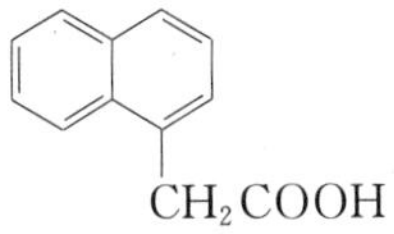

α-萘乙酸

3. 性质　饱和一元脂肪酸同系列中,甲酸、乙酸和丙酸都是具有强烈刺激性酸味的液体,可溶于水。含有4～9个碳原子的羧酸具有腐败恶臭味,它们在室温下都是液体,在水中的溶解度随着碳链的增长而减小,癸酸以上则不溶于水。高级脂肪酸为蜡状固体、无味,脂肪二元羧酸和芳香羧酸是晶状固体。

1）酸性　乙酸具有明显的酸性,是一种弱酸,比碳酸的酸性强,故可与碳酸盐反应。

$$2CH_3COOH + Na_2CO_3 \longrightarrow 2CH_3COONa + H_2O + CO_2\uparrow$$

2）酯化反应　乙酸与乙醇在酸性催化剂存在时生成乙酸乙酯。

$$CH_3\overset{O}{\overset{\|}{C}}OH + C_2H_5OH \rightleftharpoons CH_3\overset{O}{\overset{\|}{C}}OC_2H_5 + H_2O$$

3）酸酐的生成　羧酸在脱水剂乙酸酐或五氧化二磷作用下，两分子羧酸之间失去1分子水生成酸酐。

$$2\,R-\overset{O}{\overset{\|}{C}}-OH \xrightarrow[\triangle]{P_2O_5} (R-\overset{O}{\overset{\|}{C}})_2O + H_2O$$

(二) 取代羧酸

1．概念　碳链或碳环上的氢被其他原子或基团取代所生成的化合物，称为取代羧酸。常见的取代羧酸有羟基酸、羰基酸和氨基酸等，它们在生物代谢中都十分重要。

2．命名　取代羧酸命名时常用羧酸作母体，多用俗名，如：乳酸、酒石酸、没食子酸等。

3．性质

1）酸性　其酸性比羧酸强，醇酸的—OH在烃基上的位置，距—COOH越近，酸性越强。

2）脱水反应　α-羟基酸——两分子间相互酯化，生成交酯。

$$2\,R-CH(OH)-COOH \xrightarrow{\triangle} \text{交酯（R—CH、CHR 与两个 —C(=O)—O— 组成的六元环）} + 2H_2O$$

β-羟基酸分子内脱水形成α，β-不饱和酸。

$$R-CH(OH)-CH_2-COOH \xrightarrow{\triangle} R-CH=CH-COOH + H_2O$$

γ或δ羟基酸发生分子内的酯化，产物叫内酯。

$$HO-CH_2CH_2CH_2-COOH \xrightarrow{\triangle} \text{γ-丁内酯} + H_2O$$

3）氧化　α-羟基酸中的羟基比醇羟基容易氧化。土伦试剂与醇不发生反应，但能把α-羟基酸氧化为α-羰基酸。

$$\underset{\displaystyle\overset{|}{OH}}{CH_3CHCOOH} \xrightarrow{Ag(NH_3)_2^+} \underset{\displaystyle\overset{\|}{O}}{CH_3CCOOH} \xrightarrow{-CO_2} \underset{\displaystyle\overset{\|}{O}}{CH_3CH}$$

4）脱羧　可用于从高级羧酸合成减少一个碳原子的醛酮。

$$R—\underset{\displaystyle\overset{|}{OH}}{CH}—COOH \xrightarrow{稀\ H_2SO_4} RCHO + HCOOH$$

（三）典型的化合物

1．羧酸

1）乙酸　也叫作醋酸或冰醋酸。纯的无水乙酸（冰醋酸）是无色的吸湿性固体，凝固点为16.6℃，凝固后为无色晶体，其水溶液呈弱酸性且腐蚀性强，蒸气对眼和鼻有刺激性作用。乙酸中的乙酰基是生物化学中所有生命的基础。当它与辅酶A结合后，就成了碳水化合物和脂肪新陈代谢的中心。

2）苯甲酸　最初由安息香胶制得，故称安息香酸。其外观为白色针状或鳞片状结晶，微溶于冷水、己烷，溶于热水、乙醇、乙醚等。苯甲酸以游离酸、酯或其衍生物的形式广泛存在于自然界中。苯甲酸、苯甲酸钠、苯甲酸苄酯等都可以用于制造药物，如治疗关节炎、脓肿、支气管炎、皮肤病等，还可用作局部麻醉剂。苯甲酸与水杨酸联合，可以治疗成人皮肤真菌病和浅部真菌感染，如体癣及足癣等疾病。

2．取代羧酸

课堂互动2-2　柠檬酸对人体有危害吗

1）柠檬酸（CA）　又名枸橼酸，为无色晶体，无臭，有很强的酸味，易溶于水。柠檬酸为食用酸类，可增强体内正常代谢，适当的剂量对人体无害。虽然柠檬酸对人体无直接危害，但它可以促进体内钙的排泄和沉积，如长期食用含柠檬酸的食品，有可能导致低钙血症，并且会增加患十二指肠癌的概率。

2）丙酮酸　又称α-氧代丙酸，是所有生物细胞糖代谢及体内多种物质相互转化的重要中间体，因分子中包含活化酮和羧基基团，可作为一种基本化工原料广泛应用于制药等各个领域中。

五、含氮、含磷有机化合物

（一）含氮有机化合物——胺

含氮有机化合物是指分子中含有C—N键的一类化合物。它们广泛存在于自然界中，与人们的日常生活及生命过程息息相关。有些胺是维持生命活动所必需的，但也有些对生命十分有害，不少胺类化合物有致癌作用，尤其是芳香族胺，如萘胺和联苯胺都是烈性的致癌物质。

1. 概念 胺(amine)可以看作是氨(NH_3)分子中的氢原子被烃基取代的衍生物。胺类化合物具有极其重要的生理作用。多数药物中都含有胺的官能团——氨基($—NH_2$)。蛋白质、核酸以及许多生物碱也含有氨基。

2. 分类 根据氮原子上烃基个数可分为伯胺、仲胺和叔胺,也可分为季铵盐和季铵碱。根据分子中所含氨基的数目,可分为一元、二元和多元胺。

NH_3	RNH_2	R_2NH	R_3N	$R_4N^+X^-$	$R_4N^+OH^-$
氨	伯胺	仲胺	叔胺	季铵盐	季铵碱

3. 命名 简单胺的命名,以胺作为官能团,叫作某胺;二元胺和多元胺的伯胺,当其氨基连在开链羟基或直接连接在苯环上时,可以称为二胺或三胺。

4. 性质 在水溶液中,胺的碱性强弱顺序为脂肪胺>氨>芳香胺。脂肪胺在气相或非水溶液中的碱性为叔胺>仲胺>伯胺。芳香胺的碱性强弱顺序为苯胺>二苯胺>三苯胺。

1)烷基化反应

$$RNH_2 \xrightarrow[2)\ OH^-]{1)\ RX} R_2NH \xrightarrow[2)\ OH^-]{1)\ RX} R_3N \xrightarrow{RX} [R_4N]^+X^- \xrightarrow[H_2O]{Ag_2O} [R_4N]^+OH^-$$

2)酰基化反应

$$R—NH_2 + R'—\overset{O}{\overset{\|}{C}}—Cl \longrightarrow R—NH—\overset{O}{\overset{\|}{C}}—R'$$

$$R_2NH + R'—\overset{O}{\overset{\|}{C}}—Cl \longrightarrow R_2N—\overset{O}{\overset{\|}{C}}—R'$$

3)磺酰化反应 该反应可用于鉴别和分离伯胺、仲胺和叔胺。

$$RNH_2 + C_6H_5—SO_2Cl \xrightarrow{NaOH} C_6H_5—SO_2—NHR \xrightarrow{NaOH} C_6H_5—SO_2—N^-RNa^+$$

(黄色固体)　　(溶于 NaOH 溶液)

$$R_2NH + C_6H_5—SO_2Cl \xrightarrow{NaOH} C_6H_5—SO_2—NR_2$$

(不溶于 NaOH 溶液)

(黄色固体)

5. 典型化合物

1)苯胺 是最简单也是最重要的芳香伯胺,是合成药物等的重要原料。苯胺为无色油状液体,微溶于水,易溶于酒精、乙醚等有机溶剂。苯胺有毒,能透过皮肤或苯胺蒸气被人体吸入后使人中毒。

拓展阅读 2-3　胆碱的生理功能

2）胆碱　广泛存在于生物体中，在脑组织和蛋黄中含量较多，多是卵磷脂的组成部分。因最初在胆汁中发现，又显碱性，故称胆碱。胆碱为白色晶体，吸湿性强，易溶于水和乙醇，不溶于乙醚和氯仿等。它具有调节肝脏中脂肪代谢和抗脂肪肝的作用。胆碱又被称为“记忆因子”，是专门在神经细胞之间进行信息传递的“联络员”。当大脑中的乙酰胆碱增加时，大脑思维会更加活跃，进而有效帮助提升记忆力。在传导神经冲动过程中生成的乙酰胆碱，会立即在胆碱酯酶的催化下迅速水解新生成的胆碱。多数有机磷农药的杀虫机制就是强烈地抑制胆碱酯酶的作用，使其神经细胞的乙酰胆碱不能迅速水解而积累起来，导致其神经活动被破坏，最终因呼吸肌麻痹而导致窒息死亡。

3）新洁尔灭　化学名称为溴化二甲基十二烷基苄基铵。在常温下，新洁尔灭为微黄色的胶状体，吸湿性强，易溶于水和醇，水溶液呈碱性。新洁尔灭是具有长链烷基的季铵盐，属阳离子型表面活性剂，也是消毒剂，临床上用于皮肤和器皿的消毒及手术的消毒。

（二）含磷化合物

1. 概念　含磷有机物是指含碳磷（C—P）键的化合物或含有机基团的磷酸衍生物。一切生物体中都有含磷有机化合物。它们在生命过程中起着非常重要的作用。

2. 分类　含磷化合物的主要类型有：磷、磷酸、膦酸酯和磷酸酯。

3. 典型的化合物　许多含磷的有机物都是有毒的，如有机磷农药；对人和畜均有毒性，可经皮肤、黏膜、呼吸道、消化道进入人体，并很快分布全身各脏器，以肝中浓度最高，肌肉和脑中最少。它主要抑制乙酰胆碱酯酶的活性，使乙酰胆碱不能水解，从而引起相应的中毒症状。

有机磷农药属于有机磷酸酯类化合物，按其用途一般分为有机磷杀虫剂、除草剂和杀菌剂三种。常见的如敌百虫、乐果、敌敌畏等。

1）敌百虫　化学名为 O，O-二甲基-（2，2，2-三氯-1-羟基乙基）膦酸酯，化学式为 $C_4H_8Cl_3O_4P$，是一种有机磷杀虫剂，能溶于水和有机溶剂，性质较稳定。敌百虫遇碱性药物可分解出毒性更强的敌敌畏，且分解过程随碱性的增强和温度的升高而加速，所以中毒时禁用碳酸氢钠等药物解毒。其毒性以急性中毒为主，慢性中毒较少。

2）敌敌畏　又名 DDVP，学名 O，O-二甲基-O-（2，2-二氯乙烯基）磷酸酯，分子式为 $C_4H_7Cl_2O_4P$，是一种有机磷杀虫剂，工业产品均为无色至浅棕色液体，纯品沸点为 74℃（在 133.322 Pa 下），挥发性大，室温下在水中的溶解度为 1%，能溶于有机溶剂，易水解，遇碱分解更快。本品毒性大，对热稳定，对铁有腐蚀性；对人畜有毒，对鱼类毒性较高，对蜜蜂剧毒。

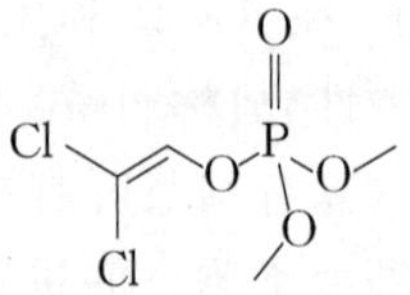

思政小课堂 2-1 青蒿素是中医药献给世界的礼物

（张守花）

数字课程学习

○教学 PPT ○导入案例解析 ○复习与自测 ○更多内容……

第三章　蛋白质化学

章前引言

蛋白质(protein，Pr)是由氨基酸(amino acid，AA)组成的大分子物质，也是生物体中含量最丰富的物质。自然界中蛋白质的种类繁多，约有100亿种，人体内几乎所有的器官组织都含有蛋白质，多达10万余种，约占人体固体成分的45%。蛋白质在体内发挥着重要的生理功能：维持细胞、组织的生长、更新和修补；参与多种重要的生理活动，如参与机体防御、肌肉收缩、血液凝固、物质的运输、催化作用、调节物质代谢等；氧化供能。蛋白质的生理功能是由其结构决定的。可见，蛋白质是生命活动的重要物质基础，没有蛋白质就没有生命。本章主要介绍蛋白质的组成、结构、理化性质和分类。

学习目标

1. 描述蛋白质的分子组成与分子结构。
2. 根据平均含氮量计算样品中蛋白质的含量。
3. 理解蛋白质的理化性质，利用蛋白质的变性原理解释生活中和临床上的消杀效果。
4. 描述蛋白质分子结构与功能的关系，理解分子病和构象病产生的原因。
5. 知道蛋白质的分类。

思维导图

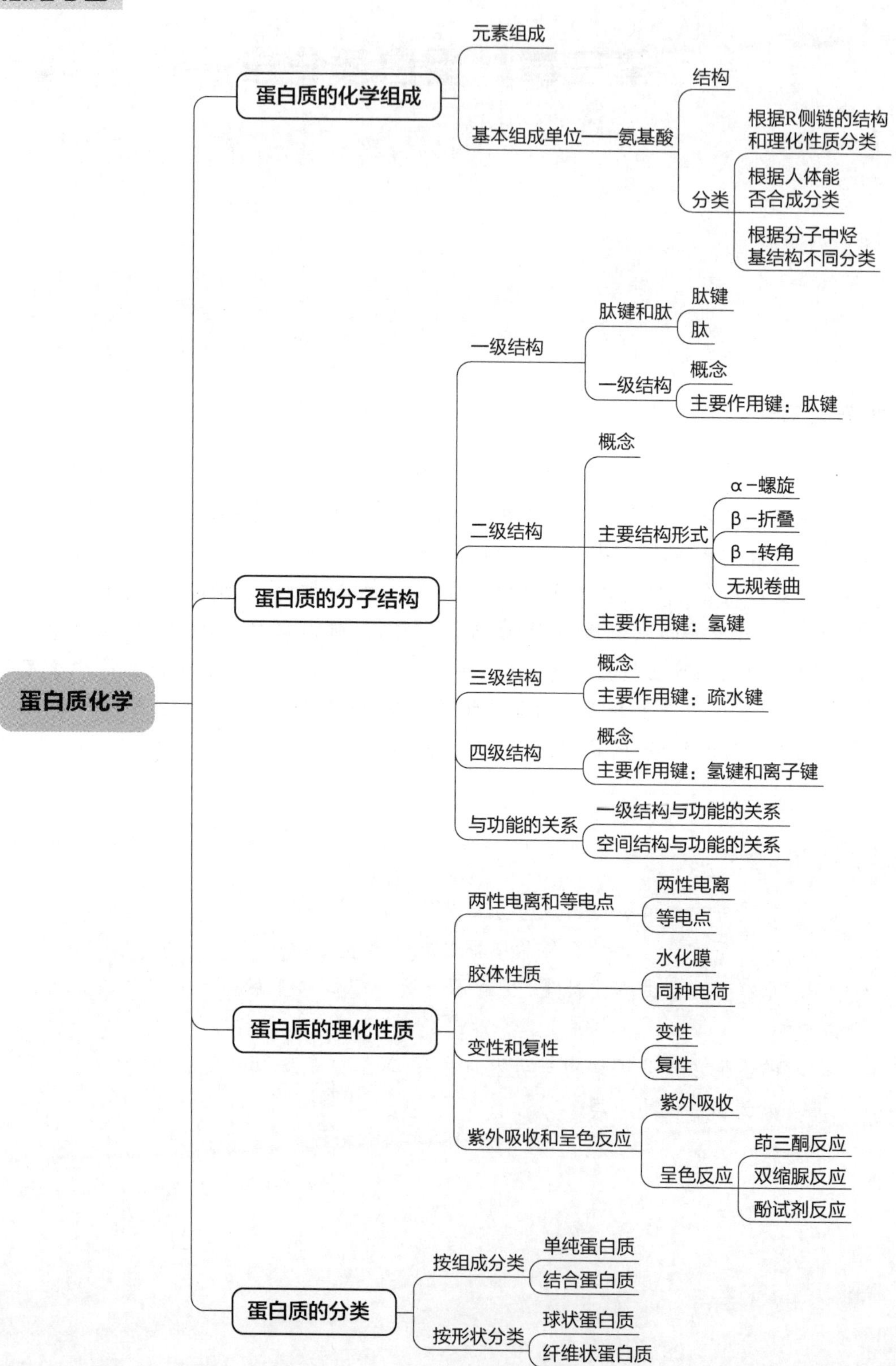

蛋白质化学
蛋白质的化学组成
元素组成
基本组成单位——氨基酸
结构
分类
根据R侧链的结构和理化性质分类
根据人体能否合成分类
根据分子中烃基结构不同分类
蛋白质的分子结构
一级结构
肽键和肽
肽键
肽
一级结构
概念
主要作用键：肽键
二级结构
概念
主要结构形式
α−螺旋
β−折叠
β−转角
无规卷曲
主要作用键：氢键
三级结构
概念
主要作用键：疏水键
四级结构
概念
主要作用键：氢键和离子键
与功能的关系
一级结构与功能的关系
空间结构与功能的关系
蛋白质的理化性质
两性电离和等电点
两性电离
等电点
胶体性质
水化膜
同种电荷
变性和复性
变性
复性
紫外吸收和呈色反应
紫外吸收
呈色反应
茚三酮反应
双缩脲反应
酚试剂反应
蛋白质的分类
按组成分类
单纯蛋白质
结合蛋白质
按形状分类
球状蛋白质
纤维状蛋白质

案例导入

2008年9月爆发的“三聚氰胺”毒奶粉事件，以及此后两年内陆续发生的系列乳制品安全事件，具体如下。①“多美滋”事件。②“皮革奶”事件。“皮革奶”是指在乳制品中添加类似于三聚氰胺物质的皮革水解蛋白粉。③“金桥”与“熊猫”乳业事件。④“三聚氰胺”奶粉重现事件。这些事件都与蛋白质有关。

问题：

乳制品行业为什么会屡次出现“三聚氰胺”及其他类似的乳制品安全事件？

第一节　蛋白质的化学组成

一、蛋白质的元素组成

从各种组织中提取的蛋白质都含有碳、氢、氧、氮四种元素，大多数还含有硫（0～4%），有些含有磷，少数蛋白质含有铁、铜、锌、锰、钴、钼等金属元素，个别的还含有碘。

蛋白质元素组成的特点：含有氮，且含量（13%～19%）相当恒定，平均为16%，即每克氮相当于6.25 g蛋白质（6.25即为蛋白质系数）。由于体内含氮物质主要是蛋白质，因此测定生物样品的含氮量（凯氏定氮法），可以用以下公式推算出蛋白质的大致含量。

$$100\,g\text{样品中蛋白质的含量}(g\%) = \text{每克样品含氮克数} \times 6.25 \times 100$$

二、蛋白质的基本组成单位

酸、碱或蛋白酶作用于蛋白质后，其水解产物是氨基酸。因此，蛋白质的基本组成单位是氨基酸。

（一）氨基酸的结构

存在于自然界中的氨基酸有300余种，但组成人体蛋白质的氨基酸仅有21种，且均属于L-α-氨基酸（甘氨酸除外）。L-α-氨基酸的结构通式可用下式表示（R为侧链基团）：

```
     COOH                     COO⁻
      |                        |
H₂N—C—H              H₃N⁺—C—H
      |                        |
      R                        R
  不带电形式              两性离子形式
```

云视频 3-1 氨基酸的结构

氨基酸的特点如下：

(1) 除脯氨酸为 α-亚氨基酸外，其余氨基酸均属 α-氨基酸。

(2) 除甘氨酸外，其余氨基酸的 α-碳原子所连的 4 个原子或基团互不相同，称为不对称碳原子，具有旋光异构现象，存在 L-型和 D-型两种异构体，组成天然蛋白质的氨基酸为 L-型氨基酸。

(3) 不同氨基酸的 R 侧链各异，其分子量、解离程度和化学反应性质也不同。

拓展阅读 3-1 第 21 种氨基酸——硒代半胱氨酸

(二) 氨基酸的分类

1. 根据氨基酸 R 侧链的结构和理化性质分类 可分为四类，如表 3-1 所示。

(1) 非极性疏水性氨基酸 R 侧链含有非极性基团，显示不同程度的疏水性。甘氨酸的 R 侧链仅为氢原子，无疏水性。

(2) 极性中性氨基酸 R 侧链含有极性基团，有疏水性，但在中性水溶液中不电离。

(3) 酸性氨基酸 R 侧链含有易解离出 H^+ 的基团而具有酸性。

(4) 碱性氨基酸 R 侧链含有易接受 H^+ 的基团而具有碱性。

2. 根据氨基酸在人体能否合成分类 可分为以下三类：

(1) 必需氨基酸：指人体不能合成，必须由食物提供，分为赖氨酸、色氨酸、苯丙氨酸、蛋氨酸、缬氨酸、苏氨酸、亮氨酸、异亮氨酸 8 种。

(2) 半必需氨基酸：指人体能够合成，但合成的量不能满足自身需要，特别是对于婴幼儿长身体阶段，需要从食物中摄取一部分，分为精氨酸和组氨酸 2 种。

(3) 非必需氨基酸：指人体能够合成，且合成的量足以满足自身需要，如其余的 11 种氨基酸。

3. 根据氨基酸分子中烃基的结构不同分类 可将氨基酸分为脂肪族氨基酸、芳香族氨基酸和杂环氨基酸等。

表 3-1 氨基酸的分类

结构式	中文名	英文名	三字符号	一字符号	等电点
1. 非极性疏水性氨基酸					
$H—CHCOO^-$ (α-C 上连 $^+NH_3$)	甘氨酸	glycine	Gly	G	5.97
$CH_3—CHCOO^-$ (α-C 上连 $^+NH_3$)	丙氨酸	alanine	Ala	A	6.00
$CH_3—CH(CH_3)—CHCOO^-$ (α-C 上连 $^+NH_3$)	缬氨酸	valine	Val	V	5.96

（续表）

结构式	中文名	英文名	三字符号	一字符号	等电点
$CH_3-CH(CH_3)-CH_2-CH(^+NH_3)COO^-$	亮氨酸	leucine	Leu	L	5.98
$CH_3-CH_2-CH(CH_3)-CH(^+NH_3)COO^-$	异亮氨酸	isoleucine	Ile	I	6.02
$C_6H_5-CH_2-CH(^+NH_3)COO^-$	苯丙氨酸	phenylalanine	Phe	F	5.48
$CH_2-CH_2-CH_2-\overset{+}{N}H_2-CHCOO^-$（环状）	脯氨酸	praline	Pro	P	6.30
2. 极性中性氨基酸					
$C_8H_6N-CH_2-CH(^+NH_3)COO^-$	色氨酸	trytophan	Tre	W	5.89
$HO-CH_2-CH(^+NH_3)COO^-$	丝氨酸	serine	Ser	S	5.68
$HO-C_6H_4-CH_2-CH(^+NH_3)COO^-$	酪氨酸	tyrosine	Tyr	Y	5.66
$HS-CH_2-CH(^+NH_3)COO^-$	半胱氨酸	cysteine	Cys	C	5.70
$NH_2-SeH-COH=O$	硒代半胱氨酸	selenocysteine	Sec	U	5.20
$CH_3SCH_2CH_2-CH(^+NH_3)COO^-$	蛋氨酸	methionine	Met	M	5.74
$H_2N-C(=O)-CH_2-CH(^+NH_3)COO^-$	天冬酰胺	asparagine	Asn	N	5.41
$H_2N-C(=O)CH_2CH_2-CH(^+NH_3)COO^-$	谷氨酰胺	glutamine	Gln	Q	5.65
$HO-CH(CH_3)-CH(^+NH_3)COO^-$	苏氨酸	threonine	Thr	T	5.60

（续表）

结构式	中文名	英文名	三字符号	一字符号	等电点
3. 酸性氨基酸					
$HOOCCH_2-CHCOO^-$ $\vert$ $^+NH_3$	天冬氨酸	aspartic acid	ASP	D	2.97
$HOOCCH_2CH_2-CHCOO^-$ $\vert$ $^+NH_3$	谷氨酸	glutamic acid	Glu	E	3.22
4. 碱性氨基酸					
$H_2NCH_2CH_2CH_2CH_2-CHCOO^-$ $\vert$ $^+NH_3$	赖氨酸	lysine	Lys	K	9.74
NH $\Vert$ $H_2N-CNHCH_2CH_2CH_2-CHCOO^-$ $\vert$ $^+NH_3$	精氨酸	arginine	Arg	R	10.76
$HC=C-CH_2-CHCOO^-$ $\vert \quad \vert \quad\quad \vert$ $N \quad NH \quad ^+NH_3$ C H	组氨酸	histidine	His	H	7.59

第二节 蛋白质的分子结构

组成人体的21种氨基酸以不同的种类、数量和排列顺序形成复杂多样的蛋白质分子。每种蛋白质分子都具有其特定的空间结构，并发挥其独特的生物学功能。根据蛋白质结构层次的不同，可将其分为基本结构和空间结构。基本结构又称为一级结构，而空间结构包含二、三、四级结构。

一、蛋白质的一级结构

（一）肽键和肽

肽键（peptide bond）是一个氨基酸的 α-羧基（—COOH）和另一个氨基酸的 α-氨基（—NH_2）脱水缩合形成的酰胺键（—CO—NH—）。肽键是蛋白质分子中的基本结构键，肽键上的4个原子在同一平面上，即为肽键平面或酰胺平面。

$$H_2N-\underset{H}{\overset{R_1}{C}}-\overset{O}{\overset{\Vert}{C}}-\boxed{OH+H}-\underset{H}{N}-\underset{H}{\overset{R_2}{C}}-COOH \xrightarrow{-H_2O} H_2N-\underset{H}{\overset{R_1}{C}}-\boxed{\overset{O}{\overset{\Vert}{C}}-\underset{H}{N}}-\underset{H}{\overset{R_2}{C}}-COOH$$

氨基酸与氨基酸之间通过肽键连接而成的化合物称为肽。由 2 个氨基酸形成的肽称二肽，由 3 个氨基酸形成的肽称三肽，以此类推。一般十肽以下的称为寡肽，十肽以上的称为多肽或多肽链，但寡肽和多肽并无严格的区分界限。蛋白质就是由数十个到数百个氨基酸通过肽键连接而成的多肽链。有些蛋白质是由一条多肽链组成的，有些蛋白质是由 2 条或更多条多肽链组成的。

多肽链中的氨基酸因脱水不再是完整的氨基酸分子，因此被称为氨基酸残基。多肽链中的 α-碳原子和肽键的若干重复结构称为主链，而各氨基酸残基的侧链基团 R 称为侧链。一条多肽链有 2 个末端：有游离 α-氨基的一端称为氨基末端（简称 N 末端），习惯上写在左边；有游离 α-羧基的一端称为羧基末端（简称 C 末端），习惯上写在右边。

拓展阅读 3-2 生物活性肽

（二）蛋白质的一级结构

蛋白质的一级结构是指蛋白质多肽链中氨基酸的排列顺序，这种排列顺序是由基因上的遗传信息决定的。蛋白质的一级结构是空间结构的基础，空间结构决定了生理功能。维持蛋白质一级结构的化学键是肽键（主键）。有的蛋白质的一级结构中还有二硫键（—S—S—），二硫键是 2 个半胱氨酸的巯基（—SH）脱氢形成的一种共价键。由于二硫键的键能大，故一级结构中含有二硫键的蛋白质稳定性较强。

云视频 3-2 蛋白质的一级结构

胰岛素（insulin）的一级结构由 A、B 2 条多肽链组成，A 链有 21 个氨基酸残基，B 链有 30 个氨基酸残基，A、B 2 条多肽链通过 2 个二硫键相连，A 链的第 6 位和第 11 位的 2 个半胱氨酸形成 1 个链内二硫键（图 3-1）。

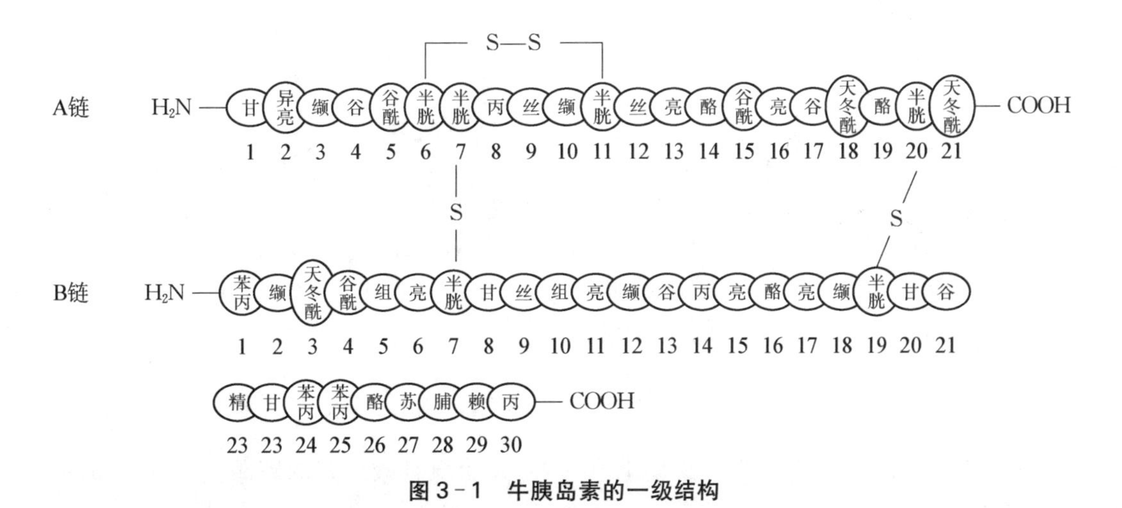

图 3-1 牛胰岛素的一级结构

拓展阅读 3-3 胰岛素的发展历程

二、蛋白质的空间结构

(一) 二级结构

蛋白质的二级结构是指多肽链主链沿长轴方向进行折叠或盘曲形成的有规律的、重复出现的空间结构，不涉及侧链原子的空间排列。

蛋白质二级结构的最常见形式有α-螺旋和β-折叠，此外还有β-转角和无规则卷曲。通常在一种蛋白质分子中可同时存在多种二级结构形式，维持蛋白质二级结构的主要作用力是氢键。

1. α-螺旋　其结构特点如下。

(1) 多肽链的主链围绕中心轴作螺旋式上升，多个肽键平面通过α-碳原子旋转，相互之间紧密盘曲形成稳固的右手螺旋(图3-2)。

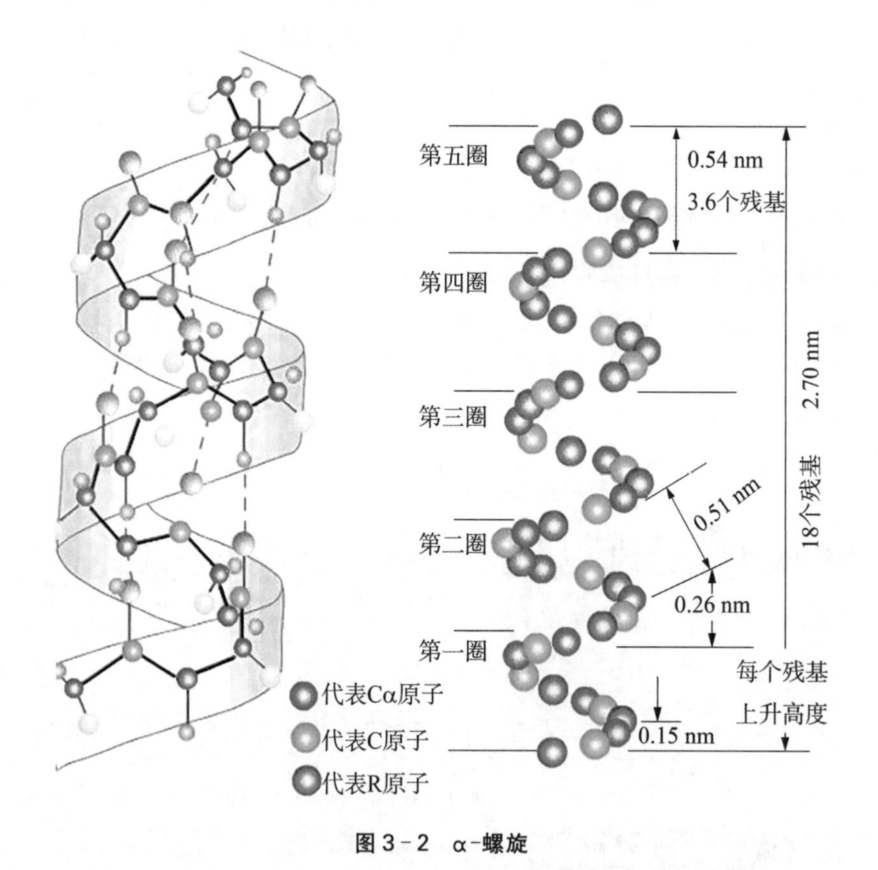

图3-2　α-螺旋

(2) 每隔3.6个氨基酸残基螺旋上升一圈，每个氨基酸残基的跨距是0.15 nm，因此螺距为0.54 nm。

(3) 每个肽键的N—H和第4个肽键的C═O形成氢键，氢键的方向与螺旋长轴基本平行，使α-螺旋结构稳定。

α-螺旋结构在蛋白质中广泛存在。肌红蛋白和血红蛋白分子中有许多肽链段落是α-螺旋;毛发中的角蛋白、肌肉中的肌球蛋白和血凝块中的纤维蛋白,它们分子中的多肽链几乎都卷曲成α-螺旋。

2. β-折叠　β-折叠结构的特点如下。

(1) 可以由1条多肽链折返而成,也可以由2条或2条以上多肽链顺向或逆向平行排列而成(图3-3)。

(2) 肽链平面之间折叠成锯齿状,依靠2条肽链或1条肽链内的2段肽链间的N—H和C═O形成氢键,使β-折叠结构稳定。

(3) R侧链位于锯齿状结构的上方或下方。通常当R侧链较小时2个肽段才能彼此靠近形成β-折叠。蚕丝蛋白分子的多肽链几乎都是β-折叠。许多蛋白质既有α-螺旋又有β-折叠。

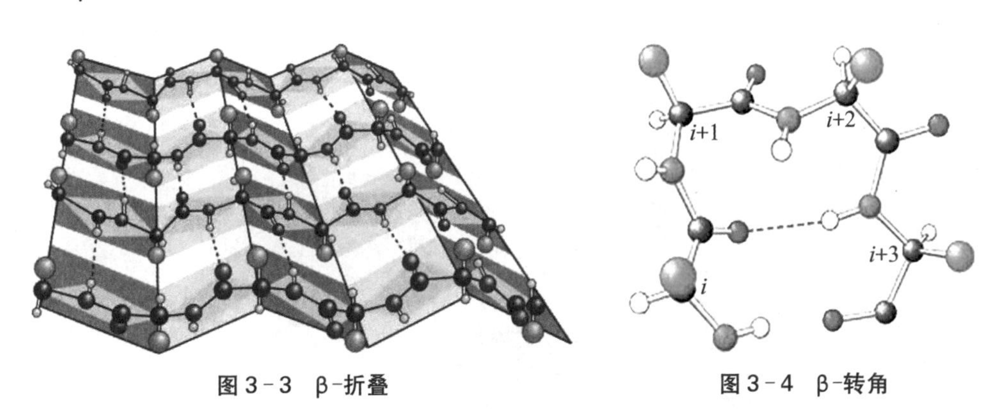

图3-3　β-折叠　　图3-4　β-转角

3. β-转角　在蛋白质分子中,多肽链主链经常会出现180°角的回折,这种回折称为β-转角(图3-4)。β-转角通常由4个氨基酸残基组成,其第1个氨基酸残基的C═O与第4个氨基酸残基的N—H之间形成氢键,从而使结构稳定。β-转角的第2个氨基酸残基常为脯氨酸,其他常见的氨基酸残基有甘氨酸、天冬氨酸、天冬酰胺和色氨酸。

4. 无规卷曲　多肽链中除上述有规律性的结构外,其余没有规律性的那部分肽链的构象,称为无规则卷曲。

研究表明,更多的蛋白质分子是由不同长短的α-螺旋、不同长度的β-折叠,再加上一些β-转角或无规卷曲的肽链部分装配而成的。

(二) 三级结构

蛋白质的三级结构是指多肽链上的所有原子(包括主链和侧链R)在三维空间的排布。一般为球状或椭圆状,并具有一定的生物学活性(图3-5)。

维持蛋白质三级结构的作用力主要是次级键,包括疏水键、氢键、离子键、范德华力、二硫键等,其中最重要的是疏水键(图3-6)。

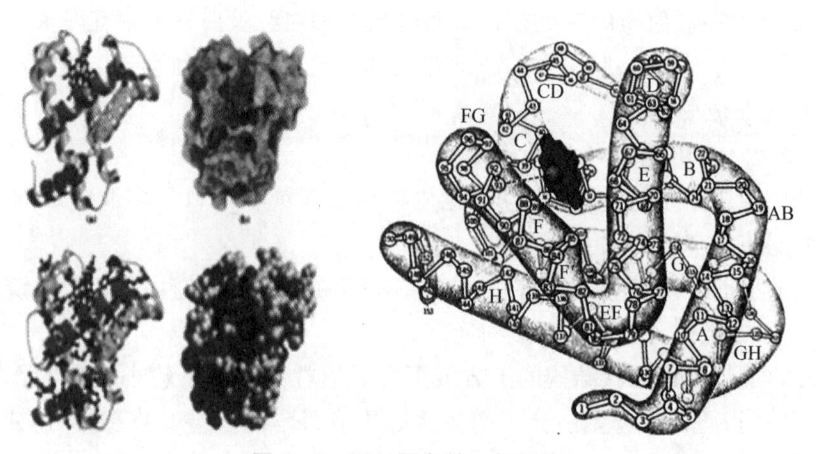

图 3-5 肌红蛋白的三级结构

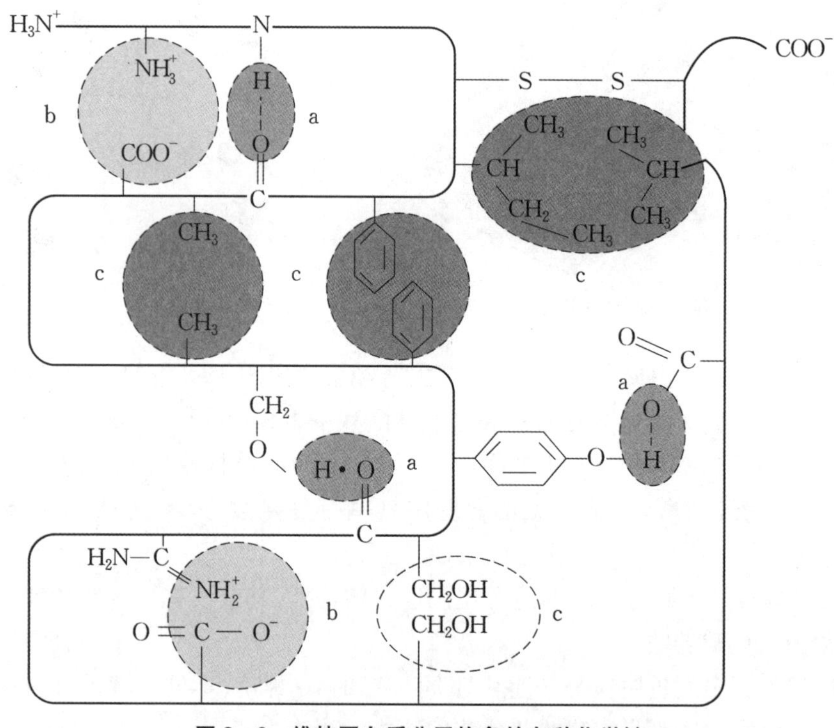

图 3-6 维持蛋白质分子构象的各种化学键

注 a. 氢键 b. 离子键 c. 疏水键。

(三) 四级结构

蛋白质的四级结构是指蛋白质分子中各亚基之间的空间排布及亚基间的相互作用所形成的更高级空间结构。其中,每个具有独立三级结构的多肽链称为一个亚基。亚基单独存在时通常无生物学活性,亚基之间不含共价键,维持蛋白质四级结构的作用力

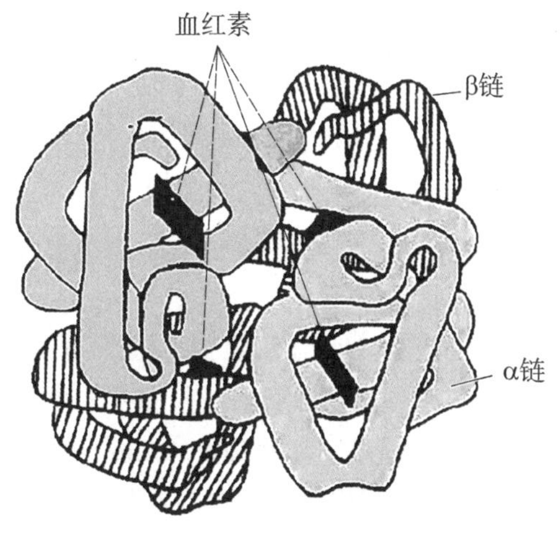

图 3-7 蛋白质的四级结构

是亚基间所形成的次级键，包括氢键、盐键、疏水键、范德华力、二硫键等。

一种蛋白质中的亚基可以相同，也可不同。如烟草斑纹病毒的外壳蛋白是由 2 200 个相同的亚基形成的；正常人血红蛋白是由 2 个 α-亚基与 2 个 β-亚基形成的四聚体(图 3-7)。并不是所有蛋白质分子都具有四级结构的。大多数蛋白质只由 1 条肽链组成，具有三级结构的蛋白质分子就有生理活性了。只有一部分分子量更大或具有调节功能的蛋白质分子，才具有四级结构。蛋白质的各级结构如图 3-8 所示。

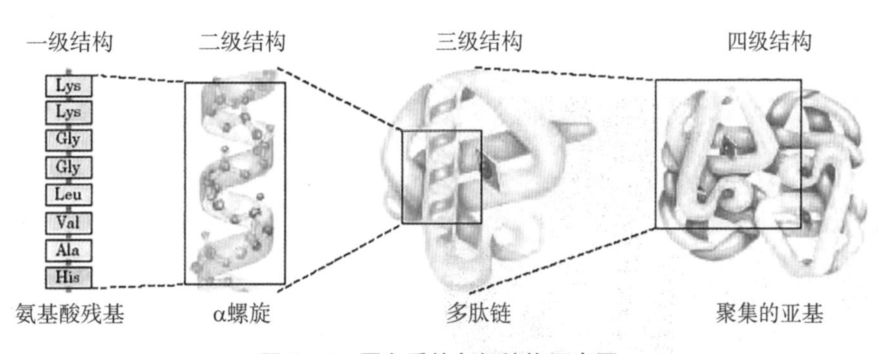

图 3-8 蛋白质的各级结构示意图

三、蛋白质分子结构与功能的关系

结构是功能的基础，无论是蛋白质的基础结构还是空间结构，都与其生物学功能密切相关。蛋白质分子结构的细微改变都会影响到蛋白质的功能活性，异常改变则有可能产生疾病。

(一) 蛋白质一级结构与功能的关系

蛋白质的一级结构和功能密切相关。相似的结构表现相似的功能，而不同的结构具有不同的功能。例如：神经垂体分泌的催产素和抗利尿激素，除 2 个氨基酸残基不同外，其余的氨基酸残基都相同(图 3-9)。由于催产素与抗利尿激素的一级结构相似，因此它们的生理功能有一定程度的交叉。但催产素与抗利尿激素的一级结构不完全一样，所以生理功能也有差别。催产素对子宫平滑肌和乳腺导管的作用远比抗利尿激素强，而催产素对血管平滑肌的收缩效应和利尿作用仅为抗利尿激素的 1%左右。

如果蛋白质一级结构发生改变，则功能随之改变。镰刀状红细胞性贫血症是一种蛋白质一级结构发生改变所导致的血红蛋白异常病。因患者体内决定氨基酸的遗传密

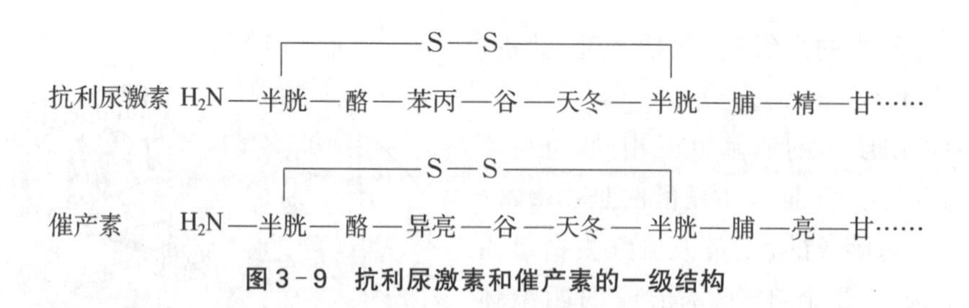

图3-9 抗利尿激素和催产素的一级结构

码发生改变，导致血红蛋白β链N-端第6位的谷氨酸残基错误地被缬氨酸残基所取代(图3-10)，致使患者血中红细胞在氧分压较低的情况下呈现镰刀状，且极易聚集而发生溶血现象，严重影响血红蛋白携带氧的能力。这种由遗传物质突变或缺失导致某一蛋白质一级结构改变而引起其生物学功能改变的遗传性疾病称为分子病。

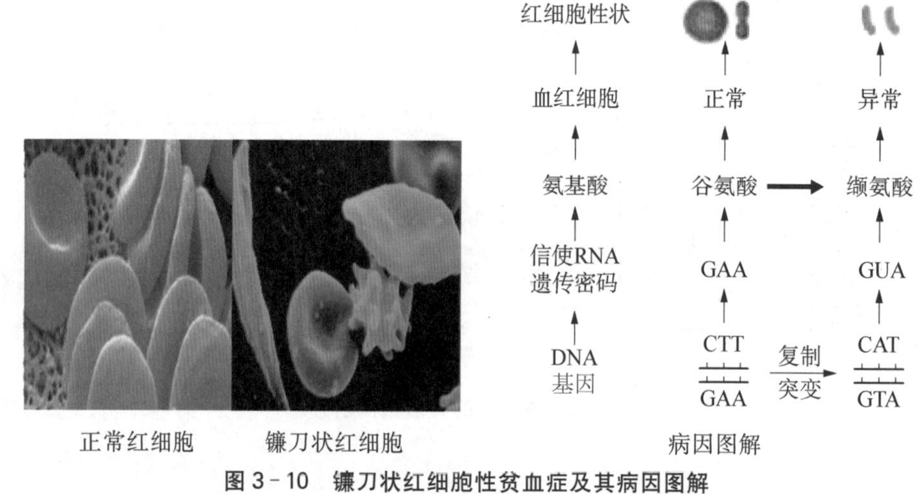

图3-10 镰刀状红细胞性贫血症及其病因图解

在线案例3-1 镰刀状红细胞性贫血症

(二) 蛋白质空间结构与功能的关系

蛋白质的生物学功能更依赖其空间结构，空间结构发生改变，其功能活性也随之改变。例如，核糖核酸酶是由124个氨基酸残基组成的单链蛋白质，分子中有许多氢键和4个二硫键维持其空间结构。如果用蛋白质变性剂8 mol/L尿素和β-巯基乙醇处理，尿素可以破坏氢键，二硫键则在β-巯基乙醇的作用下被还原为巯基。核糖核酸酶的空间结构被破坏，酶的活性消失。但如果通过透析的方法去除尿素和β-巯基乙醇，氢键又会重新形成，巯基被逐渐氧化重新形成二硫键，则酶的活性又恢复。以上充分证明了核糖核酸酶的空间结构与其功能密切相关，同时也证明了蛋白质的一级结构是空间结构的基础。

蛋白质空间结构异常变化可引起疾病的发生，称为蛋白质构象病(protein conformational diseases, PCD)。迄今已经发现有20多种疾病是由蛋白质错误折叠引起的。例如，传染性海绵状脑病（transmissible spongiform encephalopathy，TSE）又称朊蛋白病或朊粒病。朊病毒蛋白的细胞型（正常型 PrP^{c}）与瘙痒型（致病型 PrP^{sc}）由同一基因编码，氨基酸顺序相同但构象不同。PrP^{c} 以 α-螺旋结构为主，β-折叠仅占 3%。PrP^{se} 中 β-折叠占 43%，溶解度低，易于聚集，形成具有细胞毒性的高分子量的不溶性复合物沉积而引起病变（图 3-11）。

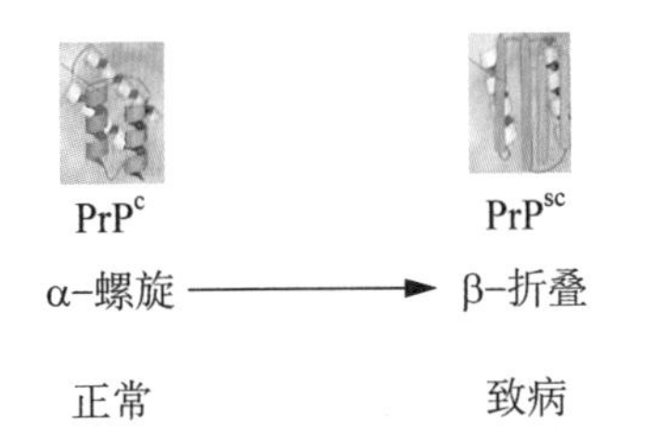

图 3-11　传染性海绵状脑病病因图解

在线案例 3-2　疯牛病

第三节　蛋白质的理化性质

一、蛋白质的两性电离和等电点

蛋白质分子中既含有能解离成正离子的碱性基团，如多肽链主链末端的 α-氨基、赖氨酸残基中的 ε-氨基、精氨酸残基中的胍基及组氨酸残基中的咪唑基；又含有能解离成负离子的酸性基团，如多肽链主链末端的 α-羧基、谷氨酸残基中的 γ-羧基及天冬氨酸残基中的 β-羧基。所以蛋白质能进行两性解离，是两性电解质。当蛋白质溶液处于某一 pH 值时，蛋白质解离成正负离子的趋势相等，即成为兼性离子（两性离子），净电荷为零，此时溶液的 pH 值称为该蛋白质的等电点（pI）。

当蛋白质溶液的 pH 值＞pI 时，该蛋白质颗粒带负电荷（即成为阴离子）；当蛋白质溶液的 pH 值＜pI 时，该蛋白质颗粒带正电荷（即成为阳离子）；当蛋白质溶液的 pH 值＝pI 时，该蛋白质颗粒带正负两种电荷（即成为兼性离子），如图 3-12 所示。

$$P\begin{cases}NH_3^+\\COOH\end{cases}\underset{H^+}{\overset{OH^-}{\rightleftharpoons}}P\begin{cases}NH_3^+\\COO^-\end{cases}\underset{H^+}{\overset{OH^-}{\rightleftharpoons}}P\begin{cases}NH_2\\COO^-\end{cases}$$

蛋白质正离子 （pH值＜pI） 向负极移动	蛋白质兼性离子 （pH值=pI） 原点	蛋白质负离子 （pH值＞pI） 向正极移动

图 3-12　蛋白质的两性电离

等电点是蛋白质的特征性常数，因组成蛋白质的氨基酸种类、数目不同，不同的蛋白质有不同的等电点。人体内各种蛋白质的等电点大多接近 5.0，所以在体液 pH 值 7.4 左右的环境中，大多数蛋白质颗粒带负电荷。少数蛋白质含酸性氨基酸多，其 pI 偏低，如胃蛋白酶；相反也有少数蛋白质含碱性氨基酸多，其 pI 偏高，如细胞色素 C。

利用蛋白质两性电离的性质，可将不同种类的蛋白质从混合物中分离出来。如常用的蛋白质电泳技术、蛋白质的交换层析技术、等电点沉淀蛋白质等。临床上常采用血清蛋白电泳辅助诊断疾病。

课堂互动 3-1 等电点

二、蛋白质的胶体性质

蛋白质是高分子化合物，相对分子质量为 10^7～10^9。其分子颗粒直径已经达到胶体颗粒的范围(1～100 nm)，所以蛋白质溶液具有胶体溶液的性质：如不能透过半透膜，具有布朗运动、丁达尔现象等。蛋白质颗粒表面有许多亲水基团，可吸引水分子，在颗粒表面形成一层水化膜，阻断蛋白质颗粒的相互聚集，可防止蛋白质从溶液中沉淀析出，是维持蛋白质胶体稳定的因素之一。另外，蛋白质在非等电点溶液中，颗粒表面带有同种电荷，而同种电荷相互排斥，使蛋白质颗粒与颗粒之间不相互聚集而沉淀。因此蛋白质亲水胶体的稳定因素有二：水化膜和同种电荷。如果用物理或化学方法破坏这两个因素，蛋白质就非常容易从溶液中析出(图 3-13)。

蛋白质颗粒很大，不能透过半透膜，实验室常用孔径不同的半透膜来分离纯化蛋白质。利用半透膜把大分子蛋白质与小分子化合物分离的方法叫透析(图 3-14)。人体的细胞膜、线粒体膜、微血管壁等都有半透膜的作用，使蛋白质有规律地分布在膜内外，对维持细胞内外的水和电解质平衡有重要意义。

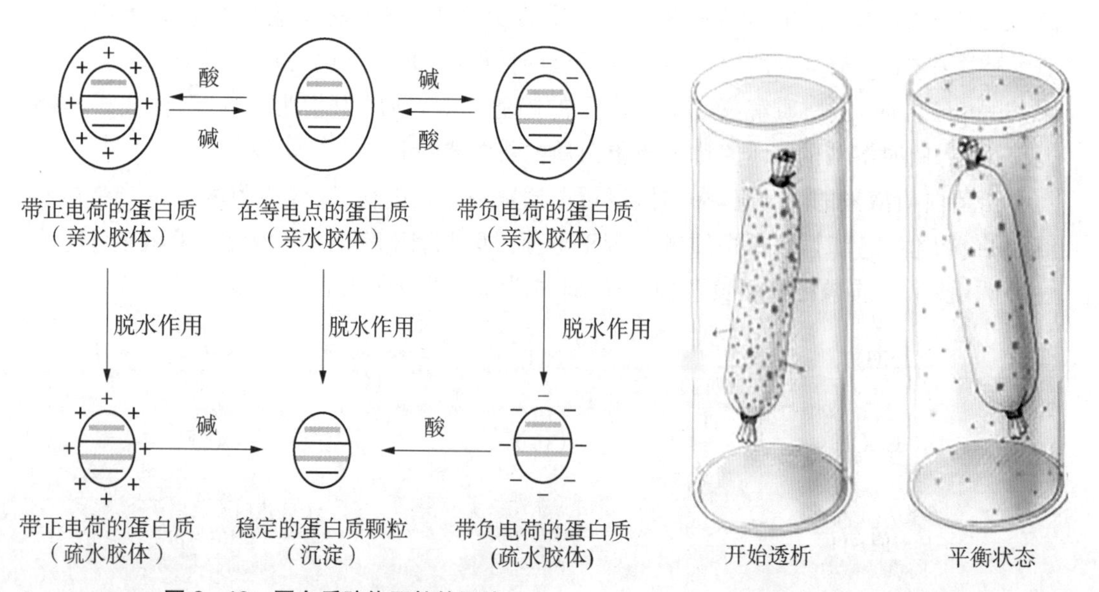

图 3-13 蛋白质胶体颗粒的沉淀

图 3-14 透析示意图

三、蛋白质的变性和复性

在某些物理或化学因素作用下，蛋白质分子的特定空间构象被破坏，从而导致其理化性质改变和生物学活性丧失，这种现象称为蛋白质变性。

引起蛋白质变性的物理因素有高温、高压、紫外线照射、震荡或搅拌、超声波及X-射线等，化学因素有强酸、强碱、有机溶剂、重金属盐及某些酸类等。变性后的蛋白质生物学活性丧失，溶解度显著降低，黏度增加，易被蛋白酶水解。

蛋白质变性在临床上具有十分重要的意义。如用煮沸、高压蒸汽等方法使菌体蛋白质变性以杀灭细菌和病毒；血清、激素、疫苗及抗体等在低温下生产、贮存和运送，可避免生物活性蛋白质变性。

若蛋白质的变性程度较轻，去除变性因素，有些蛋白质可恢复或部分恢复其原有的构象和生物学活性，称为复性(renaturation)，如图 3-15 所示。

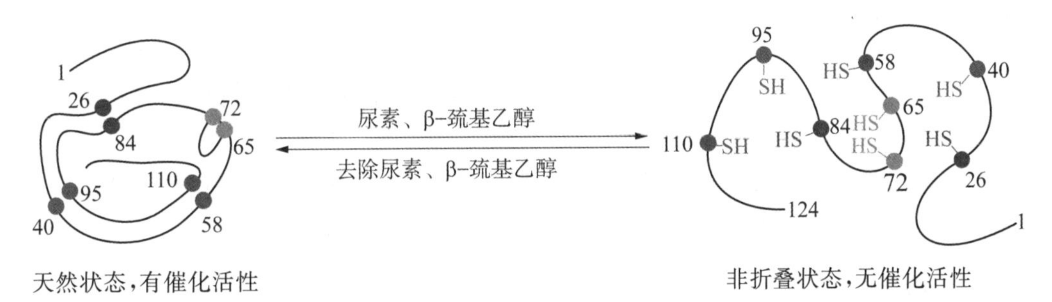

图 3-15 牛胰核糖核酸酶的变性和复性过程

思政小课堂 3-1 我国生物化学的开拓者——吴宪

四、蛋白质的紫外吸收和呈色反应

(一) 紫外吸收性质

蛋白质分子中的酪氨酸和色氨酸残基所含有的共轭双键在波长 280 nm 处有特征性吸收峰(图 3-16)。在波长 280 nm 处，蛋白质的吸光度值与其浓度成正比关系，常可利用蛋白质的紫外吸收性质进行蛋白质定量测定。

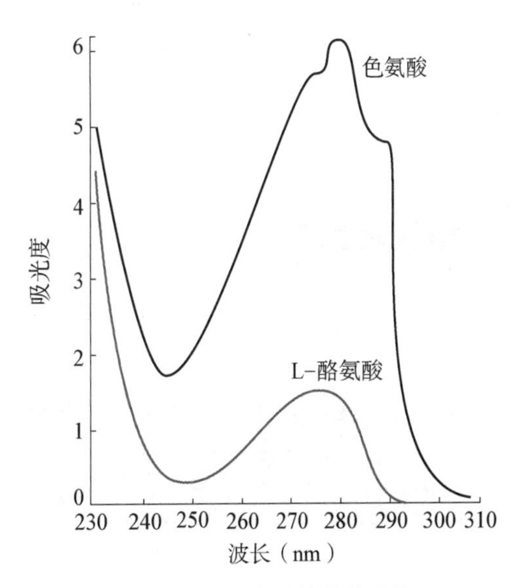

图 3-16 蛋白质的紫外吸收

(二) 呈色反应

蛋白质分子可与多种化学试剂反应，生成有颜色的化合物，即为蛋白质的呈色反应。呈色反应常用于蛋白质的定性或定量测定。

1. 茚三酮反应　蛋白质水解后产生的氨基酸与水合茚三酮共热产生蓝紫色；而脯氨酸和羟脯氨酸反应呈黄色，天冬酰胺反应呈棕色。

2. 双缩脲反应　蛋白质分子中的肽键在稀碱性溶液中与硫酸铜共热呈紫色或红色。其色泽的深浅与蛋白质的含量成正比。因此，临床上常用双缩脲法测定血清总蛋白和血浆纤维蛋白原的含量。

3. 酚试剂反应　蛋白质分子中的酪氨酸残基在碱性条件下可与磷钨酸-磷钼酸反应生成蓝色化合物。临床上常用酚试剂反应来测定血清黏蛋白等微量蛋白质的含量。

第四节　蛋白质的分类

蛋白质的结构复杂、种类繁多，通常用下列两种分类方法对其进行分类。

一、按组成分类

1. 单纯蛋白质　蛋白质分子仅由氨基酸组成。如清蛋白、球蛋白、精蛋白及组蛋白等。

2. 结合蛋白质　蛋白质分子中除蛋白质部分外还有非蛋白质部分，然后根据其非蛋白质部分的不同又可分为核蛋白、糖蛋白、脂蛋白及色蛋白等。

二、按形状分类

1. 球状蛋白质　长短轴之比小于10，外形近似球状，有特异生物学活性。如血红蛋白、胰岛素和酶等。

2. 纤维状蛋白质　长短轴之比大于10，外形呈长纤维状，多难溶于水，有韧性，可作为组织的结构材料。如指甲、毛发中的角蛋白，结缔组织中的胶原蛋白等。

（高玲）

数字课程学习

○教学 PPT　○导入案例解析　○复习与自测　○更多内容……

第四章　核酸化学

章前引言

蛋白质和核酸是生命的物质基础，一切细胞都有合成蛋白质所必需的信息，这种信息就是人们常说的遗传信息，它是在细胞分裂时由亲代传递给子代的，而且非常精确，这种遗传信息的物质基础就是核酸。核酸是1868年瑞士科学家Miescherr首次从细胞核中发现的一种含有磷酸的物质。与蛋白质一样，核酸是一切生物机体不可缺少的组成部分，是生命遗传信息的携带者和传递者。它不仅对于生命的延续、生物物种遗传特性的保持、生长发育、细胞分化等起着重要的作用，还与生物变异，如肿瘤、遗传病、代谢病等也密切相关。因此，核酸是现代生物化学、分子生物学和医学的重要基础内容之一。

学习目标

1. 描述核酸的元素组成和基本结构单位；DNA分子组成和双螺旋结构，RNA分子组成和tRNA的“三叶草”结构，RNA的分类和各种RNA的功能。
2. 理解核酸的紫外吸收特性和核酸的变性、复性及分子杂交。
3. 知道核苷酸衍生物以及核酸的其他理化性质。

思维导图

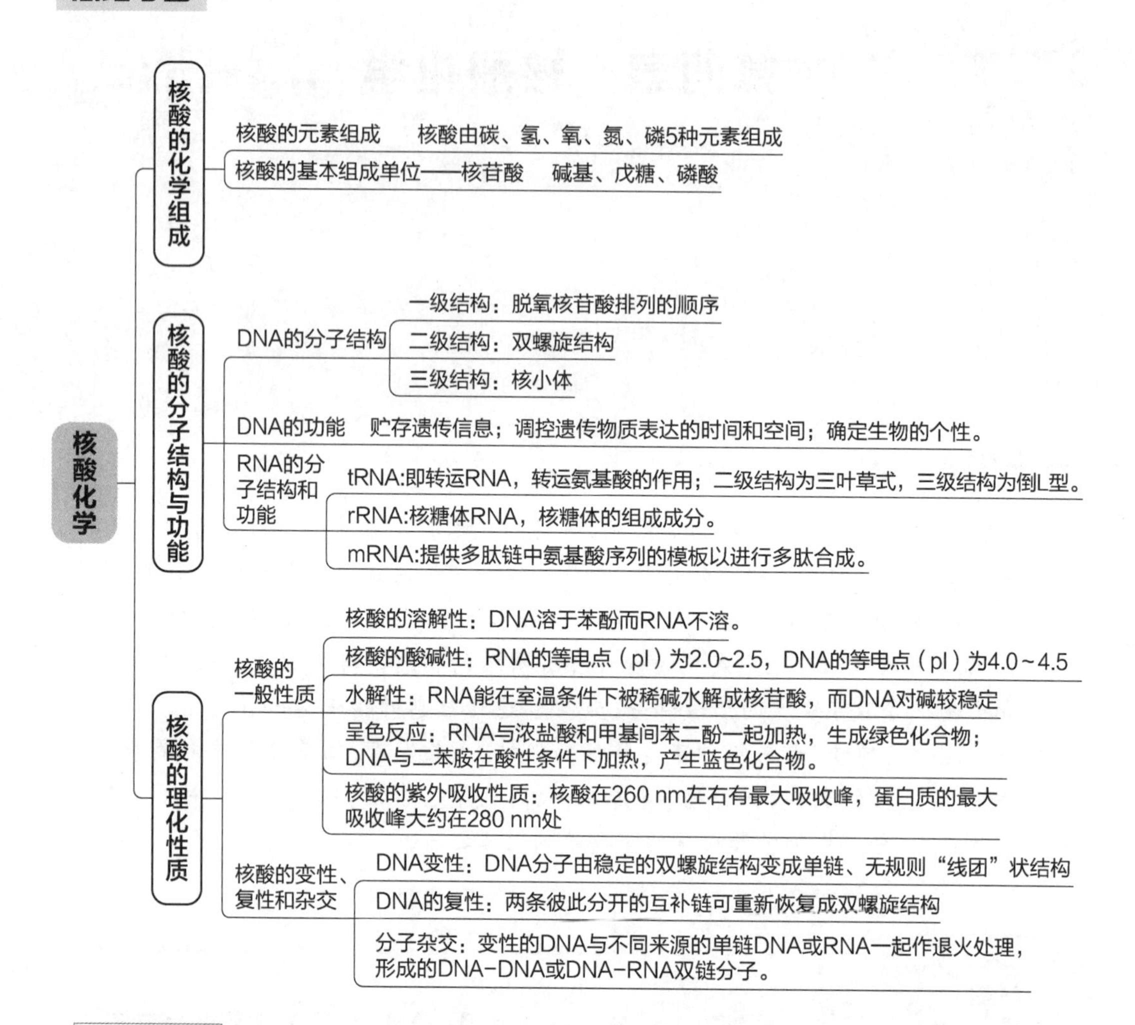

案例导入

1928年生理学家格里菲斯(Griffith J)在研究肺炎球菌时，发现肺炎双球菌有两种类型：一种是S型双球菌，外包有荚膜，不能被白细胞吞噬，具有强烈毒性；另一种是R型双球菌，外无荚膜，容易被白细胞吞噬，没有毒性。格里菲斯取少量R型细菌，与大量已被高温杀死的有毒的S型细菌混在一起，注入小白鼠体内，照理应该没有问题。但出乎意料的是小白鼠全部死亡。检验小白鼠的血液，发现了许多S型活细菌。活的S型细菌究竟是从哪里来的呢？格里菲斯反复分析认为一定存在某种物质，能够从死细胞进入活细胞中，改变了活细胞的遗传性状，把它变成了有毒细菌。这种能转移的物质，格里菲斯把它叫作转化因子。细菌学家艾弗里(Avery OT, 1877—1955)认为这项工作很有意义,于是立刻开始研究这种转化因子的化学成分。

问题:

1. “转化因子”的化学成分是什么?
2. 你还知道哪些实验证明了核酸是遗传物质?

第一节　核酸的化学组成

核酸是以核苷酸为基本单位的生物信息大分子。根据其分子所含核糖的种类不同分为核糖核酸(ribonucleic acid, RNA)和脱氧核糖核酸(deoxyribonucleic acid, DNA)两大类。在真核细胞中,90%的RNA分布于细胞质中,少量分布于细胞核和线粒体内,参与DNA遗传信息的传递和蛋白质的生物合成;98%以上的DNA分布于细胞核中,少量分布于线粒体中,它携带遗传信息,决定着生物的遗传型。绝大多数生物既含有RNA又含有DNA。但病毒只含有其中的一种,故病毒可分为RNA病毒和DNA病毒两类。

拓展阅读4-1　核酸的发现

一、核酸的元素组成

核酸由碳、氢、氧、氮、磷5种元素组成,其中磷的含量在各种核酸中的变化范围不大,大约占整个核酸重量的9.5%,即1g磷相当于10.5g核酸。因此在核酸的定量分析中可通过含磷量的测定来估算核酸的含量,这是定磷法的理论基础。

$$核酸含量(g) = 含磷量(g) \times 10.5$$

二、核酸的基本组成单位——核苷酸

用不同的水解方法(酶解或酸、碱解)可将核酸降解成核苷酸,核苷酸可再分解生成核苷和磷酸,而核苷可进一步分解生成戊糖和碱基。

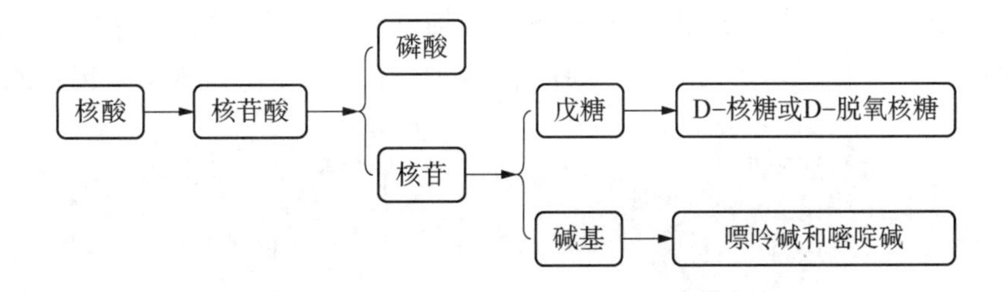

由此可见,核酸的基本组成单位是核苷酸,基本组分是磷酸、戊糖和碱基。

(一) 碱基

核酸中的碱基(base)有两类,即嘌呤碱和嘧啶碱。它们均为含氮的杂环化合物,由于在碱基分子中的氮原子上有非共用电子对,可接受质子,所以具有弱碱性,又称含氮碱。

1. 嘌呤碱 核酸中的嘌呤碱有 2 种:腺嘌呤(A)和鸟嘌呤(G)。它们是在 RNA 和 DNA 分子中均出现的碱基。其结构如下:

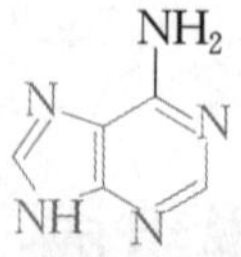

腺嘌呤(adenine, A) 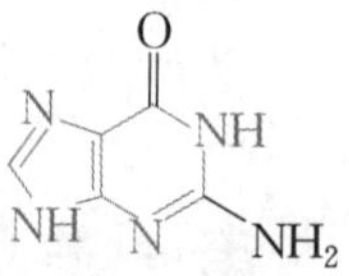　　鸟嘌呤(guanine, G)

2. 嘧啶碱 核酸中的嘧啶碱主要有 3 种:胞嘧啶(C)、尿嘧啶(U)、胸腺嘧啶(T)。在 RNA 中含 C 和 U,在 DNA 中含 C 和 T。其结构如下:

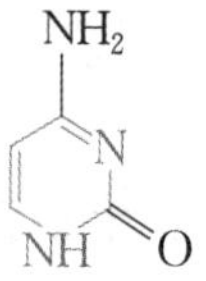

胞嘧啶(cytosine, C) 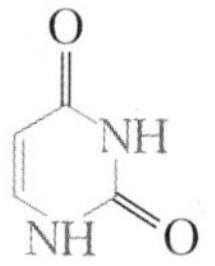　　尿嘧啶(uracil, U) 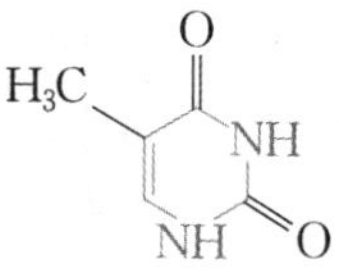　　胸腺嘧啶(thymine, T)

除以上 5 种基本碱基外,有些核酸中还含有修饰碱基(或稀有碱基),这些碱基大多是在上述嘌呤碱或嘧啶碱的不同部位甲基化或进行其他的化学修饰而形成的衍生物,如 5-甲基胞嘧啶、次黄嘌呤、二氢尿嘧啶等。结构式如下:

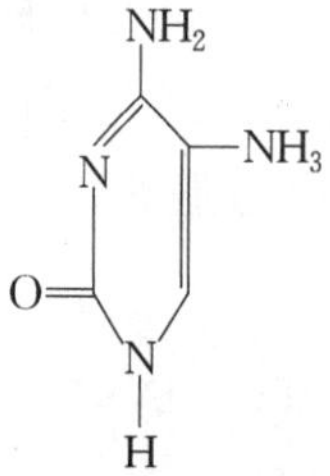

5-甲基胞嘧啶 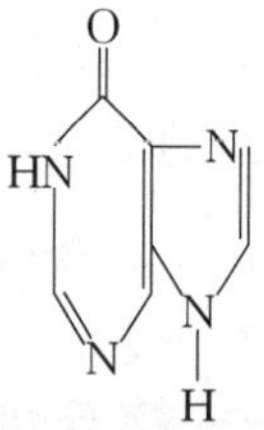　　次黄嘌呤 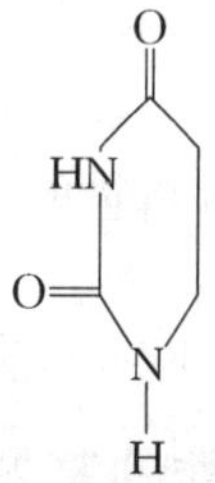　　二氢尿嘧啶

(二) 戊糖

核酸中的戊糖(pentose)包括 D-核糖和 D-脱氧核糖 2 种。RNA 分子中含 D-核糖,DNA 分子中含 D-脱氧核糖,它们在核酸中均以 β-呋喃型存在。戊糖分子中的碳原子位置用 1′~5′标记以示与碱基(嘌呤或嘧啶环)中碳原子的区别。结构式如下:

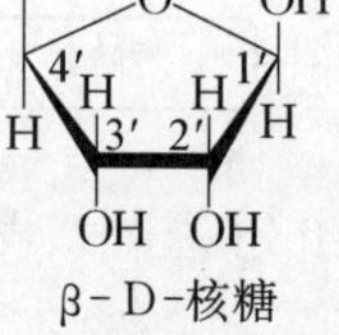

β-D-核糖 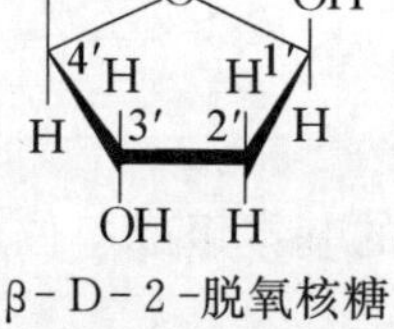　　β-D-2-脱氧核糖

(三) 磷酸

RNA 和 DNA 中都含有磷酸。磷酸是中等强度的三元酸。磷酸和戊糖以酯键结合,形成磷酸酯。磷酸也可与另一分子磷酸以焦磷酸键组合,形成焦磷酸。磷酸分子脱去氢氧基以后的原子团(—PO_3H_2)称为磷酰基。结构式如下:

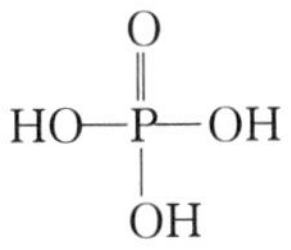

磷酸(Pi) 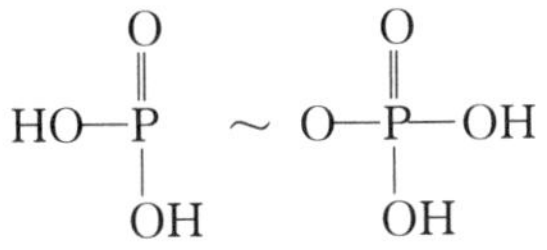　　焦磷酸(PPi) 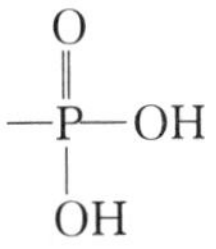　　磷酰基(—Ⓟ)

由上述可知,RNA 和 DNA 的组成有共同点,也有不同点(表 4-1)。

表 4-1　RNA 和 DNA 的组成比较

组成		RNA	DNA
磷酸		磷酸	磷酸
戊糖		β-D-核糖	β-D-2-脱氧核糖
碱基	嘌呤	腺嘌呤(A)、鸟嘌呤(G)	腺嘌呤(A)、鸟嘌呤(G)
	嘧啶	胞嘧啶(C)、尿嘧啶(U)	胞嘧啶(C)、胸腺嘧啶(T)

(四) 核苷

戊糖和碱基缩合成的糖苷称为核苷(nucleoside)。其连接方式是戊糖第 1 位碳原子(C1′)上的羟基与嘌呤碱第 9 位氮原子(N9)或嘧啶碱第 1 位氮原子(N1)上的氢脱水形成 N—C 糖苷键。例如,腺嘌呤核苷(简称腺苷)及胞嘧啶脱氧核苷(简称脱氧胞苷)的结构式如下:

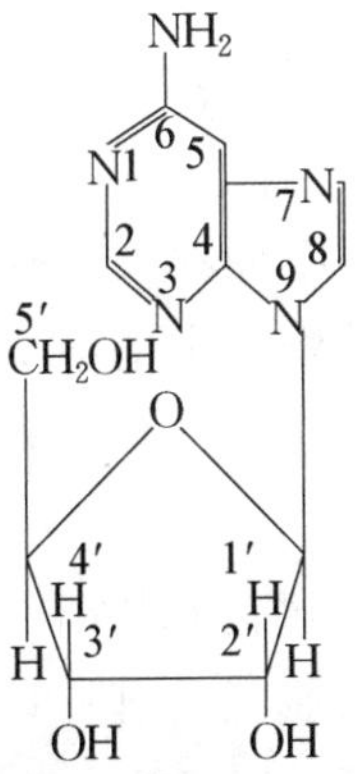

腺苷 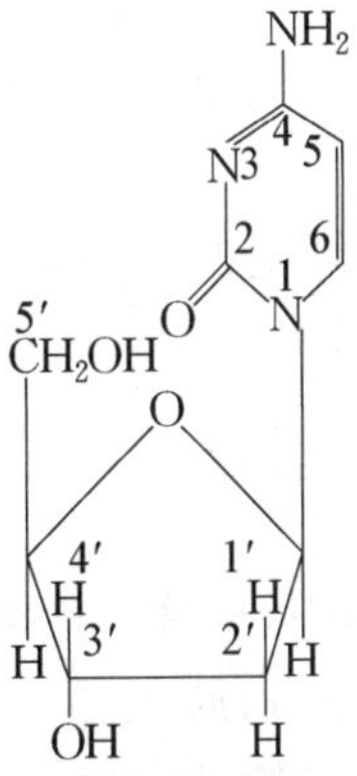　　脱氧胞苷

核苷按其所含戊糖不同,分为核糖核苷和脱氧核糖核苷两类。核糖核苷是 RNA 的组成部分,脱氧核糖核苷是 DNA 的组成部分。核酸中常见的核苷如表 4-2 所示。

表 4-2 核酸中常见的核苷

碱基	核糖核苷(在 RNA 中)			脱氧核糖核苷(在 DNA 中)		
	全称	简称	代号	全称	简称	代号
腺嘌呤	腺嘌呤核苷	腺苷	A	腺嘌呤脱氧核苷	脱氧腺苷	dA
鸟嘌呤	鸟嘌呤核苷	鸟苷	G	鸟嘌呤脱氧核苷	脱氧鸟苷	dG
胞嘧啶	胞嘧啶核苷	胞苷	C	胞嘧啶脱氧核苷	脱氧胞苷	dC
尿嘧啶	尿嘧啶核苷	尿苷	U	—	—	—
胸腺嘧啶	—	—	—	胸腺嘧啶脱氧核苷	脱氧胸苷	dT

(五) 核苷酸

核苷酸(nucleotide)由核苷的羟基和磷酸脱水缩合成磷酸酯。由核糖核苷生成的磷酸酯称为核糖核苷酸,由脱氧核糖核苷生成的磷酸酯称为脱氧核糖核苷酸。下面是几种核苷酸的结构式:

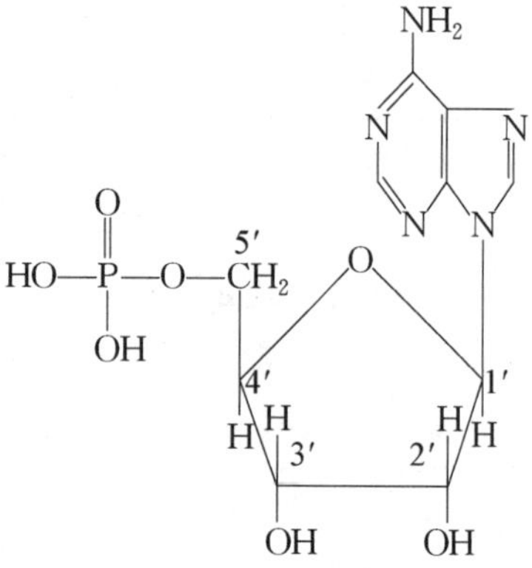

一磷酸腺苷
(5′-腺苷酸,AMP)

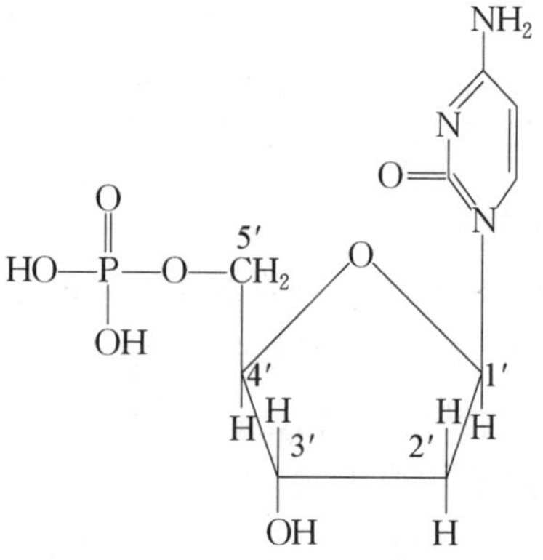

一磷酸脱氧胞苷
(5′-脱氧胞苷酸,dCMP)

核糖核苷的戊糖环上的 2′、3′、5′位各有一个自由羟基,这些羟基均可与磷酸生成酯,故可形成 3 种核苷酸。脱氧核糖核苷只在脱氧核糖环上的 3′、5′位有自由羟基,故只能形成 2 种脱氧核苷酸。在生物体内的核苷酸多是 5′-核苷一磷酸,它们是组成核酸的基本单位。

腺苷一磷酸(AMP)、鸟苷一磷酸(GMP)、胞苷一磷酸(CMP)、尿苷一磷酸(UMP)是构成 RNA 的基本单位;脱氧腺苷一磷酸(dAMP)、脱氧鸟苷一磷酸(dGMP)、脱氧胞苷一磷酸(dCMP)、脱氧胸苷一磷酸(dTMP)是构成 DNA 的基本单位(表 4-3)。

表 4-3　核酸中常见的核苷酸

核糖核苷酸(在 RNA 中)			脱氧核糖核苷酸(在 DNA 中)		
全称	简称	代号	全称	简称	代号
腺嘌呤核苷酸	腺苷酸	AMP	腺嘌呤脱氧核苷酸	脱氧腺苷酸	dAMP
鸟嘌呤核苷酸	鸟苷酸	GMP	鸟嘌呤脱氧核苷酸	脱氧鸟苷酸	dGMP
胞嘧啶核苷酸	胞苷酸	CMP	胞嘧啶脱氧核苷酸	脱氧胞苷酸	dCMP
尿嘧啶核苷酸	尿苷酸	UMP	胸腺嘧啶脱氧核苷酸	脱氧胸苷酸	dTMP

(六) 几种重要的单核苷酸及其衍生物

1. *多磷酸核苷酸*　核苷一磷酸还可以进一步磷酸化而生成二磷酸核苷和三磷酸核苷。例如，腺苷一磷酸(AMP)再结合一分子磷酸，可生成腺苷二磷酸(ADP)，腺苷二磷酸再结合一分子磷酸可生成腺苷三磷酸(ATP)。

在 ADP 和 ATP 分子中，磷酸和磷酸之间以焦磷酸键相连。当焦磷酸键水解时，可释放大量的能量供机体利用。这种由于水解而释放很高能量的焦磷酸键称为高能磷酸键，简称高能键，用“～”表示。ADP 的高能键很少被利用，它主要是接受能量转化为 ATP。ATP 在细胞的能量代谢过程中起着非常重要的作用，但它不是储能物质，而是能量的携带者和传递者。

AMP、ADP 和 ATP 的结构式如下：

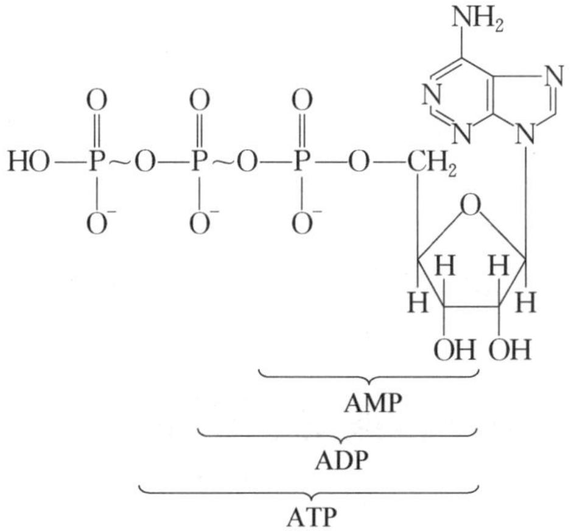

除了 ADP 和 ATP 外，生物体内其他的 5′-核苷一磷酸也可以进一步磷酸化形成核苷二磷酸和核苷三磷酸，即 GDP、CDP、UDP 和 GTP、CTP、UTP。5′-脱氧核苷一磷酸也可以进一步磷酸化，形成二磷酸脱氧核苷和三磷酸脱氧核苷，即 dGDP、dCDP、dTDP 和 dGTP、dCTP、dTTP。这些核苷三磷酸在某些生化反应中也起着传递能量的作用，但远没 ATP 普遍。ATP、GTP、CTP、UTP 是合成核酸(RNA)的原料。dATP、dGTP、dCTP、dTTP 是合成脱氧核酸(DNA)的原料。此外，UTP 还参与体内糖原合成，CTP

参与磷脂的生物合成，GTP 参与蛋白质的生物合成等。GTP 和 UTP 的结构式如下：

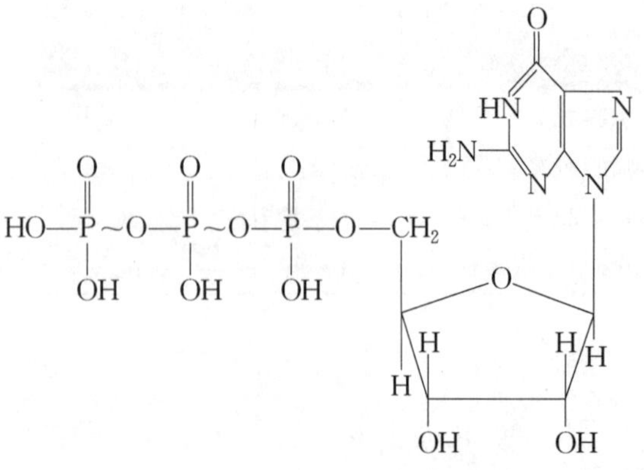

三磷酸鸟苷（GTP） 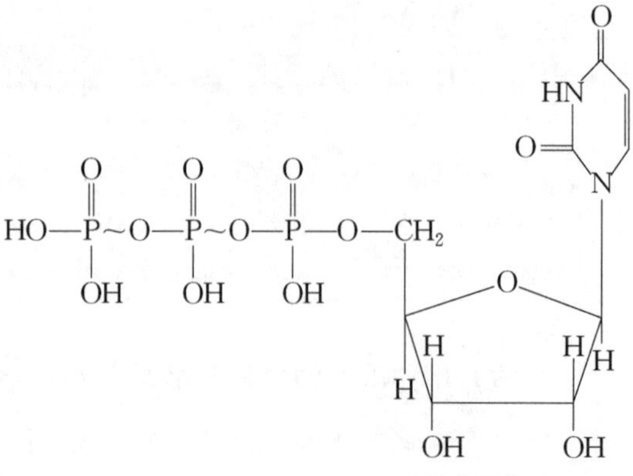　　三磷酸尿苷（UTP）

2. 环化核苷酸　在动植物及微生物细胞中，还普遍存在一类环化核苷酸，主要是 3′，5′-环腺苷酸（cAMP）和 3′，5′-环鸟苷酸（cGMP）。其结构式如下所示。

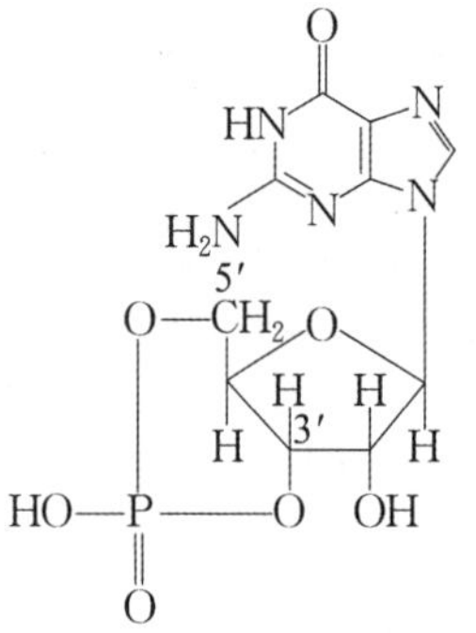

3′，5′-环鸟苷酸（cGMP） 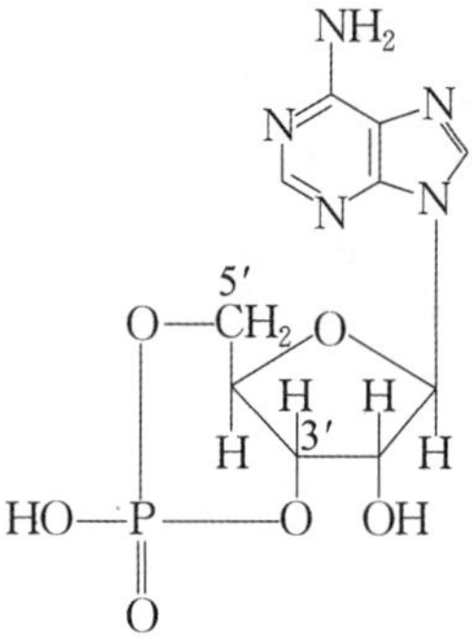　　3′，5′-环腺苷酸（cAMP）

环化核苷酸不是核酸的组分，在细胞中含量很少，但有重要的生理功能。现已证明，两者均作为激素的第二信使，在细胞的代谢调节中有重要作用。

第二节　核酸的分子结构与功能

核酸（nucleic acid）是由许多核苷酸按一定顺序连接起来的多核苷酸链，它和蛋白质一样具有一级结构和空间构象。

一、DNA 的分子结构与功能

（一）DNA 的分子结构

1. DNA 的一级结构

DNA 和 RNA 都是没有分支的多核苷酸链。DNA 链中一个脱氧核苷酸的 3′-羟基和下一个脱氧核苷酸的 5′-磷酸脱水以酯键相连。因此，核酸中各核苷酸间的连接键是 3′，5′-磷酸二酯键。由相间排列的磷酸和戊糖构成了核酸大分子的主链，而代表其生物学特性的碱基则可看成是有次序连接在主链上的侧链基团。每个多核苷酸链（图 4-1）都有一个 3′-末端（3′端）和一个 5′-末端（5′端）。核酸链都具有方向性，不管是在书写还是阅读习惯上都是从 5′末端到 3′末端（图 4-2）。

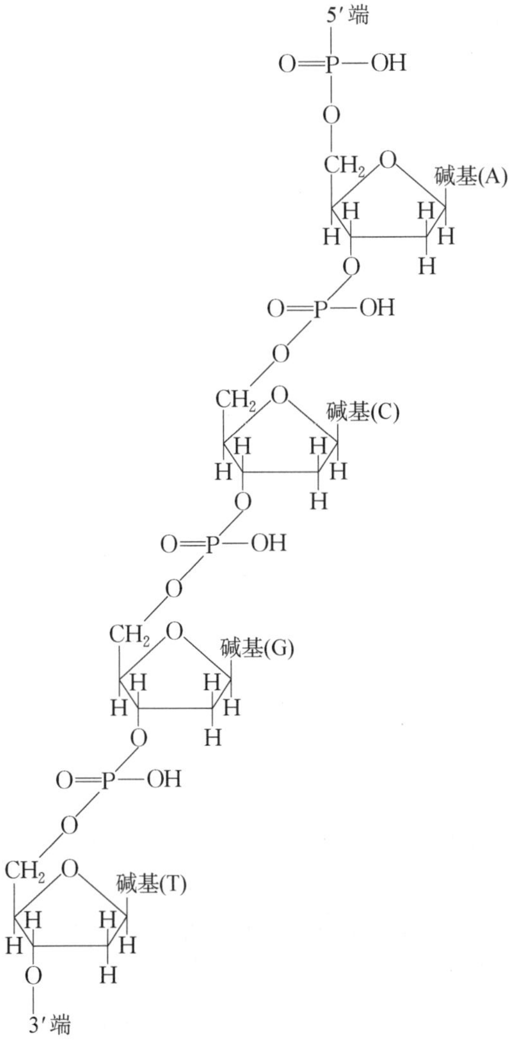

图 4-1　DNA 多核苷酸链的片段

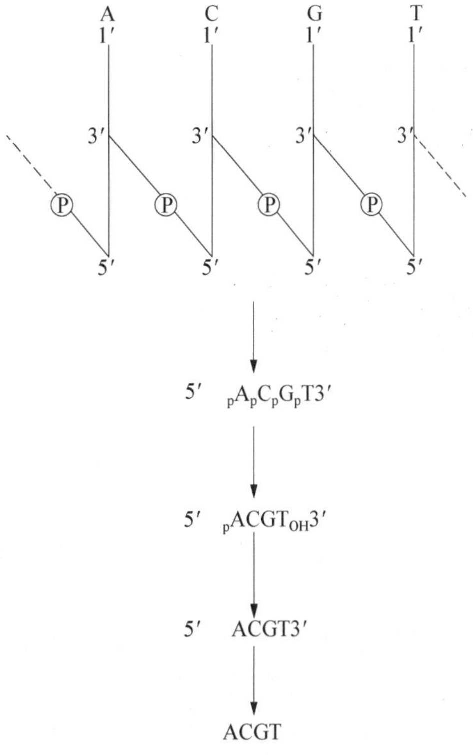

图 4-2　核酸一级结构简式

2. DNA 的二级结构

云视频 4-1　DNA 双螺旋结构

思政小课堂 4-1　沃森与伦理道德

DNA 的二级结构一般是指 DNA 分子的空间双螺旋结构。它是美国物理学家沃森

(Watson)和英国生物学家克里克(Crick)于1953年提出的。双螺旋结构模型要点如图4-3所示。

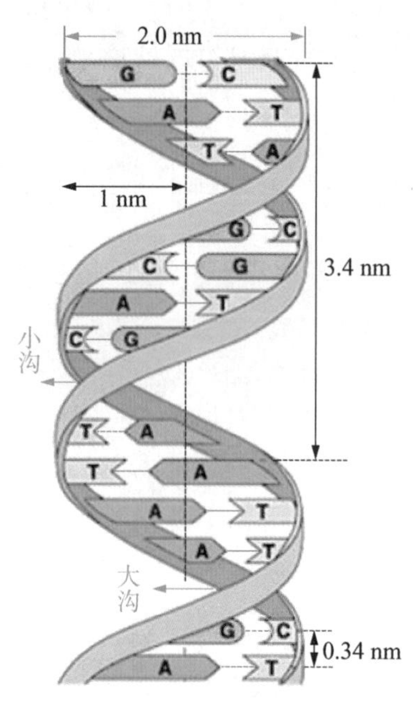

图4-3 DNA的双螺旋结构模型

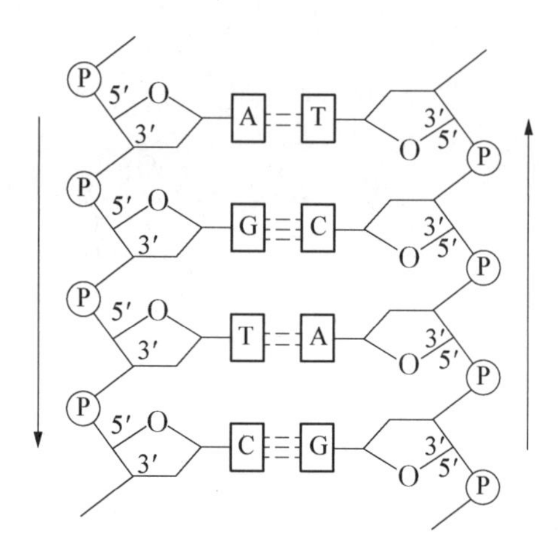

图4-4 碱基对之间的氢键

(1) DNA分子由2条平行的多核苷酸链围绕同一中心轴向右盘旋形成右手双螺旋结构。2条链的走向相反,一条为5′→3′,另一条是3′→5′。

(2) 由"磷酸-脱氧核糖"交替排列形成的2条主链作为骨架,位于螺旋外侧,碱基位于螺旋内侧,并通过氢键连接形成碱基对。各碱基对平面相互平行,并与中心轴垂直。碱基对之间的距离为0.34 nm,螺旋一圈含10.5个碱基对,螺距为3.4 nm,螺旋的直径为2 nm。

(3) 碱基配对具有一定的规律性,即A与T配对,G与C配对。形成碱基对时,A与T之间形成2个氢键(A═T),G与C之间形成3个氢键(G≡C)(图4-4),这种配对规律称为碱基互补规律。碱基对中的2个碱基称为互补碱基,通过互补碱基而结合的2条链彼此称为互补链。

(4) 碱基对之间的氢键和碱基平面之间的碱基堆积力共同维系DNA双螺旋结构的稳定。

沃森和克里克提出的DNA双螺旋结构模型最主要的特点是碱基互补配对。碱基配对规律具有十分重要的生物学意义。它是DNA复制、RNA的转录和反转录的分子基础,关系到生物遗传特性的传递与表达。

拓展阅读4-2 嵌入基序(i-motif)结构

云视频4-2 DNA的二级结构

在线案例 4-1　乳腺癌

3. DNA 的三级结构　DNA 分子在细胞内并非以线性双螺旋形式存在，而是在双螺旋结构基础上进一步盘绕折叠形成 DNA 的三级结构。例如，细菌质粒、某些病毒及线粒体的环状 DNA 分子，多盘绕成麻花状的超螺旋结构，这些更为复杂的结构即为 DNA 的三级结构(图 4-5)。

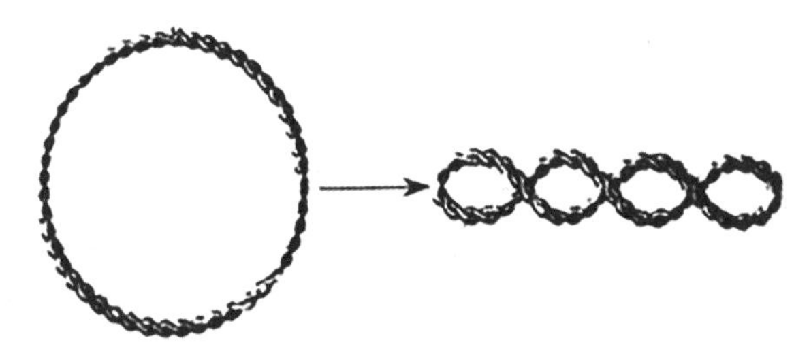

图 4-5　DNA 三级结构模式图

在真核细胞中，线状的双螺旋 DNA 分子先与组蛋白(H2A、H2B、H3、H4 各 2 分子组成八聚体)结合，盘绕形成核小体，核小体是染色质的基本组成单位。许多核小体由 DNA 链连在一起构成念珠状结构。由核小体构成的念珠状结构进一步盘绕压缩成更高层次的结构(图 4-6)。据估算，人的 DNA 分子在染色质中反复折叠盘绕，共压缩 8 000～10 000 倍。

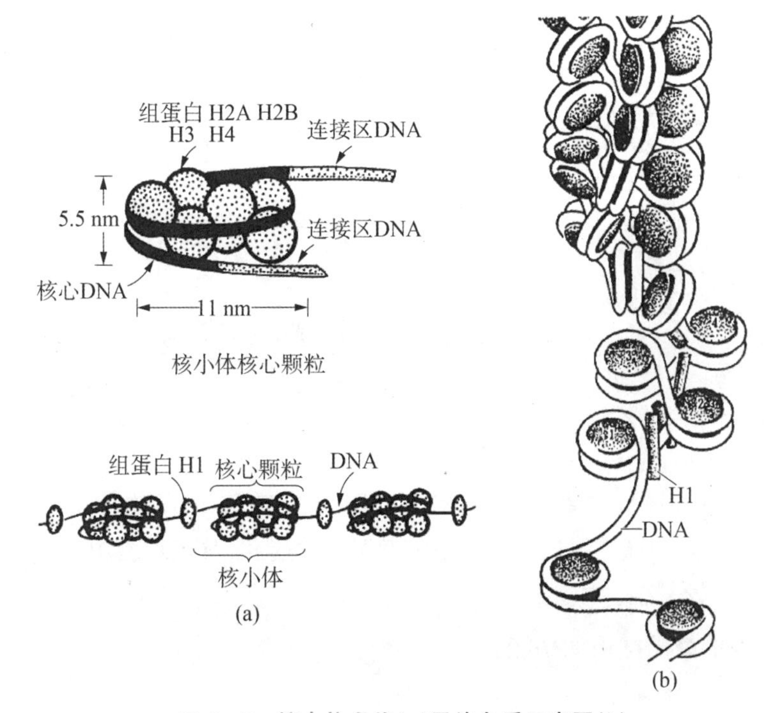

图 4-6　核小体盘绕(a)及染色质示意图(b)

(二) DNA 的功能

原核细胞的染色体是一个长 DNA 分子，但是原核细胞没有真正的细胞核。真核细胞核中有不止一条染色体，每条染色体只含一个 DNA 分子。但它们一般都比原核细胞中的 DNA 分子大而且与蛋白质结合在一起。DNA 分子的功能是贮存决定物种的所有蛋白质和 RNA 结构的全部遗传信息；策划生物有次序地合成细胞和组织组分的时间和空间；确定生物整个生命周期的活性及其个性。除染色体中存在 DNA 外，还有极少量结构不同的 DNA 存在于真核细胞的线粒体中。DNA 病毒的遗传物质也是 DNA。

二、RNA 的分子结构和功能

RNA 在生命活动中具有重要作用，它在把 DNA 中的遗传信息变成功能性蛋白的过程中起中介作用。与 DNA 相比，RNA 的种类繁多，相对分子质量较小，一般以单链存在，但可以有局部二级结构。其碱基组成特点是含有尿嘧啶而不含胸腺嘧啶，碱基配对发生于 C 和 G 与 U 和 A 之间。由于 RNA 是单链结构，其碱基组成之间无一定的比例关系，并且稀有碱基较多。

RNA 的一级结构与 DNA 相同，也是以 3′,5′-磷酸二酯键连接成多核苷酸长链，但二级结构与 DNA 不同。大多数 RNA 分子的许多区域自身发生回折，使可以配对的一些碱基相遇，而由 A 与 U、G 与 C 之间的氢键连接起来，构成如 DNA 那样的双螺旋区；不能配对的碱基则形成环状突起(图 4-7)。有 40%～70%的核苷酸参与双螺旋的形成。所以 RNA 分子是一条很短的不完全双螺旋区的多核苷酸链(图 4-8)。

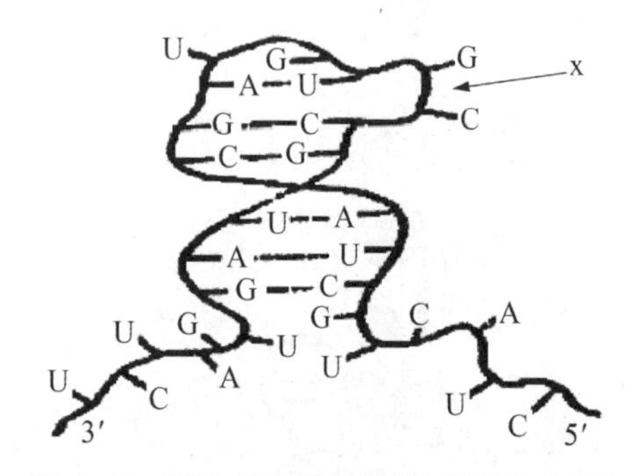

图 4-7　RNA 的双螺旋区(X 是环状突起)

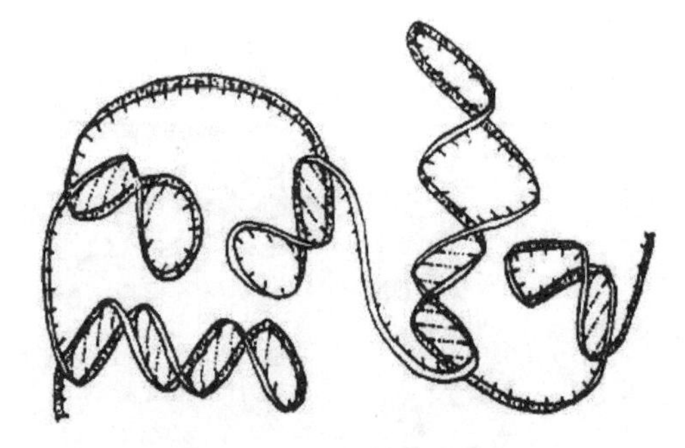
图 4-8　RNA 的二级结构

生物细胞中的 RNA 包括核糖体 RNA(rRNA)、转移 RNA(tRNA)和信使 RNA(mRNA)3 类。它们的碱基组成、分子大小、生物学功能以及在细胞中的分布都有所不同，因此结构也比较复杂。

(一) tRNA 的分子结构和功能

转运 RNA 即 tRNA，占 RNA 的 15%。它的一端可以共价连接 1 个氨基酸，在蛋白质合成过程中起转运氨基酸的作用，它的名称也由此而来。但 tRNA 的生理功能不仅是转运氨基酸，还在蛋白质生物合成的起始、DNA反转录合成及其他代谢调节中也起重要作用。它们和mRNA配合使各种氨基酸以正确的顺序连接。由于tRNA分子的同工性，即1种以上的tRNA对1种氨基酸特异，所以细胞内tRNA的种类比氨基酸的种类多，多达100多种。

目前对tRNA二级结构的了解比较清楚。tRNA的分子较小，多由70～95个核苷酸构成。有些区段经过自身回折形成双螺旋区，从而形成三叶草式的二级结构（图4-9）。这类三叶草式结构具有以下特征：

(1) 分子中由A-U、C-G碱基对组成的双螺旋区叫作臂，不能配对的部分叫作环，大多数tRNA都由4个臂和4个环组成。

(2) 三叶草的叶柄叫氨基酸臂，含有5～7个碱基对，3′-末端均为CCA-OH序列，其中腺苷的3′-OH结合活化的氨基酸。

(3) 左臂连接一个二氢尿嘧啶环（DHU环），由8～12个核苷酸构成，此环的特征为含有2个二氢尿嘧啶，因此得名。

(4) 位于氨基酸臂对面的环叫反密码环。由7个核苷酸组成，环中部由3个核苷酸组成反密码子。在蛋白质生物合成时，tRNA通过反密码子识别mRNA上相应的遗传密码。

(5) 右侧有一个TψC环（含有TψC序列，ψ代表假尿苷）和一个可变环。TψC序列对tRNA与核糖体的结合有重要作用，不同tRNA的可变环上核苷酸的数目变化较大。

tRNA在二级结构的基础上进一步折叠，形成倒L形的三级结构（图4-10）。

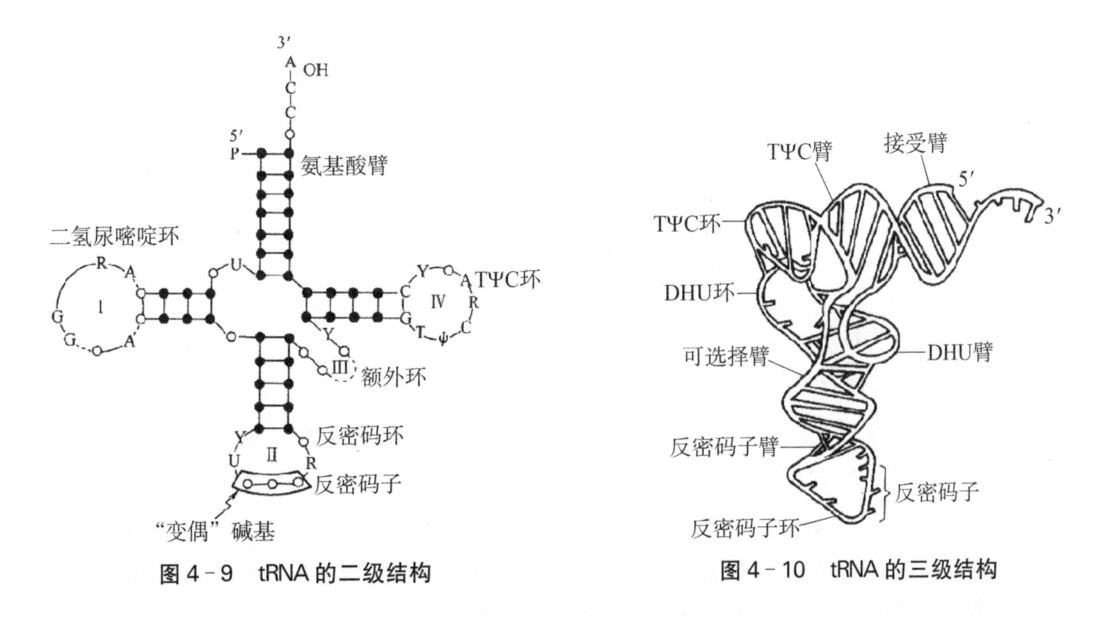

图4-9 tRNA的二级结构

图4-10 tRNA的三级结构

(二) rRNA的分子结构和功能

核糖体RNA(rRNA)是细胞内含量最多的RNA，约占RNA总量的80%以上，是蛋白质合成的场所。原核生物和真核生物的核糖体均由易于解聚的大、小亚基组成，研究发现其质量中 60%是 rRNA，40%是蛋白质。

现在一般认为，核糖体的基本功能依赖于其中的 rRNA，核糖体蛋白质起着加强 rRNA 功能的作用。核糖体最初由 rRNA 构建，在进化过程中一些蛋白质加在其上。体内外实验均证明，缺乏某些蛋白质的核糖体仍有生物活性。原核生物和高等动物细胞中核糖体的组成如表 4-4 所示。

表 4-4　原核生物和高等动物细胞中核糖体的组成

原核生物核糖体(70S)		高等动物核糖体(80S)	
30S 亚基	50S 亚基	40S 亚基	60S 亚基
16S rRNA	23S rRNA	18S rRNA	28S rRNA
21 种蛋白质	58S rRNA	30 种蛋白质	5.8S rRNA
	34 种蛋白质		5S rRNA
			40 种蛋白质

注：S 是大分子物质在超速离心沉降中的一个物理学单位，可反映分子量的大小。

许多 rRNA 的一级结构及二级结构都已阐明，不同 rRNA 的碱基比例和碱基序列各不同，分子结构基本上都由部分双螺旋和部分单链突环相间排列而成，G-C 碱基对与 A-U 碱基对的总量不等。大肠杆菌 5SrRNA 的结构如图 4-11 所示。

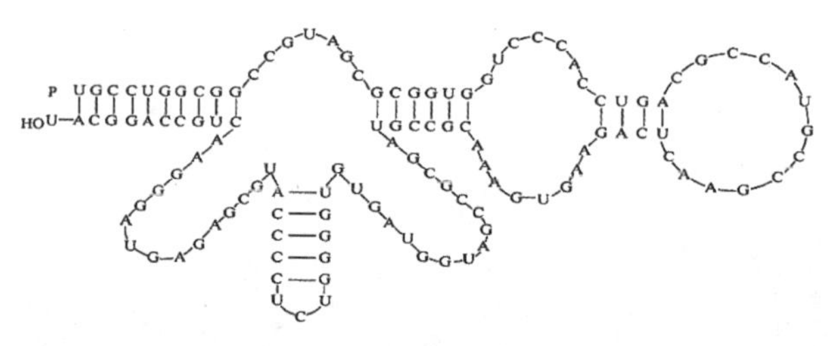

图 4-11　大肠杆菌 5SrRNA 的结构

(三) mRNA 的分子结构和功能

DNA 绝大部分存在于细胞核，而蛋白质的生物合成则发生在细胞质内的核糖体上。因此，必定有另一类分子把遗传信息带到细胞质中以指导蛋白质的合成。正是信使 RNA(mRNA)把细胞中 DNA 上的遗传信息携带到核糖体。在核糖体上，mRNA 提供多肽链中氨基酸序列的模板以进行多肽链的合成。

在细胞内，mRNA 含量很低，但种类非常多，约占 RNA 总量的 5%。细胞在发育的不同时期有不同种类的 mRNA。真核细胞 mRNA 的结构有明显的特征：在其 3′-末端有长约 200 个核苷酸的多腺苷酸(polyadenylic acid, polyA)。polyA 在转录后经 polyA 聚合酶的作用添加上去。原核生物的 mRNA 一般无 3′-polyA。另外，某些真核生物的

mRNA 也有 3′- polyA。polyA 的功能是多方面的，与 mRNA 从细胞核到细胞质的转移有关，还与维持 mRNA 的稳定性有关。真核细胞 mRNA 的 5′-末端有一个以 7 -甲基鸟嘌呤-三磷酸鸟苷（m7GpppN）为起始的特殊结构，称为帽子结构（图 4 - 12）。

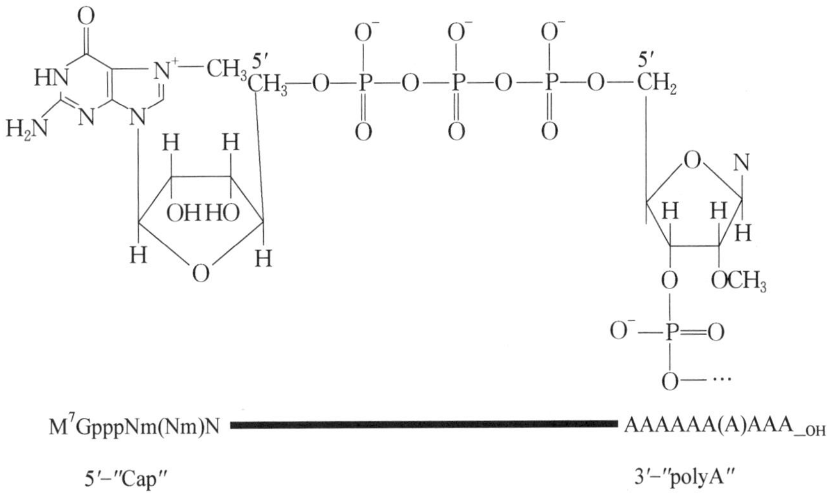

$M^7GpppNm(Nm)N$ ━━━━━━ $AAAAAA(A)AAA_{OH}$

5′-"Cap"　　　　3′-"polyA"

图 4 - 12　mRNA 的末端结构

在线案例 4 - 2　新型冠状病毒疫情

第三节　核酸的理化性质

核酸的性质是由核酸的组成和结构所决定的，利用其两性解离、紫外吸收、变性与复性等性质可作为核酸的分离、鉴定以及核酸分子杂交等核酸研究的依据。

一、核酸的一般性质

（一）核酸的溶解性

DNA 为白色纤维状固体，RNA 为白色粉末状固体。它们都微溶于水，形成有一定黏度的溶液，DNA 溶液比 RNA 溶液黏度大。DNA 和 RNA 都易溶于碱金属的盐溶液中，不溶于乙醇、乙醚和氯仿等一般的有机溶剂。因此，常用乙醇来沉淀溶液中的 DNA 和 RNA。DNA 溶于苯酚而 RNA 不溶于苯酚，故可用苯酚来沉淀 RNA。

（二）核酸的酸碱性

核酸和核苷酸既有磷酰基，又有碱基，所以都是两性电解质。因磷酰基比碱基更易解离，通常表现为酸性。核酸和蛋白质一样具有等电点，RNA 的等电点（pI）为 2.0～2.5，DNA 的 pI 为 4.0～4.5。在中性或偏碱性溶液中，核酸通常带有负电荷，在外加电场力的作用下,向阳极移动。利用这一性质可将分子量大小不同的核酸分开。

(三) 水解性

核酸可被酸、碱或酶水解成各种组分,其水解程度因水解条件而异。RNA 能在室温条件下被稀碱水解成核苷酸,而 DNA 对碱较稳定,常利用此性质测定 RNA 的碱基组成或除去溶液中的 RNA 杂质。

(四) 呈色反应

RNA 与浓盐酸和甲基间苯二酚一起加热,生成绿色化合物;DNA 与二苯胺在酸性条件下加热,产生蓝色化合物。可利用这两种特殊的颜色反应区别 DNA 和 RNA 或作为两者定量测定的基础。

(五) 核酸的紫外吸收性质

在核酸分子中,由于嘌呤碱和嘧啶碱都具有共轭双键体系,因而也都具有独特的紫外线吸收光谱。核酸吸收紫外线的波段是 240～290 nm,一般在 260 nm 左右有最大吸收峰,而蛋白质的最大吸收峰波长大约在 280 nm 处。不同的核苷酸具有不同的吸收特性,可以作为核酸及其组分定性和定量测定的依据。

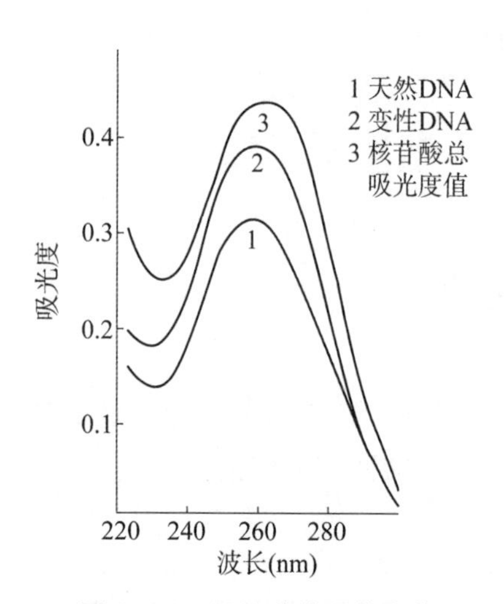

图 4-13 DNA 紫外吸收光谱

核酸的紫外吸收值比其各核苷酸成分的吸收值之和少 30%～40%,这是由于核酸有规律的双螺旋结构中碱基紧密堆积在一起造成的。当核酸变性或降解时,其碱基暴露,紫外吸收值增高。因此根据核酸紫外吸收值的变化可判断其变性或水解程度(图 4-13)。

用$A_{260\,nm}/A_{280\,nm}$还可来表示核酸的纯度:$A_{260\,nm}/A_{280\,nm}>1.8$,表示 DNA 很纯;$A_{260\,nm}/A_{280\,nm}>2$,表示 RNA 很纯;如含有杂蛋白,则$A_{260\,nm}/A_{280\,nm}$数值降低。对于纯的 DNA 样品,可以在 260 nm 下测得 DNA 的含量:当 A=1 时,[DNA]=50 μg/ml,[RNA]或[单链 DNA]=40 μg/ml,[寡核苷酸]=20 μg/ml。

二、核酸的变性、复性和杂交

(一) DAN 变性

在理化因素作用下,DNA 分子由稳定的双螺旋结构变成单链、无规则"线团"状结构的现象,称为核酸变性。变性时维持双螺旋稳定的氢键断裂,碱基间的堆积力遭到破坏,但不涉及其一级结构改变。所以,核酸变性不涉及共价键断裂,变性后相对分子质量不变,但物理化学性质发生变化,生物学功能丧失。

核酸变性后,因双链解开,碱基暴露,所以 260nm 紫外吸收值明显增强,这种现象称为增色效应。

DNA 变性的因素有化学因素(强酸、强碱、尿素等)和物理因素(高温、高压等)。因 pH 值改变引起变性称为酸碱变性,由温度升高而引起 DNA 变性称为 DNA 热变性。DNA 热变性的特点主要是加热引起双螺旋结构解体,所以又称 DNA 的解链或溶解作用。

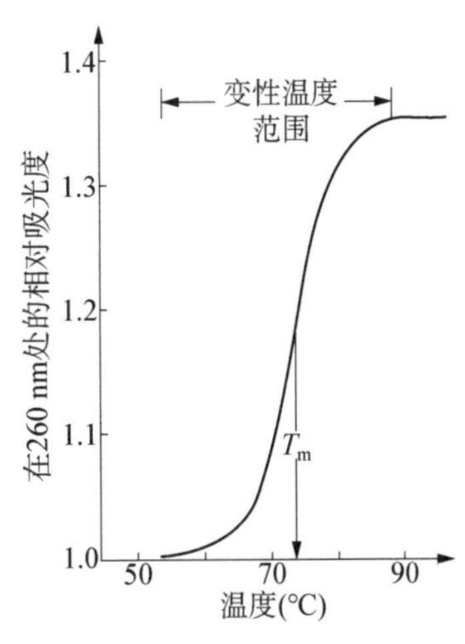

图 4-14 DNA 增色效应和解链温度

DNA 热变性一般在较窄的温度范围内发生,就像晶体在熔点时突然熔化一样。通常将解链过程中 $A_{260\,nm}$ 达到最大吸光值的 50%时的温度(或 DNA 双链被解开 50%时的环境温度),称为解链温度或熔解温度,用 Tm 表示(图 4-14)。Tm 的大小与 DNA 的碱基组成有关,G-C 碱基对的含量越多则 Tm 值越高,反之越低。这是因为 G-C 碱基对之间有 3 个氢键,故含 G-C 碱基对多的 DNA 分子更为稳定。

(二) DNA 复性

变性 DNA 在适宜的条件下,2 条彼此分开的互补链可重新恢复成双螺旋结构,这个过程称为 DNA 复性。热变性的 DNA 经缓慢冷却即可复性,这一过程称为退火(图 4-15)。最适宜的复性温度比 Tm 值约低 25℃,这个温度称为退火温度。

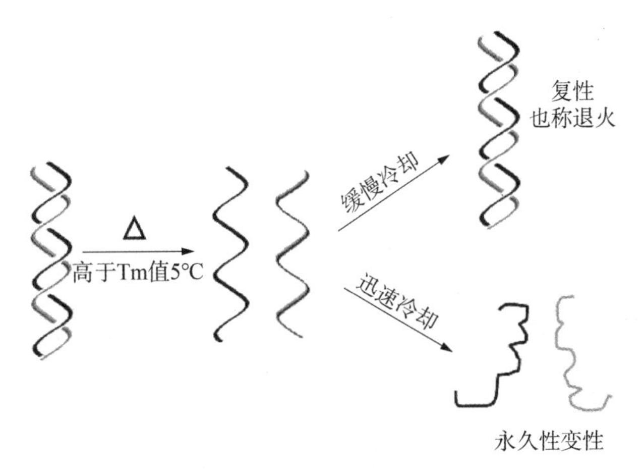

图 4-15 DNA 复性过程

DNA 复性后,不仅其生物活性和理化性质得以恢复,而且其紫外吸收值也随之变小,这种现象称为减色效应。

(三) 分子杂交

DNA 的变性和复性可作为分子杂交的基础。在 DNA 复性过程中,将不同种类的 DNA 单链分子或 RNA 分子放在同一溶液中,若它们之间存在碱基配对关系,就可以在不同的分子间形成 DNA - DNA 或 DNA - RNA 杂化双链分子，这种现象称为分子杂交，形成的 DNA - DNA、DNA - RNA 双链分子称为杂交分子。

核酸分子杂交的原理已经应用到 DNA 印迹法(Southern blotting)、RNA 印迹法(Northern blotting)(图 4 - 16)、基因芯片等现代检测手段上。目前在医学上，核酸杂交技术已用于多种遗传性疾病的基因诊断、恶性肿瘤的基因分析、传染病病原体的检测等领域中，其成果大大促进了现代医学的进步和发展。

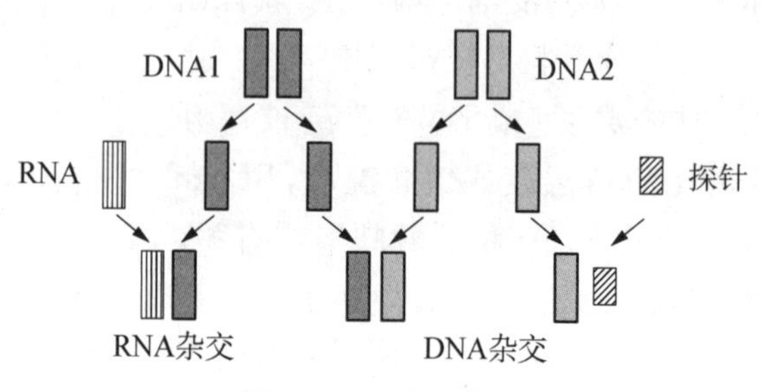

图 4 - 16　分子杂交

拓展阅读 4 - 3　基因探针

拓展阅读 4 - 4　肺炎双球菌的转化实验

拓展阅读 4 - 5　噬菌体侵染实验和烟草花叶病毒的重组实验

(孟泉科)

数字课程学习

○教学 PPT　○导入案例解析　○复习与自测　○更多内容……

第五章　酶和维生素

章前引言

物质代谢是一切生命活动的基础，它所包含的多种复杂的化学反应几乎都是在酶的催化作用下进行的。因此，酶是维持人体生命活动的重要物质。可以说，没有酶的催化作用，生命活动就会停止。绝大多数酶是蛋白质，少数酶是RNA。

酶具有蛋白质的所有属性，是由氨基酸组成的具有复杂结构的大分子化合物；是活细胞特定基因的表达产物，不同基因决定酶的结构和催化作用不同；酶在生物体内不断地合成与分解以实现自我更新；具有特定的免疫原性和高分子性质。生命活动离不开酶的催化作用。在酶的催化下，机体内的物质代谢有条不紊地进行；又在多种因素的影响下，酶对代谢活动发挥精密的调节作用。人体的许多疾病与酶的异常有关，许多药物也可通过对酶的作用来达到其治疗目的。

拓展阅读5-1　维生素和相关酶的关系

学习目标

1. 知道酶的分子组成、活性中心及特性。
2. 理解酶的作用机制和酶活性的调节。
3. 描述影响酶促反应速度的因素。
4. 根据酶的知识，解释某些疾病发生的原因及某些药物的作用机制。

思维导图

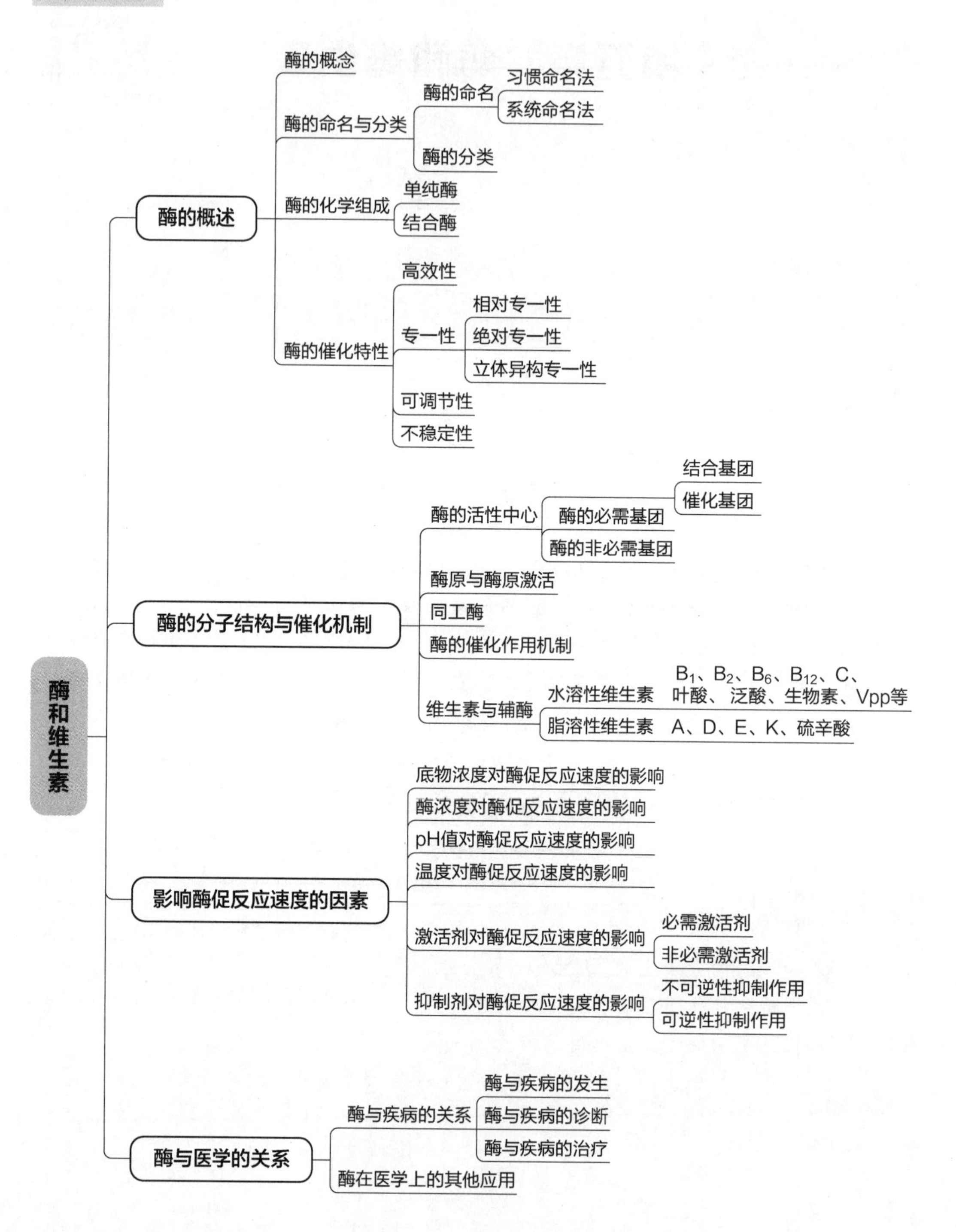
酶和维生素
酶的概述
酶的概念
酶的命名与分类
酶的命名
习惯命名法
系统命名法
酶的分类
酶的化学组成
单纯酶
结合酶
酶的催化特性
高效性
专一性
相对专一性
绝对专一性
立体异构专一性
可调节性
不稳定性
酶的分子结构与催化机制
酶的活性中心
酶的必需基团
结合基团
催化基团
酶的非必需基团
酶原与酶原激活
同工酶
酶的催化作用机制
维生素与辅酶
水溶性维生素
B1、B2、B6、B12、C、叶酸、泛酸、生物素、Vpp等
脂溶性维生素
A、D、E、K、硫辛酸
影响酶促反应速度的因素
底物浓度对酶促反应速度的影响
酶浓度对酶促反应速度的影响
pH值对酶促反应速度的影响
温度对酶促反应速度的影响
激活剂对酶促反应速度的影响
必需激活剂
非必需激活剂
抑制剂对酶促反应速度的影响
不可逆性抑制作用
可逆性抑制作用
酶与医学的关系
酶与疾病的关系
酶与疾病的发生
酶与疾病的诊断
酶与疾病的治疗
酶在医学上的其他应用

案例导入

刘某，男，35岁，腹痛一天。前一天晚上下班后空腹喝了一瓶啤酒，次日上腹部疼痛，越来越重。恶心、呕吐、体温38.7℃，情绪烦躁，经查胰腺酶增高。家族无药物过敏史。

问题：

患者胰腺酶增高的原因是什么？

第一节　酶的概述

一、酶的概念

生物酶是由活细胞产生的，对其特异底物具有高效催化作用的有机物。尽管绝大多数酶的化学本质是蛋白质，但它们具有蛋白质所不具有的性质——催化活性。在酶的催化作用和诸多因素的共同作用下，生物体内的物质代谢有条不紊地进行。

二、酶的命名和分类

（一）酶的命名

酶（enzyme）的命名方法分为习惯命名法和系统命名法。

1. *习惯命名法*　通常是以酶催化的底物、反应的性质以及酶的来源命名。①依据酶所催化的底物的名称命名，如蛋白酶、脂肪酶、淀粉酶等；②依据酶所催化反应的类型命名，如脱氢酶、转氨酶等；③综合上述两项原则命名，有时还加上酶的来源，如唾液淀粉酶、胰蛋白酶、胃蛋白酶、乳酸脱氢酶等。

2. *系统命名法*　国际酶学委员会（IEC）以酶的分类为依据，制定了与分类法相适应的系统命名法。系统命名法规定每个酶都有一个系统名称，它标明酶的所有底物与催化反应性质，底物名称之间以“:”分隔，同时还有一个由4个数字组成的系统编号。系统命名法虽然合理，但比较繁琐，使用不方便。为了方便应用，国际酶学委员会又从每种酶的数个习惯名称中选定一个简便实用的推荐名称。现将一些酶的系统名称和推荐名称举例列于表5-1。如天冬氨酸氨基转移酶的系统名称是L-天冬氨酸:α-酮戊二酸氨基转移酶，它在酶表中的统一编号是EC2.6.1.1。

表 5-1 一些酶的系统名称和推荐名称举例

编号	系统名称	推荐名称
EC1.4.1.3	L-谷氨酸:NAD^+氧化还原酶	谷氨酸脱氢酶
EC2.6.1.1	L-天冬氨酸:α-酮戊二酸氨基转移酶	天冬氨酸氨基转移酶
EC3.5.3.1	L-精氨酸脒基水解酶	精氨酸酶
EC4.1.2.13	D-果糖1,6二磷酸:D-甘油醛3-磷酸裂合酶	果糖二磷酸醛缩酶
EC5.3.1.9	D-葡萄糖6-磷酸酮醇异构酶	磷酸葡萄糖异构酶
EC6.3.1.2	L-谷氨酸:氨连接酶	谷氨酰胺合成酶

(二) 酶的分类

根据国际酶学委员会提出的酶的系统分类法原则,依据酶催化反应的类型,将酶分为以下六大类。

1. 氧化还原酶类(oxidoreductase) 催化底物进行氧化还原反应。如乳酸脱氢酶、琥珀酸脱氢酶、过氧化物酶等。

2. 转移酶类(transferase) 催化底物之间某些基团的转移或交换。如氨基转移酶、己糖激酶、磷酸化酶等。

3. 水解酶类(hydrolase) 催化底物发生水解反应。如蛋白酶、核酸酶等。

4. 裂解酶类(lyase)(也称裂合酶) 催化底物分子移去一个基团而形成双键的反应及其逆反应的酶。如醛缩酶、脱氨酶、水化酶、脱羧酶等。

5. 异构酶类(isomerase) 催化各种同分异构体之间相互转化。如磷酸丙糖异构酶等。

6. 合成酶类(ligase) 催化两分子底物合成一分子化合物,同时偶联有ATP的分解释能。如谷氨酰胺合成酶、氨基酸-RNA连接酶等。

三、酶的化学组成

根据酶的化学组成不同,可分为单纯酶(simple enzyme)和结合酶(conjugated enzyme)两类。

(一) 单纯酶

单纯酶是仅由氨基酸残基构成的单纯蛋白质,通常只有一条多肽链。其催化活性主要由蛋白质结构决定,如脲酶、一些消化蛋白酶、淀粉酶、核糖核酸酶等。

(二) 结合酶

结合酶由蛋白质部分和非蛋白质部分组成,前者称为脱辅基酶(apoenzyme),决定酶的特异性和高效率;后者称为辅助因子(co-factor),决定反应的种类和性质。辅助因子又分为辅酶和辅基,辅酶与酶蛋白结合疏松,可以用透析或超滤方法除去;辅基与酶蛋白结合紧密，不易除去。辅助因子种类少，但一种辅助因子可以和多种酶蛋白结合，构成的复合物称为全酶(holoenzyme)，只有全酶才有催化作用。

1. 酶蛋白　指结合酶中的蛋白质。一种酶蛋白只能与一种辅助因子结合，酶蛋白决定酶催化反应的专一性。

2. 辅助因子　即非蛋白部分，其包括两类，一类是无机金属离子，如 Cu^{2+}、Zn^{2+}、Mg^{2+} 等，在稳定酶分子构象、连接酶蛋白与底物、传递电子、中和电荷等方面发挥重要作用。另一类是小分子有机化合物，多是 B 族维生素及其衍生物。其主要作用是参与酶的催化过程，在反应中传递电子、质子或某些基团。

四、酶的催化特性

酶是新陈代谢的生物催化剂，具有不同于一般催化剂的特性。

1. 高效性　酶的催化效率通常比非催化反应高 $10^8 \sim 10^{20}$ 倍，比一般催化剂高 $10^7 \sim 10^{13}$ 倍。例如，脲酶催化尿素的水解速度是 H^+ 催化作用的 7×10^{12} 倍。在生理条件下，尽管组织细胞内酶的含量甚微，但其催化效率高，确保了物质代谢的正常进行。

2. 专一性　酶对催化的底物有高度的选择性，即一种酶只作用一种或一类化合物，催化一定的化学反应，并生成一定的产物，这种特性称为酶的特异性或专一性。酶的专一性可分为绝对专一性、相对专一性和立体异构专一性三种类型。

1）绝对专一性　指只催化一种底物，进行一种化学反应。例如，脲酶仅催化尿素水解。

2）相对专一性　指可催化一类化合物或一种化学键。例如，酯酶可水解各种有机酸和醇形成的酯。

3）立体异构专一性　指酶对底物立体构型的要求。例如，L-乳酸脱氢酶可催化 L-乳酸脱氢为丙酮酸，对 D-乳酸无作用。

3. 可调节性　酶促反应受多种因素的调节，使代谢反应适应机体不断变化的生命活动。酶活性不仅受代谢浓度变化、激素和神经系统信息的调节，而且还可通过酶生物合成的诱导与阻遏作用等对酶进行含量的调节。

4. 不稳定性　酶主要是蛋白质，凡能使蛋白质变性的理化因素均可影响酶的活性，甚至使酶完全失活。如强酸、强碱、重金属盐、有机溶剂、高温、紫外线、剧烈震荡等均可影响酶的活性。因此，在保存和使用酶制剂以及测定酶活性时，都应避免上述因素的影响。酶催化作用一般需要比较温和的条件。

第二节　酶的分子结构与催化机制

一、酶的活性中心

酶的活性中心(active site)是酶分子中能结合底物并将底物转化为产物的区域，它是由在线性多肽链中可能相隔很远的氨基酸残基形成的三维小区(裂缝或凹陷)。酶的活性中心内的必需基团包括结合基团和催化基团两类(图 5-1)。结合基团的作用是与底物结合生成酶-底物复合物;催化基团的作用是影响底物分子中某些化学键的稳定性,催化底物发生化学反应并促进底物转变成产物,也有的必需基团同时有这两种功能。还有一些化学基团位于酶的活性中心以外的部位,为维持酶活性中心的构象所必需,称为酶活性中心以外的必需基团。

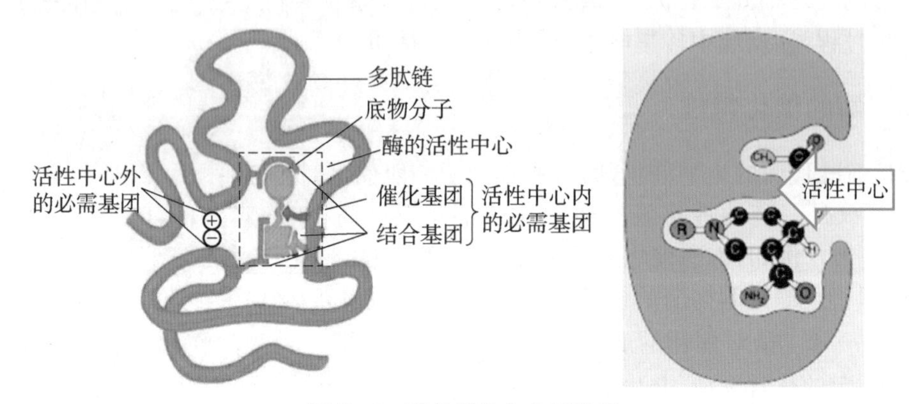

图 5-1 酶的活性中心示意图

二、酶原与酶原的激活

没有活性的酶其前体称为酶原。在一定条件下,酶原转变成有活性的酶的过程称为酶原激活。其实质是酶活性部位形成或暴露的过程。一些与消化作用有关的酶,如胃蛋白酶、胰蛋白酶在最初合成和分泌时,没有催化活性。胃蛋白酶原在 H^+ 作用下,自 N 端切下几个多肽碎片,形成酶催化所需的空间结构,转化为胃蛋白酶。胰蛋白酶原随胰液进入小肠时被肠激酶激活,自 N 端切除一个 6 肽,促使酶的构象变化,形成活性中心,转变成有活性的胰蛋白酶(图 5-2)。

酶原的激活具有重要的生理意义,不仅保护细胞本身不受酶的水解破坏,而且保证酶在特定的部位与环境中发挥催化作用。如胰腺合成糜蛋白酶并以酶原的形式分泌,既保护胰腺不受酶水解破坏,又确保酶在肠中发挥催化作用。急性胰腺炎就是因为糜蛋白酶原、胰蛋白酶原被过早激活所致。

云视频 5-1 酶原的激活

三、同工酶

具有不同的分子结构、理化性质、免疫学特性但催化相同的化学反应的一组酶称为同工酶。例如,乳酸脱氢酶(lactate dehydrogenase, LDH)在 NADH 存在下,催化丙酮酸的可逆转化生成乳酸。它是一个寡聚酶,由两种不同类型的亚基组成 5 种分子形式(图 5-3):H_4(LDH_1)、H_3M(LDH_2)、H_2M_2(LDH_3)、HM_3(LDH_4)、M_4(LDH_5)。它们

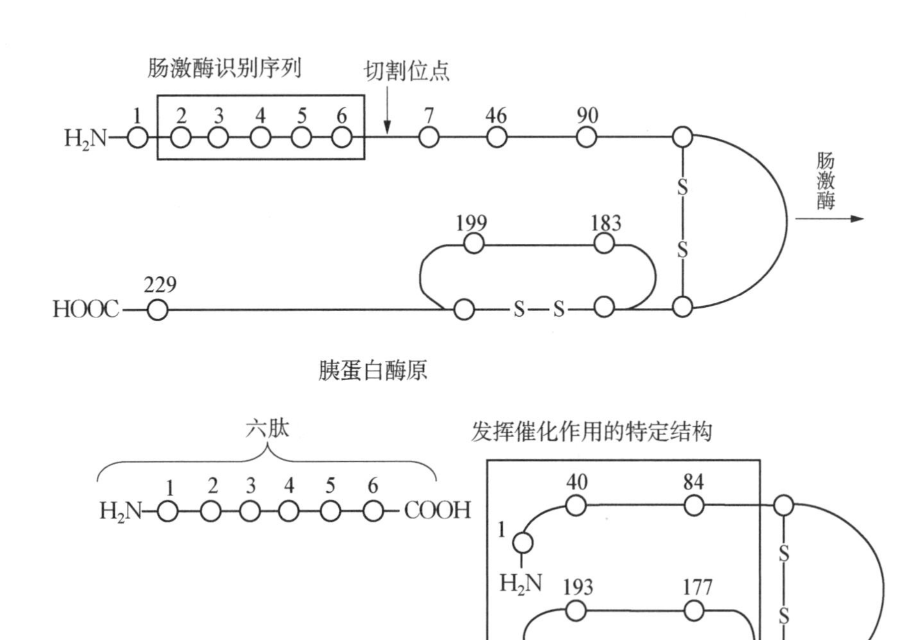

图 5-2　胰蛋白酶原激活示意图

的分子结构、理化性质和电泳行为不同，但催化同一反应，因为它们的活性部位在结构上相同或非常相似。不同的 LDH 分布在不同的组织中。心肌梗死可通过血液 LDH 同工酶的类型的检测确定。如脊椎动物心脏中主要是 LDH_1，而骨骼肌的则是 LDH_5。

乳酸脱氢酶的五种同工酶

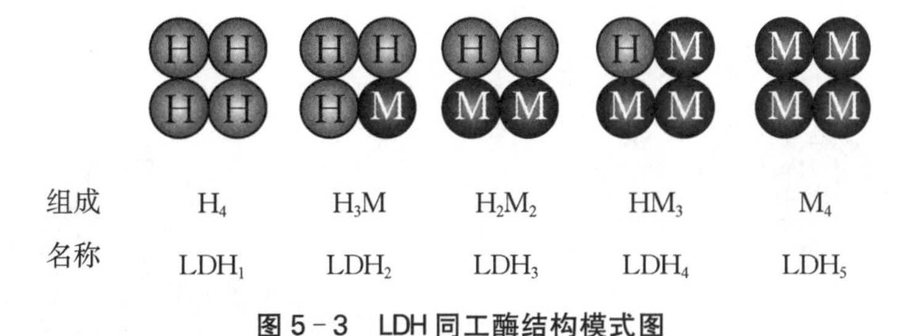

组成	H_4	H_3M	H_2M_2	HM_3	M_4
名称	LDH_1	LDH_2	LDH_3	LDH_4	LDH_5

图 5-3　LDH 同工酶结构模式图

在线案例 5-1　肌酸激酶同工酶偏高

各组织器官都有自己的同工酶谱，LDH 属于细胞内酶。在正常情况下，血清中各种 LDH 的含量较低。当组织细胞病变时，该组织特异的同工酶可释放入血。血清同工酶活性和同工酶谱分析有助于对疾病的诊断和对预后的判断。

四、酶的催化作用机制

酶和一般催化剂都是通过降低反应的活化能来提高化学反应速度的。反应物分子从常态转变为容易发生化学反应的活化状态所需要的能量称为活化能(activation energy, Ea)。反应所需的活化能越低,反应速度越快。酶能显著降低反应的活化能,所以具有高度的催化效率(图 5-4)。例如,过氧化氢分解成水和氧的反应,无催化剂存在时,反应需活化能 75.6 kJ/mol,胶态钯作为催化剂时需活化能 48.9 kJ/mol,过氧化氢酶催化时仅需活化能 8.4 kJ/mol。在酶催化下,反应活化能由 75.6 kJ/mol 降至 8.4 kJ/mol,反应速度加快 10^{11} 倍。

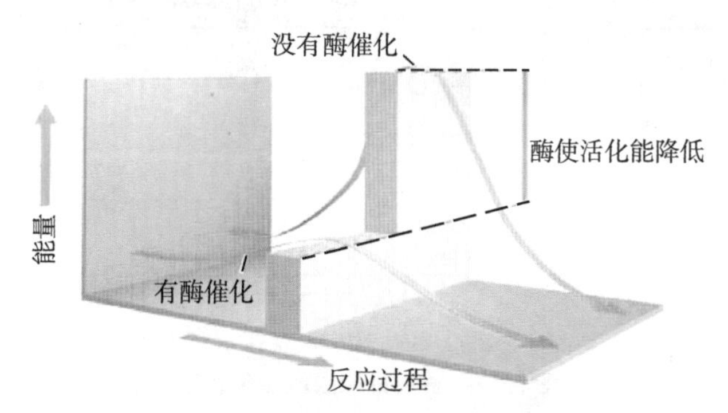

图 5-4 酶促反应活化能的改变

酶在发挥催化作用时,先与底物结合形成酶-底物复合物,进而催化底物转变为产物。酶与底物相互接近时,相互诱导、变形、适应,进而结合成具有高度反应能力的酶-底物过渡态复合物。酶与底物的这种相互诱导结合过程,称为诱导契合学说(图 5-5)。酶与底物形成酶-底物复合物,改变了反应历程,降低了反应所需活化能,大大提高了化学反应速度。

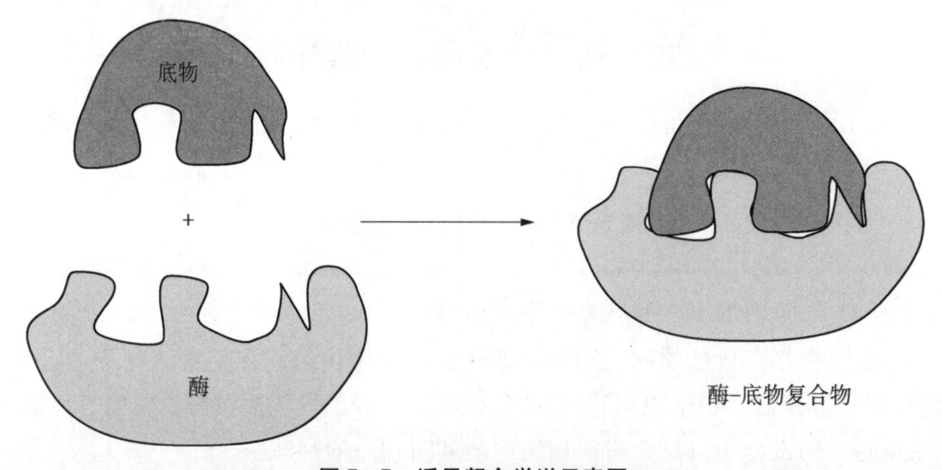

图 5-5 诱导契合学说示意图

五、维生素与辅酶

维生素是维持机体正常生命活动不可缺少的一类小分子有机化合物。其需要量少，大多不能自身合成，只起调节代谢的作用，缺少则会出现物质代谢障碍，不能正常生长，发生维生素缺乏病。维生素主要作用是作为辅酶或辅基的组分，参与代谢的调节，尤其是维生素 B_1、B_2、PP、泛酸、叶酸几乎全部参与辅酶的组成。

维生素种类多，按其溶解性分为脂溶性和水溶性两大类。脂溶性维生素包括维生素 A、D、E、K。水溶性维生素包括 B 族维生素和维生素 C 两类。B 族维生素包括维生素 B_1、B_2、B_6、B_{12}、PP、叶酸、泛酸、生物素等。

（一）水溶性维生素

水溶性维生素易溶于水，故易随尿液排出，体内不易贮存，必须经常从食物中摄取。

课堂互动 5-1　含维生素 B_1 的食物有哪些？

1. 维生素 B_1（V_{B1}）与脱羧辅酶　维生素 B_1 又叫抗脚气病维生素，由一个取代噻唑环和一个取代嘧啶环组成，因其分子中含有硫和氨基，所以又叫硫胺素。维生素 B_1 为白色结晶性粉末，耐热，在酸性溶液中稳定，在碱性条件下加热易破坏。其与 ATP 反应形成焦磷酸硫胺素（TPP），TPP 参与 α-酮酸氧化脱羧，抑制胆碱酯酶等。

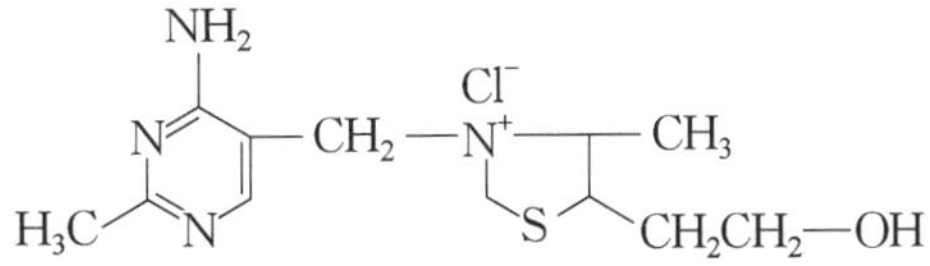

硫胺素

缺乏维生素 B_1 会患脚气病，症状为烦躁易怒、四肢麻木、下肢水肿、食欲不振、消化不良等。它在酵母、谷类种子的外皮和胚芽、白菜、芹菜、瘦肉中含量丰富，因而长期食用精米、精面易得脚气病。

2. 维生素 B_2（V_{B2}）与黄素辅基　维生素 B_2 是含核糖醇基的黄色物质，所以叫核黄素，为核（糖）醇与 6，7-二甲基异咯嗪的缩合物。它有两种活性形式，一种是黄素单核苷酸（FMN），另一种是黄素腺嘌呤二核苷酸（FAD）。核黄素是体内许多重要辅酶类的组分，还是蛋白质、糖、脂肪酸代谢和能量利用与组成所必需的物质。它能促进生长发育，保护眼睛和皮肤的健康。维生素 B_2 作为氧化脱氢酶（黄素蛋白 FP）的辅基组分，将氢从底物上脱下传给受体。

冬季北方缺少阳光，植物合成维生素 B_2 也少，维生素 B_2 缺乏时人体会患口角炎、舌唇炎（口疮）、角膜炎等。人体所需要的维生素 B_2 主要从食物中摄取，如黄豆、动物的心、肝、蛋、奶等，也可由肠道细菌合成。

3. 泛酸与辅酶 A　泛酸是由泛解酸和 β-丙氨酸组成的一种化合物。因其性质偏

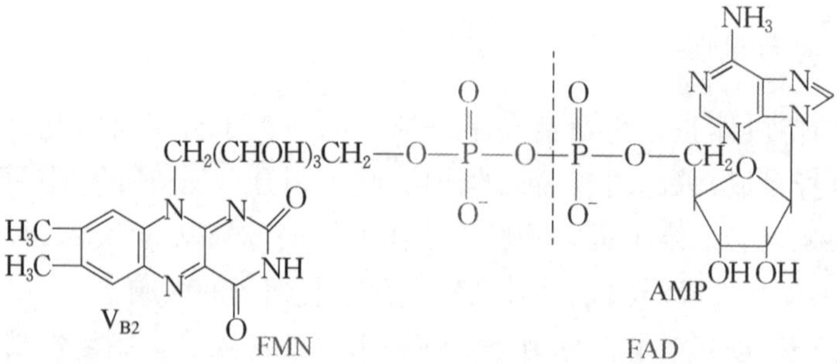

$CH_2(CHOH)_3CH_2$—O—P—O—P—O—CH_2

V_{B2} FMN AMP FAD

酸性并广泛存于多种食物中，又叫作遍多酸。它是淡黄色黏稠状物质，溶于水和醋酸，在中性溶液中对温热、氧化及还原都比较稳定，但易被酸、碱和加热破坏。它的一个重要作用是以乙酰辅酶 A 的形式参加代谢过程，是体内乙酰化酶的辅酶，也是酰基的传递者，能帮助细胞形成，维持正常发育，制造抗体等。

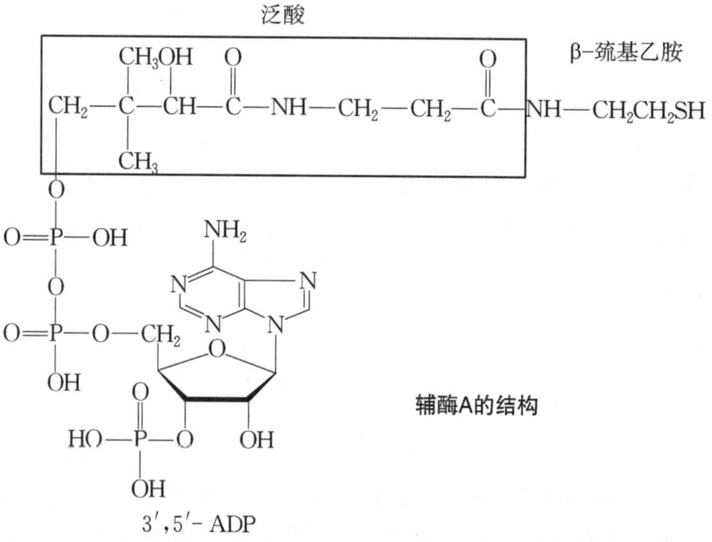

泛酸 β-巯基乙胺

3′,5′- ADP

辅酶A的结构

动植物中都含有丰富的泛酸，肠内细菌也能合成供人体利用的泛酸，所以人类极少发生泛酸缺乏病。

4. 维生素 PP(V_{pp})与辅酶Ⅰ、辅酶Ⅱ 维生素 PP 又称为抗癞皮病维生素，包括尼克酸（烟酸）和尼克酰胺（烟酰胺），两者均为吡啶衍生物，在体内可相互转化。它是白色晶体，性质稳定，不易被酸、碱和加热破坏。含尼克酰胺的辅酶有尼克酰胺腺嘌呤二核苷酸（NAD^+，辅酶Ⅰ）、尼克酰胺腺嘌呤二核苷酸磷酸（$NADP^+$，辅酶Ⅱ）。NAD^+、$NADP^+$ 是多种脱氢酶的辅酶。维生素 PP 用于防治糙皮病等烟酸缺乏病，也可用作血管扩张药治疗高脂血症，还用于治疗血管性偏头痛等。

维生素 PP 来源广泛，在谷类、肉类、豆类、动物肝中含量丰富。人体可以利用色氨酸来合成少量的维生素 PP，但转化率太低，不能满足人体需要，人体缺乏维生素 PP 时会发生脚气病。人体所需要的维生素 PP 主要从食物中摄取。

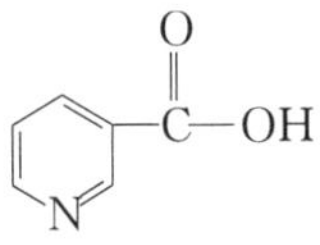

尼克酸 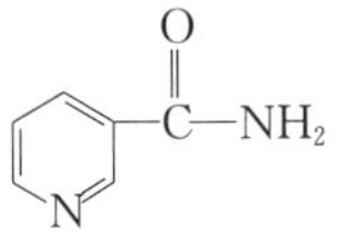　　尼克酰胺

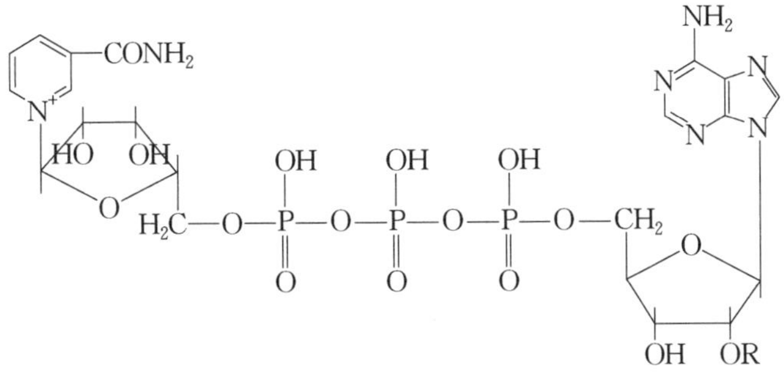

NAD^+：R为H

$NADP^+$：R为 $-PO(OH)_2$

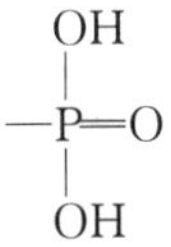

5．维生素 B_6（V_{B6}）与辅酶　维生素 B_6 包括吡哆醇、吡哆醛和吡哆胺。三者在体内可以相互转化。三种都是吡啶衍生物，维生素 B_6 的活性形式是磷酸吡哆醛和磷酸吡哆胺，是氨基酸转氨酶、氨基酸脱羧酶的辅酶，磷酸吡哆醛还是血红素合成关键酶的辅酶，缺乏时会发生小细胞低色素性贫血。维生素 B_6 还作为辅酶参与脂类代谢，在蛋白质代谢中起重要的作用。维生素 B_6 可治疗神经衰弱、眩晕、动脉粥样硬化等。

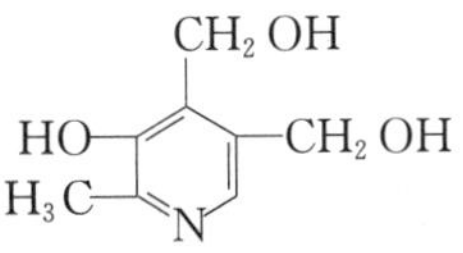

吡多醇 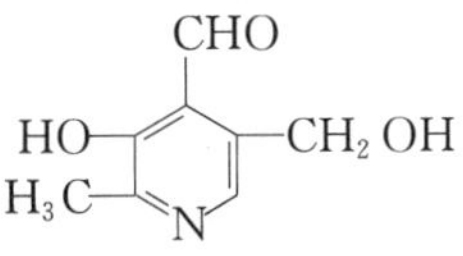　　吡多醛 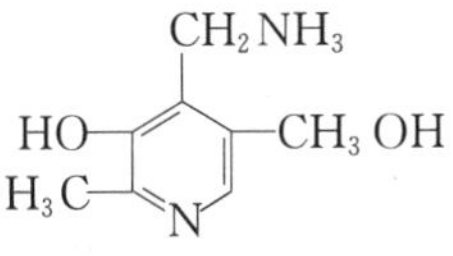　　吡多胺

维生素 B_6 在动植物中分布很广，尤其在酵母、肝脏、鱼类、肉类、蛋类、蔬菜中含量丰富，因而人类在一般情况下不易发生维生素 B_6 缺乏病。

6．生物素（维生素H）与羧化酶　维生素H又称生物素，由杂环与戊酸侧链构成，缺乏时可引起皮炎。生物素是羧基载体，其N原子可在耗能的情况下被二氧化碳羧化，再提供给受体，使之羧化。如丙酮酸羧化为草酰乙酸，乙酰辅酶A羧化为丙二酰辅酶A等都依赖生物素的羧化酶催化。

生物素在花生、蛋类、巧克力中含量最高，人和动物因肠道中有些微生物能合成生物素，故一般无生物素缺乏病。蛋清中含抗生物素蛋白，可与生物素结合成难吸收的化合物，因此使用大量鸡蛋清或长期口服抗生素，易患生物素缺乏病，表现为食欲不振、恶心呕吐、贫血等。

7. 叶酸和叶酸辅酶　叶酸因在绿叶中含量丰富而得名，又称维生素 M，由蝶酸与谷氨酸构成，活性形式是四氢叶酸（FH_4）。作为辅酶的是 5，6，7，8 -四氢叶酸（THFA 或 FH_4），由 NADPH 还原叶酸形成。FH_4 是转一碳基团酶的辅酶。

叶酸

因为叶酸在绿叶中含量丰富，肠道细菌又能合成，故人类一般不易发生叶酸缺乏病。缺乏叶酸则核酸和蛋白质合成障碍，骨髓幼红细胞分裂速度降低，细胞体积增大，导致巨幼红细胞性贫血。在美国要求育龄妇女每天要摄取 400 μg 叶酸，因为科学研究发现，妇女在孕前和孕早期补充叶酸可以预防婴儿先天缺陷。

8. 维生素 B_{12}（V_{B12}）和辅酶　维生素 B_{12} 又称钴胺素，是一种抗恶性贫血的维生素，分子中含钴和咕啉。维生素 B_{12} 是唯一需要人体内源因子帮助才能够被吸收的维生素。缺乏钴胺素时叶酸代谢障碍，积累甲基四氢叶酸，可导致巨幼红细胞性贫血。素食者也易缺乏维生素 B_{12}。维生素 B_{12} 抗脂肪肝，促进维生素 A 在肝中贮存；促进细胞发育成熟和机体代谢；可治疗恶性贫血。

维生素 B_{12} 广泛存在于动物性食品中，在肝、肾、肉类、牛奶及蛋类中含量丰富，肠道细菌也能合成，因此，正常饮食者很少出现维生素 B_{12} 缺乏症。

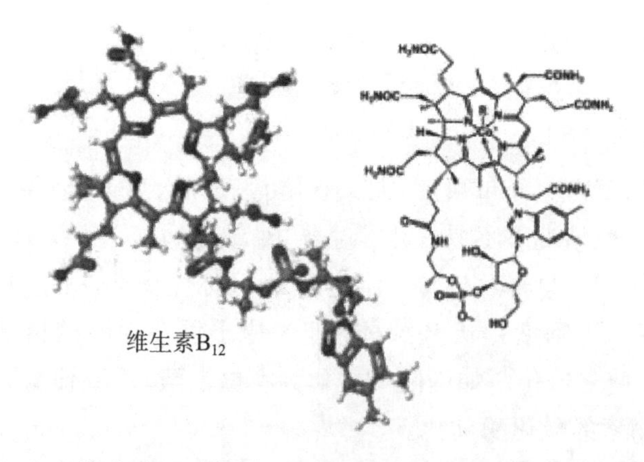

维生素B_{12}

9. 维生素 C（V_c）　维生素 C 是酸性己糖衍生物，也是烯醇式己糖酸内酯，呈酸性，是无色晶体，味酸，溶于水和乙醇；不耐热，易被光及空气氧化；在酸性溶液中比在碱性液中较稳定。因为维生素 C 有防止坏血病的功能，所以又叫抗坏血酸。维生素 C 有 L -型和 D -型两种异构体，只有 L -型有生理功效。维生素 C 活性形式：L -抗坏血酸

（主要）和 L-脱氢抗坏血酸。维生素 C 是一些羟化酶的辅酶，参与体内多种羟化反应，能促进胶原蛋白合成，催化胆固醇转化，参与芳香族氨基酸代谢等。

人体不能合成维生素 C。维生素 C 缺乏时骨骼和牙齿易折断或脱落，毛细血管通透性增大，皮下、黏膜、肌肉易出血。新鲜水果、蔬菜中维生素 C 含量丰富，久存的水果和蔬菜中维生素 C 含量会大大减少，烹饪不当也会引起维生素 C 大量流失。

表 5-2 所示为维生素与辅酶的重要生理功能、来源和缺乏病。

−2H
+2H
维生素C
脱氢维生素C

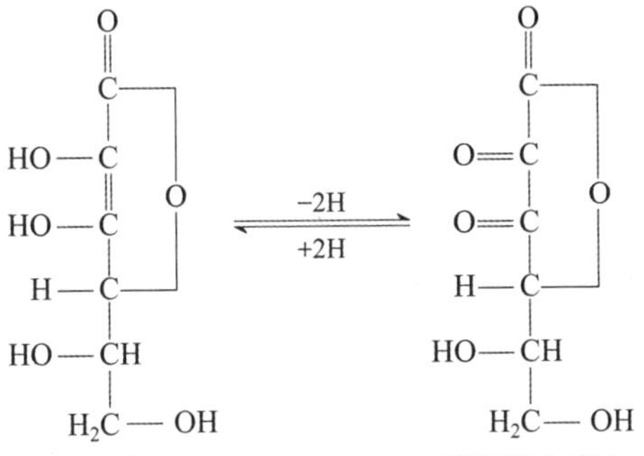

课堂互动 5-2　过量摄入维生素 C 有哪些危害？

表 5-2　维生素与辅酶的重要生理功能、来源和缺乏病

名称	别名	辅酶	主要生理功能	来源	缺乏病
维生素 B_1	硫胺素、抗脚气病维生素	TPP	参与 α-酮酸的氧化脱羧作用 抑制胆碱酯酶活性 保持神经正常传导	酵母、谷类种子的外皮和胚芽	脚气病（多发性神经炎）
维生素 B_2	核黄素	FMN、FAD	氢载体	黄豆、肉、蛋、奶等	口角炎、唇舌炎
泛酸	遍多酸	CoASH	酰基载体	动植物细胞	未发现
维生素 PP	烟酸、烟酰胺、抗癞皮病维生素	NAD、NADP	氢载体	谷类、肉类、花生等	癞皮病
维生素 B_6	吡哆醇、吡哆醛、吡哆胺	磷酸吡哆醛、磷酸吡哆胺	参与氨基酸的转氨、脱羧和消旋作用	酵母、肉类、蛋类、蔬菜等，肠道细菌可合成	未发现
生物素	维生素 H		羧化酶的辅酶，参与体内 CO_2 的固定	动植物细胞、蛋黄，肠道细菌可合成	未发现
叶酸		THF 或 FH_4	一碳单位载体	青菜、肝、酵母等	恶性贫血
维生素 B_{12}	钴胺素	5-脱氧腺苷钴胺素	参与某些变位反应和一碳单位转移	鱼、肉、肝，肠道细菌可合成	恶性贫血

（续表）

名称	别名	辅酶	主要生理功能	来源	缺乏病
维生素C	抗坏血酸、抗坏血病维生素		氧化还原反应、作为脯氨酸羟化酶的辅酶，促进细胞间质的形成	新鲜水果、蔬菜，特别是番茄、大枣和柑橘	坏血病
硫辛酸			酰基载体、氢载体	肝、酵母	未发现
维生素A	视黄醇、抗干眼病维生素		合成视紫红质、维持上皮组织结构完整、促进生长发育	肝、胡萝卜、鱼肝油、玉米等	夜盲症、上皮组织角质化、生长发育受阻
维生素D	抗佝偻病维生素		促进骨骼正常发育	肝、蛋黄、奶、鱼肝油	佝偻病、软骨病
维生素E	生育酚		维持生育机能、抗氧化作用	玉米油、麦胚油	未发现
维生素K	凝血维生素		促进合成凝血酶原、与肝合成凝血因子Ⅱ、Ⅶ、Ⅸ、Ⅹ等有关	菠菜、肝，肠道细菌可合成	偶见于新生儿或胆管阻塞者，凝血时间延长

（二）脂溶性维生素

脂溶性维生素不溶于水，溶于脂类及脂肪溶剂；在食物中与脂类共存、同吸收；吸收的脂溶性维生素在血液中与脂蛋白及某些特殊结合蛋白结合而运输。

在线案例5-2 夜盲症

1. 维生素A（抗干眼病维生素、V_A） 天然的维生素A有A_1（视黄醇）和A_2（脱氢视黄醇）两种。由于维生素A是含有共轭双键的醇类化合物，故易被氧化，尤其在光照和加热时更易被氧化破坏。维生素A的生理作用：参与构成视网膜内感光物质，参与细胞膜糖蛋白合成以维持皮肤黏膜层的完整性，促进生长发育和维持生理功能；防癌和抗氧化作用；维持和促进免疫功能。维生素A缺乏会引起夜盲症、儿童发育不良等。

维生素A存在于动物性食物中，肝及鱼肝油是其最好的来源。植物中含有丰富的胡萝卜素，可转变为维生素A。

在线案例5-3 佝偻病

2. 维生素D（抗佝偻病维生素、V_D） 由于其合成必须暴露于阳光下，故又称为太阳维生素。维生素D的主要类型有D_2（麦角钙化醇）、D_3（胆钙化醇）。维生素D在体内的活性形式是$1,25-(OH)_2-VD_3$（1,25-二羟维生素D_3）。维生素D在血液中主要与维生素D结合蛋白结合而运输，先后经肝、肾转化为活性型$1,25-(OH)_2-VD_3$，才能对其靶细胞发挥调节钙、磷代谢的作用。

人体所需的维生素D可以从动物性食物中摄取，也可由人体皮下胆固醇经代谢转变而成，还可由植物中的麦角固醇转变生成。维生素D缺乏会引起佝偻症（儿童）、软骨症（成人）等。

拓展阅读5-2 维生素E的作用及最佳服用时间

3. 维生素E(V_E) 维生素E又称生育酚，其化学本质为6-羟基苯骈二氢吡喃的衍生物，共有8种化合物，其中以α-生育酚在自然界分布最为广泛，且生物活性最强。维生素E在无氧条件下对热稳定，对氧则极为敏感。维生素E的生理作用与生殖功能有关；是最重要的天然抗氧化剂；能避免脂质过氧化物产生；能提高血红素合成过程中关键酶的活性，促进血红素合成。

维生素E广泛分布于动植物性食品中，其中以麦胚油、玉米油、棉籽油及花生油含量最高。维生素E缺乏症少见，动物缺乏时可引起生殖器官受损而不育，人类尚未发现相关不育症。临床上常用维生素E防治先兆性流产和习惯性流产。

4. 维生素K(凝血维生素、V_K) 天然存在的维生素K有K_1和K_2两种。维生素K_1主要存在于绿色蔬菜和动物肝中，维生素K_2由肠道细菌合成。长期服用抗菌药物可抑制细菌合成维生素K_2。维生素K_1为黄色油状物；维生素K_2为黄色晶体，溶于油脂及有机溶剂。维生素K耐热，但易被光破坏。维生素K的生理功能：促进肝脏合成凝血酶原，调节另外3种凝血因子Ⅶ、Ⅸ、Ⅹ的合成。维生素K缺乏会导致伤口凝血慢，人体一般不会缺乏维生素K，因自然界绿色植物中维生素K含量丰富，人和哺乳动物肠道中的大肠杆菌也可以合成维生素K。

第三节 影响酶促反应速度的因素

酶促反应动力学是研究酶促反应速度及影响因素的科学。这些因素主要包括酶的浓度、底物的浓度、pH值、温度、抑制剂和激活剂等。在研究某一因素对酶促反应速度的影响时，应该维持反应中其他因素不变。酶促反应动力学的研究有助于寻找最有利的反应条件，以最大限度地发挥酶催化反应的效率，有助于了解酶在代谢中的作用或某些药物的作用机制等。

一、底物浓度对酶促反应速度的影响

在其他因素不变的情况下，底物浓度对反应速度影响的作用呈现矩形双曲线（图5-6）。图5-6中速度V为纵坐标，底物浓度$[S]$为横坐标。当底物浓度较低时，V与$[S]$成正比关系（一级反应）；随着$[S]$的增高，V的增加逐步减慢（混合级反应）；$[S]$增到一定程度，V不再增加而是趋于稳定（零级反应）。此时，酶的活性中心已被底物饱和。所有的酶都有饱和现象，但酶达到饱和时所需底物的浓度各不相同。

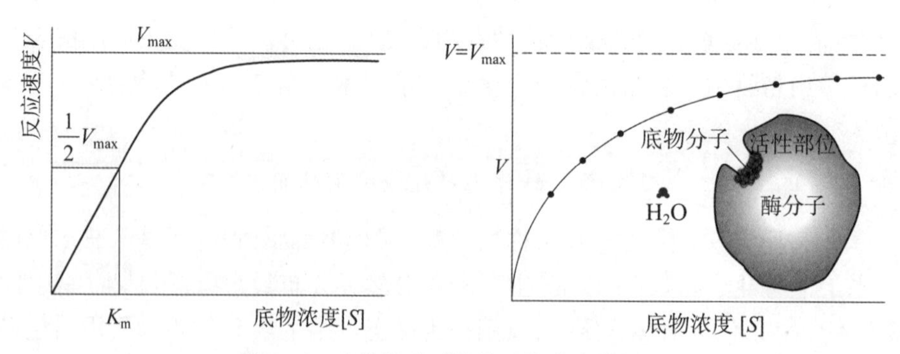

图 5-6 底物浓度对酶促反应速度的影响

(一) 米氏方程式

解释酶促反应中底物浓度和反应速度关系的最合理的学说是中间产物学说。酶先与底物结合生成酶与底物复合物(中间产物),此复合物再分解为产物和游离的酶。

米凯利斯和曼腾在前人工作的基础上,根据中间产物学说,经过大量的实验,1913年前后提出了反应速度和底物浓度关系的数学方程式,即著名的米-曼氏方程,简称米氏方程。

$$V=\frac{V_{max}[S]}{K_m+[S]}$$

式中:V_{max} 为该酶促反应的最大速度,[S]为底物浓度,K_m 为米氏常数,V 是在某一底物浓度时相应的反应速度。

当底物浓度很低时,$[S]\ll K_m$,则 $V\cong V_{max}/K_m[S]$,反应速度与底物浓度成正比;当底物浓度很高时,$[S]\gg K_m$,此时 $V\cong V_{max}$,反应速度达最大速度,底物浓度再增高也不影响反应速度(图 5-6)。

(二) 米氏常数的意义

(1) 当反应速度为最大速度的一半时,可得到 $K_m=[S]$。由此可知,K_m 值等于酶促反应速度为最大速度一半时的底物浓度。

(2) K_m 值可用来表示酶对底物的亲和力。K_m 值愈大,酶与底物的亲和力愈小;K_m 值愈小,酶与底物亲和力愈大。

(3) K_m 值是酶的特征性常数,只与酶的性质,酶所催化的底物和酶促反应条件有关,与酶的浓度无关。

(4) K_m 值可以用来判断酶作用最合适的底物。K_m 值最小时的底物一般认为是该酶的天然底物或最适底物。酶的种类不同,K_m 值也不同。各种酶的 K_m 值范围很广,为 $10^{-1}\sim10^{-6}$ mol/L。

二、酶浓度对酶促反应速度的影响

在一定的温度和 pH 值条件下,当底物浓度大大超过酶的浓度时,酶的浓度与酶促反应速度成正比关系(图 5－7)。随着酶浓度的增加,酶促反应速度逐渐增大。事实上,当酶浓度很高时,并不保持这种关系,即曲线趋于平缓。根据分析,可能是高浓度的底物夹带许多抑制剂所致。

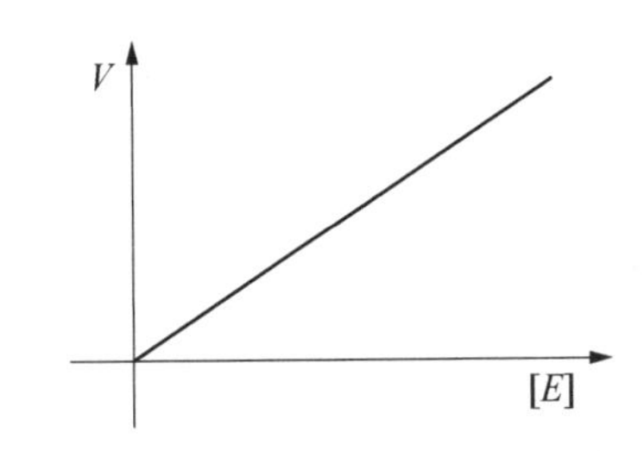

图 5－7　酶浓度对酶促反应速度的影响

拓展阅读 5－3　胃酸分泌多吃什么能马上缓解

三、pH 值对酶促反应速度的影响

酶反应介质的 pH 值可影响酶分子,特别是活性中心上必需基团的解离程度和催化基团中质子供体或质子受体所需的离子化状态,也可影响底物和辅酶的解离程度,从而影响酶与底物的结合。只有在特定的 pH 值条件下,酶、底物和辅酶的解离情况才最适宜它们互相结合,并发生催化作用,使酶促反应速度达最大值,这种 pH 值称为酶的最适 pH 值。它和酶的最稳定 pH 值不一定相同,和体内环境的 pH 值也未必相同。动物体内多数酶的最适 pH 值接近中性,但也有例外,胃蛋白酶最适 pH 值为 1.8,肝精氨酸酶的最适 pH 值为 9.8(图 5－8)。

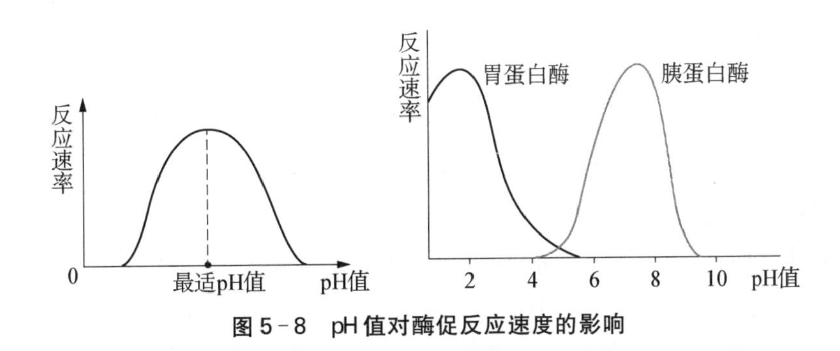

图 5－8　pH 值对酶促反应速度的影响

最适 pH 值不是酶的特征性常数,它受底物浓度、缓冲液的种类和浓度以及酶的纯度等因素的影响。溶液的 pH 值高于和低于最适 pH 值时都会使酶的活性降低,远离最适 pH 值时甚至导致酶的变性失活。

四、温度对酶促反应速度的影响

化学反应的速度随温度增高而加快。但酶是蛋白质,可随温度的升高而变性。在

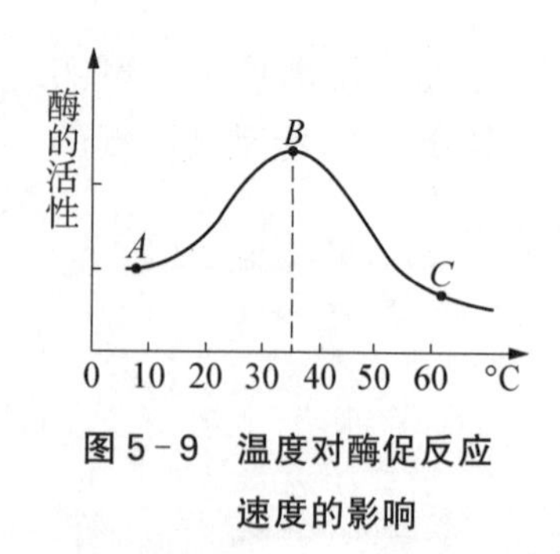

图 5-9　温度对酶促反应速度的影响

温度较低时，反应速度随温度升高而加快。一般情况下，温度每升高 10 ℃，反应速度大约增加 1 倍。但温度超过一定数值后，酶受热变性因素占优势，反应速度反而随温度上升而减缓，形成倒 V 形或倒 U 形曲线。在此曲线顶点所代表的温度，反应速度最大，称为酶的最适温度（图 5-9）。

从动物组织提取的酶，其最适温度在 35～40 ℃，温度≥60 ℃时，大多数酶开始变性；温度≥80 ℃时，多数酶的变性不可逆。酶的活性虽然随温度下降而降低，但低温一般不破坏酶。温度回升后，酶又可恢复活性。临床上低温麻醉就是利用酶的这一性质以减慢组织细胞代谢速度，提高机体对氧和营养物质缺乏的耐受性，有利于进行手术治疗。

酶的最适温度不是酶的特征性常数，这是因为它与反应所需时间有关，不是一个固定值。酶可以在短时间内耐受较高的温度；相反，延长反应时间，最适温度便降低。

五、激活剂对酶促反应速度的影响

能使酶活性提高的物质称为激活剂（activator），大部分是离子或小分子有机化合物。对酶促反应不可缺少的这类激活剂称为必需激活剂，通常是金属离子，如 Mg^{2+}、K^{+}、Mn^{2+} 等。激活剂能与酶、底物或酶-底物结合并参加反应，但不转化为产物。有些激活剂不存在时，酶仍有一定的催化活性，这类激活剂称为非必需激活剂。非必需激活剂是有机化合物和 Cl^{-} 等。例如，Mg^{2+} 是多种激酶和合成酶的激活剂；胆汁酸盐是胰脂肪酶的非必需激活剂。

六、抑制剂对酶促反应速度的影响

凡能使酶的活性下降而不引起酶蛋白变性的物质称为酶抑制剂。根据抑制剂与酶结合的牢固程度不同，酶的抑制作用可分为不可逆性抑制（irreversible inhibition）和可逆性抑制（reversible inhibition）两类。

（一）不可逆性抑制作用

不可逆性抑制作用的抑制剂，按其作用特点又可分为非专一性及专一性。

1. *非专一性不可逆抑制*　抑制剂能与酶分子中一类或几类基团结合，由于其中必需基团也被抑制剂结合，从而导致酶的失活。例如，某些重金属（Pb^{2+}、Cu^{2+}、Hg^{2+}）及对氯汞苯甲酸等，能与酶分子的巯基进行不可逆结合，许多以巯基作为必需基团的酶（通称巯基酶），会因此而遭受抑制。但用二巯基丙醇或二巯基丁二酸钠等含巯基的化合物可使酶复活。

2. *专一性不可逆抑制*　某些抑制剂专一地作用于酶的活性中心或其必需基团，进行共价结合，从而抑制酶的活性。例如，有机磷杀虫剂能专一地作用于胆碱酯酶活性中心的丝氨酸残基，使其磷酰化而不可逆地抑制酶的活性。当胆碱酯酶被有机磷杀虫剂抑制后，胆碱能神经末梢分泌的乙酰胆碱不能及时分解，过多的乙酰胆碱会导致胆碱能神经出现过度兴奋的症状。解磷定等药物可与有机磷杀虫剂结合，使酶和有机磷杀虫剂分离而复活。

在线案例 5－4　农药中毒

（二）可逆性抑制作用

抑制剂与酶以非共价键结合，在用透析等物理方法除去抑制剂后，酶的活性能恢复，即抑制剂与酶的结合是可逆的。这类抑制剂大致可分为以下三类。

1. 竞争性抑制（competitive inhibition）　抑制剂 I 和底物 S 结构相似，对游离酶 E 有竞争作用。已结合底物的 ES 复合体，不能再结合抑制剂 I。同样已结合抑制剂的 EI 复合体，不能再结合 S（图 5－10）。抑制剂与酶结合可以阻碍酶与底物的正常结合，从而抑制酶的活性，这种抑制作用称为竞争性抑制作用。抑制作用大小取决于抑制剂与底物的浓度比，加大底物浓度，可使抑制作用减弱。

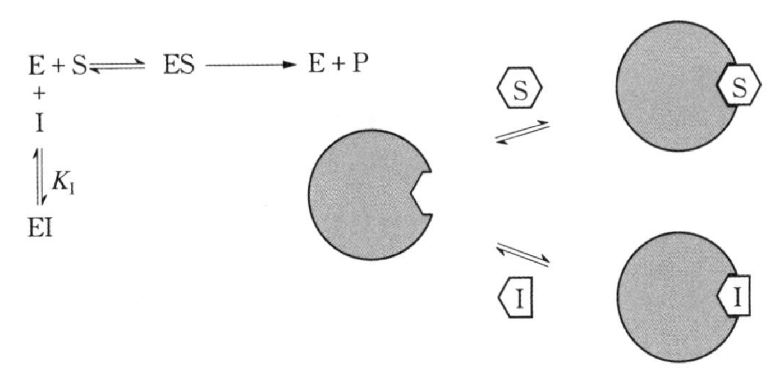

图 5－10　竞争性抑制作用示意图

很多药物都是酶的竞争性抑制剂。例如，磺胺药与对氨基苯甲酸具有类似的结构，而对氨基苯甲酸、二氢蝶呤及谷氨酸是某些细菌合成二氢叶酸的原料，后者能转变为四氢叶酸，它是细菌合成核酸不可缺少的辅酶。由于磺胺药是二氢叶酸合成酶的竞争性抑制剂，进而减少菌体内四氢叶酸的合成，使核酸合成障碍，导致细菌死亡（图 5－11）。抗菌增效剂-甲氧苄氨嘧啶（TMP）能特异地抑制细菌的二氢叶酸还原为四氢叶酸，故能增强磺胺药的作用。

2. 非竞争性抑制（non-competitive inhibition）　抑制剂 I 和底物 S 与酶 E 的结合完全互不相关，无竞争关系。既不排斥，也不促进结合，即抑制剂 I 可以和酶 E 结合生成 EI，也可以和 ES 复合物结合生成 ESI。底物 S 和酶 E 结合成 ES 后，仍可与抑制剂 I 结合生成 ESI，但一旦形成 ESI 复合物后，就再也不能释放形成产物 P（图 5－12）。这种抑制作用称为非竞争性抑制作用。

与竞争性抑制作用相比，非竞争性抑制作用的特点如下。①抑制剂与底物结构无相似性；②抑制程度只取决于抑制剂的浓度；③增大底物浓度不能减弱或消除该抑制作

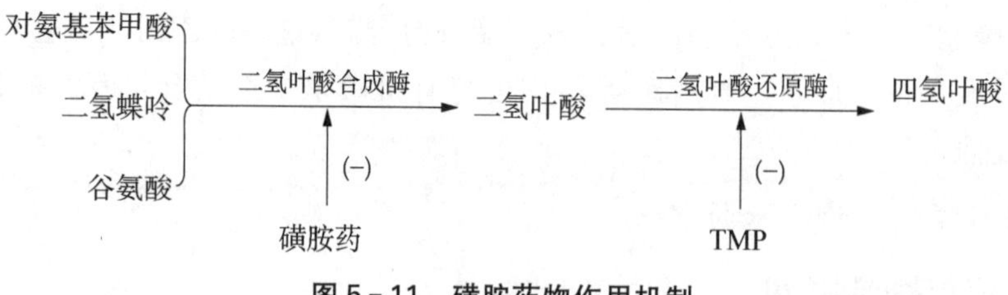

图 5-11 磺胺药物作用机制

用。例如,赖氨酸是精氨酸酶的竞争性抑制剂,而中性氨基酸(如丙氨酸)则是非竞争性抑制剂。

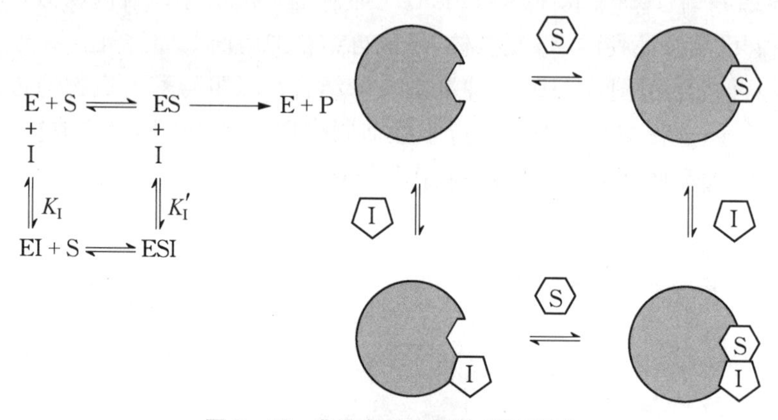

图 5-12 非竞争性抑制作用示意图

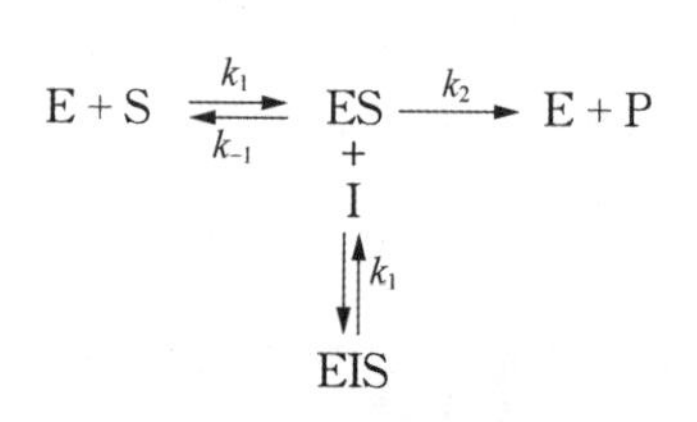

图 5-13 反竞争性抑制作用

3. 反竞争性抑制(uncompetitive inhibition) 有些抑制剂 I 仅与酶-底物复合物 ES 结合,生成酶-底物抑制剂复合物 ESI,使中间产物 ES 的量减少,从而减少中间产物转化为产物的量。这种抑制作用称为反竞争性抑制作用。与竞争性抑制作用相反,增加底物浓度反而会促进抑制作用,反竞争性作用的反应式如图 5-13 所示。

第四节 酶与医学的关系

一、酶与疾病的发生

体内物质代谢在酶的催化下,通过各种因素的调节有条不紊地进行。有些疾病的发病机制与酶的异常或酶的活性受到抑制有关。现已发现的 140 多种先天性代谢缺陷中,大多数是由酶的先天性或遗传性缺陷所致。例如,酪氨酸酶缺乏可能会引起白化病;6-磷酸葡萄糖脱氢酶缺乏导致溶血性贫血等。

思政小课堂 5-1 人工合成胰岛素的精神代代相传

许多疾病会引起酶异常，进而使病情加重。例如，许多炎症会导致弹性蛋白酶从浸润的白细胞或巨噬细胞中释放，进而对组织产生破坏作用。激素代谢障碍或维生素缺乏也会引起酶异常，如维生素K缺乏时，凝血因子Ⅱ、Ⅶ、Ⅸ、Ⅹ的前体不能在肝内进一步羧化生成成熟的凝血因子，使机体因这些凝血因子异常而导致临床症状。酶活性受到抑制多见于中毒性疾病，如一氧化碳、氰化物、有机磷农药、重金属离子等分别抑制不同的酶，造成代谢反应中断或代谢物堆积，导致一系列中毒症状，甚至致人死亡。

二、酶与疾病的诊断

正常情况下，在细胞内发挥催化作用的酶在血清中含量甚微，在某些病理情况下，可导致血清酶活性改变。测定血清酶活性对临床诊断有重要的参考价值，因而临床上常通过测定血清、血浆、尿液等体液中酶的活性变化，对疾病进行辅助诊断和预后判断。例如，测定血清中丙氨酸氨基转移酶的活性，是检查肝功能的重要指标之一。

三、酶与疾病的治疗

某些酶可作为药物用于临床治疗。例如，淀粉酶、胃蛋白酶、胰蛋白酶等可用于治疗消化功能失调、消化液不足或其他原因引起的消化系统疾病，尿激酶、链激酶、纤溶酶等对动脉硬化和血栓形成有预防和治疗作用。

许多药物可通过抑制生物体内的某些酶来达到治疗目的。例如，磺胺类抗菌药是细菌二氢叶酸合成酶的竞争性抑制剂；氯霉素通过抑制某些细菌转肽酶的活性来抑制该细菌内蛋白质的合成，从而达到抑菌的效果。

（蔡太生）

数字课程学习

◯教学 PPT　◯导入案例解析　◯复习与自测　◯更多内容……

第六章　生物氧化

章前引言

生物体在生命活动过程中如生物合成、物质转运、肌肉收缩和信息传递等都需要消耗能量，这些能量主要依靠糖、脂肪、蛋白质等有机物在体内氧化提供。有机物在体内经分解代谢，最终生成二氧化碳和水，同时逐步释放能量，其中一部分能量使ADP磷酸化生成ATP，供生命活动所需，其余的能量以热能形式释放，用于维持体温。

生物体内能量的转化、储存和利用都以ATP为中心。真核细胞中ATP的生成主要发生在线粒体中，有机物脱下的氢经呼吸链中多种酶和辅酶逐步传递，最终与O_2结合而生成H_2O，同时释放能量，偶联驱动ADP磷酸化生成ATP。除线粒体的氧化体系外，在微粒体和过氧化物酶体中的氧化酶体系及超氧化物歧化酶氧化体系中，参与呼吸链以外的氧化过程，主要与体内代谢物、药物或毒物的生物转化及自由基的清除有关。

学习目标

1. 理解生物氧化的概念和特点。
2. 知道线粒体呼吸链的组成及功能，并能描述线粒体呼吸链中2条呼吸链的电子传递过程。
3. 区分ATP的两种生成方式。
4. 理解ATP在能量的代谢利用、转移和储存中的作用。
5. 知道细胞内非线粒体氧化体系的作用和氧化过程。

思维导图

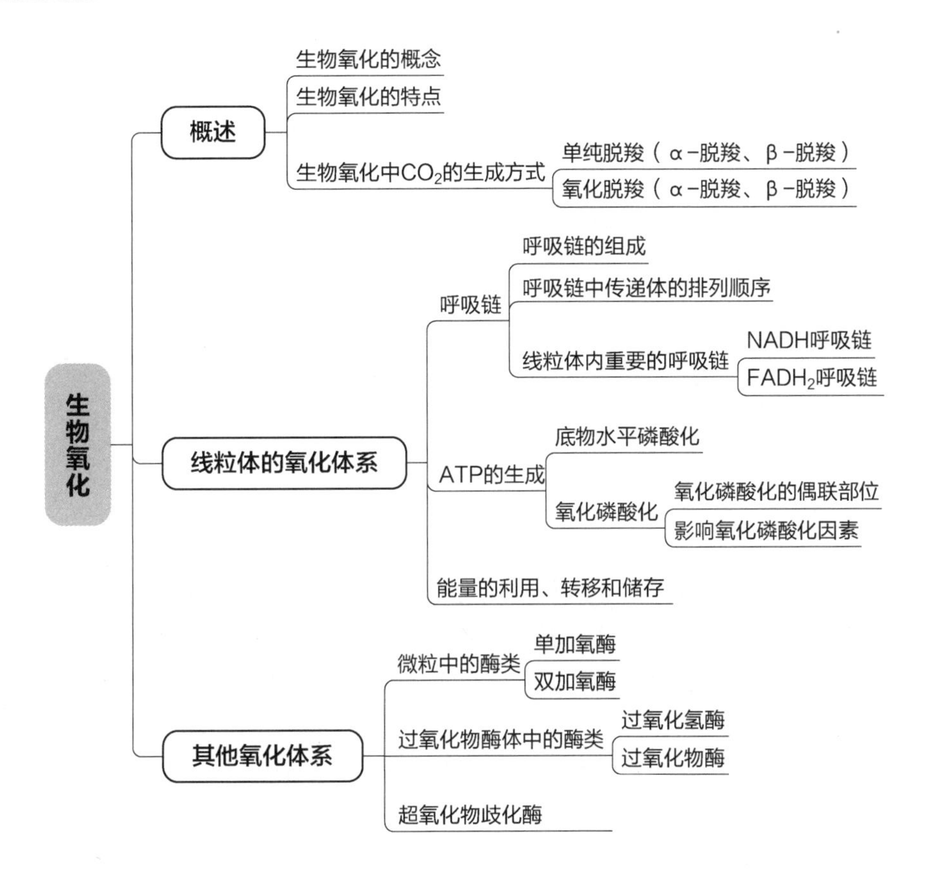

案例导入

患者，女，40岁，近日出现心慌、心动过速、怕热、多汗、食欲亢进、消瘦、体重下降、疲乏无力，以及情绪易激动、性情急躁、失眠、注意力不集中、手舌颤抖、月经失调等症状。

体格检查：甲状腺呈对称性肿大。

诊断：甲状腺功能亢进。

问题： 甲状腺功能亢进的发病机制是什么？

第一节 生物氧化概述

一、概念

生物氧化(biological oxidation)主要是糖、脂肪和蛋白质等营养物质在生物体内彻底氧化分解为 CO_2 和 H_2O,同时逐步释放能量的过程。该反应发生在线粒体内,细胞需要摄取 O_2 并释放 CO_2,故又形象地称为细胞呼吸(cellular respiration)。生物氧化释放的能量一部分使 ADP 磷酸化生成 ATP,供生命活动所需,其余的能量以热能形式释放,用于维持体温。

拓展阅读 6-1 1978 年诺贝尔化学奖

二、特点

生物氧化和营养物体外燃烧的化学反应本质相同,都遵循氧化还原反应的一般规律。同一物质在体内、外氧化时,耗氧量、终产物(CO_2、H_2O)及释放的能量也相同。但生物氧化具有以下特点:①生物氧化是在人体细胞内温和环境中进行(体温、pH 值近中性、常压)的;②生物氧化需要有酶催化完成;③氧化反应是逐步进行,能量逐步释放。这样不会因突然释放大量的能量,引起体温骤然上升而损害机体,而且释放的能量也能有效利用;④生物氧化过程释放的能量通常先贮存在一些高能化合物如 ATP 中,ATP 相当于生物体内的能量转运站;⑤生物氧化中 CO_2 的生成是通过有机酸脱羧,而 H_2O 的生成则由底物脱下的 2H 经呼吸链传递与 O_2 结合而成。

三、生物氧化中 CO_2 的生成

有机酸脱羧时根据是否发生氧化脱氢反应,可分为单纯脱羧和氧化脱羧两种类型;又可根据脱羧基的位点不同分为 α-脱羧和 β-脱羧。

1. α-单纯脱羧

$$H_2N-\underset{\underset{\boxed{COO}H}{|}}{CH}-CH_2-CH_2-COOH \xrightarrow[\text{谷氨酸脱羧酶}]{\nearrow CO_2} H_2N-CH_2-CH_2-CH_2-COOH$$

2. β-单纯脱羧

$$H\boxed{OOC}-CH_2-\overset{\overset{O}{\|}}{C}-COOH \underset{\text{丙酮酸羧化酶}}{\overset{\text{草酰乙酸脱羧酶}}{\rightleftharpoons}} H_3C-\overset{\overset{O}{\|}}{C}-COOH + CO_2$$

草酰乙酸　　　　丙酮酸

3. α-氧化脱羧

$$H_3C—\overset{\overset{\large O}{\|}}{C}—COOH + CoASH + NAD^+ \xrightarrow[丙酮酸脱氢酶系]{} H_3C—\overset{\overset{\large O}{\|}}{C} \sim SCoA + CO_2 + NADH + H^+$$

丙酮酸　　　　　　　　　　　　　　　　　　　乙酰 CoA

4. β-氧化脱羧

$$HOOC—CH_2—\underset{H}{\overset{OH}{\overset{|}{C}}}—COOH + NADP^+ \xrightarrow[苹果酸酶]{} H_3C—\overset{\overset{\large O}{\|}}{C}—COOH + CO_2 + NADPH + H^+$$

苹果酸　　　　　　　　　　　　　　　　　　　丙酮酸

第二节　线粒体的氧化体系

生物体内存在多种氧化体系，其中最重要的是存在于线粒体中的氧化体系，该体系的氧化过程为机体生命活动提供所需要的能量。

一、呼吸链

生物体内的有机物在氧化过程中脱下的成对氢原子(2H)，经过一系列有严格排列顺序的传递体系进行逐步传递，最终与氧结合生成水，这样的电子或氢原子的传递体系与细胞利用氧密切相关，称为呼吸链(respiratory chain)或电子传递链(electron transfer chain)。

(一) 呼吸链的组成

用胆酸类物质处理线粒体内膜，可分离出多种成分，按其结构和功能，可分成以下5类。

1. 烟酰胺脱氢酶类及其辅酶　烟酰胺脱氢酶类是以烟酰胺腺嘌呤二核苷酸(nicotinamide adenine dinucleotide, NAD^+)或烟酰胺腺嘌呤二核苷酸磷酸(nicotin-amide adenine dinucleotide phosphate, $NADP^+$)为辅酶的一类脱氢酶，具有传递氢和电子的作用。烟酰胺的氮为五价，能接受一对电子成为三价氮，其对侧的碳原子也比较活泼，能进行可逆的加氢与脱氢反应。因此，氧化型 $NAD(P)^+$ 分子能够接受2个电子和一个氢原子，转变成还原型 $NAD(P)H + H^+$[简写为 NAD(P)H](图 6-1)。

2. 黄素蛋白酶类及其辅基　黄素蛋白酶是以黄素单核苷酸(flavin mononucleotide, FMN)和黄素腺嘌呤二核苷酸(flavin adenine dinucleotide, FAD)为辅基的一类脱氢酶。FMN 和 FAD 是维生素 B_2 的衍生物。两者均通过维生素 B_2 中的异咯嗪环进行可逆的加氢或脱氢反应，异咯嗪环可以接受2个氢原子，生成 $FMNH_2$ 和 $FADH_2$(图 6-2)，因此具有传递氢和电子的功能。

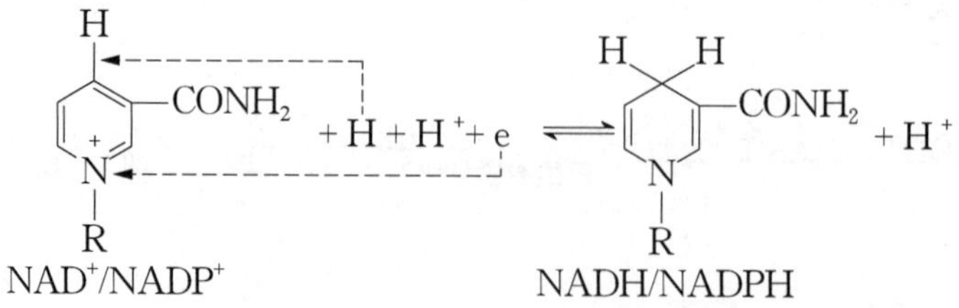

图 6-1　NAD^+ ($NADP^+$) 的加氢和脱氢反应

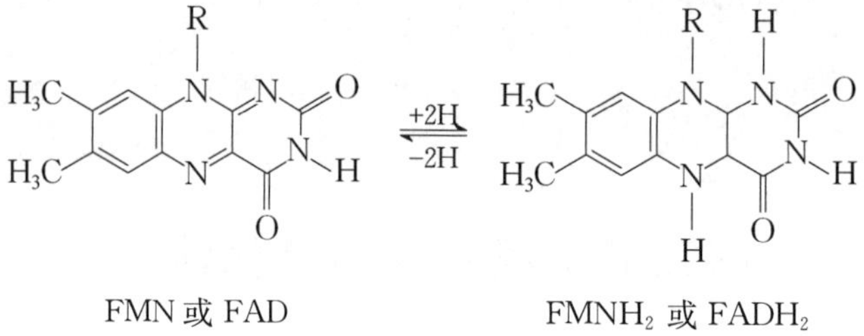

图 6-2　FMN 和 FAD 的加氢和脱氢反应

3. *泛醌*(ubiquinone, UQ)　又称辅酶 Q(Coenzyme Q, CoQ),是一类广泛存在于生物体内的脂溶性醌类化合物,由多个异戊二烯连接形成较长的疏水侧链。氧化还原反应时,泛醌接受 1 个电子和 1 个质子还原成中间产物半醌型泛醌,再接受 1 个电子和 1 个质子还原成二氢泛醌,后者也可脱去 2 个电子和 2 个质子被氧化为泛醌(图 6-3)。

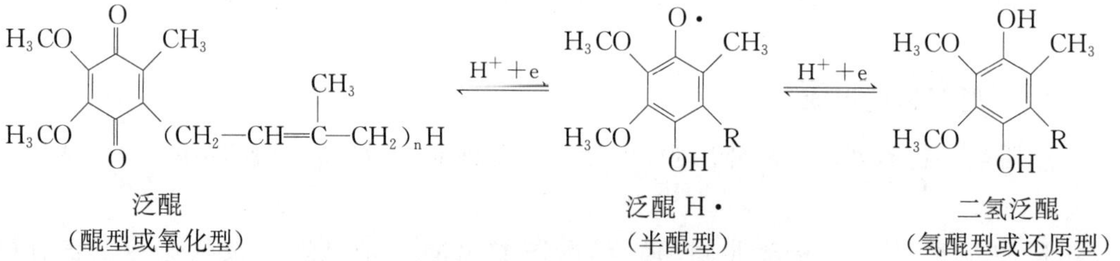

图 6-3　泛醌的加氢和脱氢反应

4. *铁硫蛋白类*　铁硫蛋白是存在于线粒体内膜上的一类与电子传递有关的蛋白质,该类蛋白以铁硫中心(Fe-S)为辅基。Fe-S 通过其中的铁原子与无机硫或铁硫蛋白中半胱氨酸的巯基连接而成,含有等量铁原子和硫原子,如 Fe_2S_2 和 Fe_4S_4(图 6-4)。其中一个铁原子可进行 $Fe^{2+} \rightleftharpoons Fe^{3+} + e^-$ 反应传递电子,每次只传递 1 个电子,属于单电子传递体。

5. *细胞色素类*　细胞色素(cytochrome, Cyt)是一类位于线粒体内,含有血红素辅基的蛋白质。血红素基团由卟啉环结合一个铁原子构成(图 6-5)。根据 Cyt 的吸光度和最大吸收波长不同,可分为 Cyta、Cytb 和 Cytc 三类及不同的亚类(表 6-1)。由于

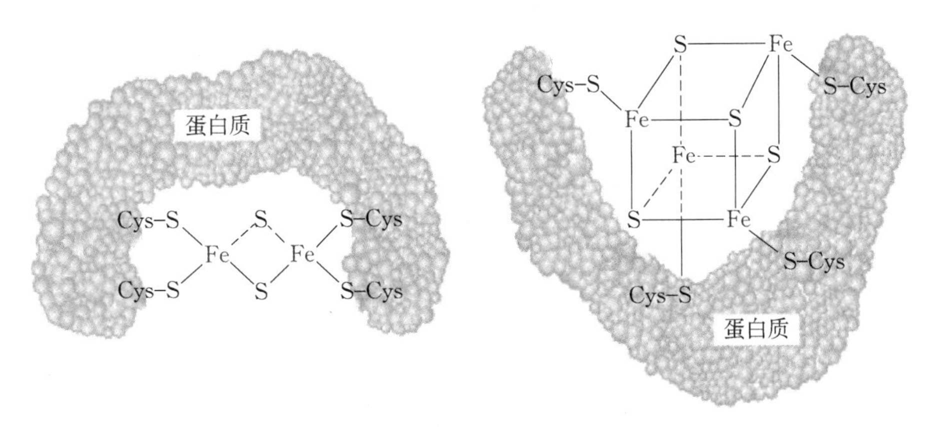

图 6-4　铁硫蛋白中心的结构

Cyta 和 $Cyta_3$ 不易分开，常写在一起，写为 $Cytaa_3$。在氧化还原过程中，其主要利用辅基中 Fe^{2+} 与 Fe^{3+} 互变（$Fe^{2+} \rightleftharpoons Fe^{3+} + e^-$）传递电子，属于单电子传递体。

表 6-1　各种还原型细胞色素主要的光吸收峰

细胞色素	波长（nm）		
	α	β	γ
a	600		439
b	562	532	429
c	550	521	415
c_1	554	524	418

细胞色素a辅基

细胞色素b辅基

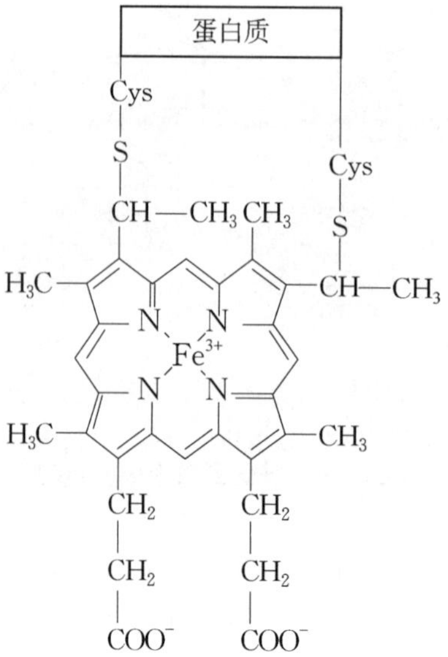

细胞色素c辅基

图 6-5　细胞色素 3 种血红素辅基的结构

(二) 呼吸链中传递体的排列顺序

用适当的方法处理线粒体内膜，可得到具有传递电子功能的 4 种酶复合体，分别称为复合体Ⅰ、Ⅱ、Ⅲ和Ⅳ(表 6-2)。其中复合体Ⅰ、Ⅲ和Ⅳ完全镶嵌在线粒体内膜中，复合体Ⅱ镶嵌在内膜的基质侧。呼吸链各成分中，泛醌以游离形式存在，细胞色素 c 与线粒体内膜外表面疏松结合，不含在上述酶复合体中。

表 6-2　线粒体呼吸链复合体

复合体	酶名称	功能辅基	主要作用
Ⅰ	NADH 脱氢酶	FMN、Fe-S	将 NADH 的电子传递给 CoQ
Ⅱ	琥珀酸脱氢酶	FAD、Fe-S、Cytb	将电子从琥珀酸传递给 CoQ
Ⅲ	泛醌-细胞色素 c 还原酶	Cytb、$Cytc_1$、Fe-S	将电子从 CoQ 逐步传递给 Cytc
Ⅳ	细胞色素 c 氧化酶	$Cytaa_3$、Cu_A、Cu_B	将电子从 Cytc 传递给 O_2

1. 复合体Ⅰ　又称 NADH 脱氢酶或 NADH-泛醌还原酶，是由黄素蛋白(FMN)、铁硫蛋白组成的跨膜蛋白质。NADH 脱下的氢经复合体Ⅰ中 FMN、铁硫蛋白等传递给泛醌，即 NADH→FMN→Fe-S→CoQ。与此同时，复合体Ⅰ有质子泵功能，每传递 2 个电子可以将 4 个 H^+ 从线粒体的内膜基质侧泵到膜间隙侧(图 6-6)。

2. 复合体Ⅱ　又称琥珀酸脱氢酶或琥珀酸-泛醌还原酶，含有黄素腺嘌呤二核苷酸(FAD)、Cytb 和铁硫蛋白。其功能是将电子从琥珀酸 FAD、铁硫蛋白传递给泛醌，即琥珀酸→FAD→Fe-S→CoQ(图 6-6)。该过程传递电子释放的自由能较小，不足以将

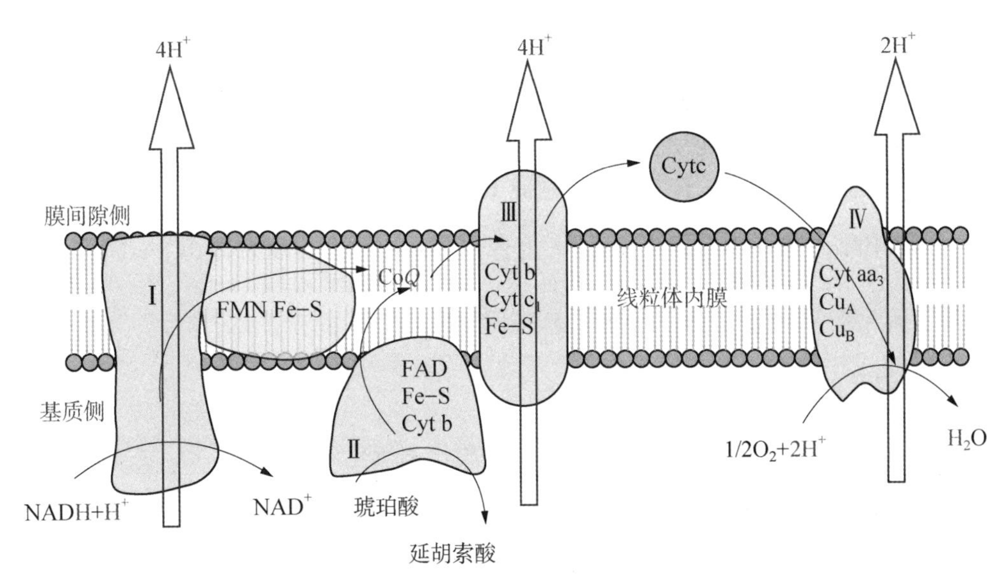

图 6-6 呼吸链各复合体组成示意图

H^+泵出内膜，因此复合体Ⅱ没有质子泵的功能。

3. 复合体Ⅲ 又称泛醌-细胞色素c还原酶，含有Cytb(b562和b566)、$Cytc_1$和一种可移动的铁硫蛋白。其功能是将电子从还原型泛醌传递给Cytc，即$CoQH_2$→Cytb→Fe-S→$Cytc_1$→Cytc。复合体Ⅲ也有质子泵作用，每传递2个电子向内膜膜间隙侧释放4个H^+(图6-6)。

4. 复合体Ⅳ 又称细胞色素c氧化酶(cytochrome c oxidase)，含有Cyta、$Cyta_3$和2个铜离子(Cu_A和Cu_B)。其功能是将电子从Cytc传递给氧，即Cytc→Cu_A→Cyta→$Cyta_3$ - Cu_B→O_2。复合体Ⅳ也具有质子泵功能，每传递2个电子使2个H^+向内膜膜间隙侧转移(图6-6)。

酶复合体是线粒体内膜氧化呼吸链的天然存在形式，所含各组分完成电子传递。同时，该过程释放的能量驱动H^+移出线粒体内膜，转变为跨内膜H^+梯度的能量，用于ATP的合成。

(三) 线粒体内重要的呼吸链

呼吸链由NADH和$FADH_2$提供氢，通过4个酶复合体、泛醌以及介于复合体Ⅲ与Ⅳ间的Cytc共同完成电子传递。根据电子供体及其传递过程，目前认为，线粒体内有以下2条重要的氧化呼吸链。

1. NADH呼吸链 是体内分布最广泛的一条呼吸链。生物氧化中大多数脱氢酶(如乳酸脱氢酶、苹果酸脱氢酶)都以NAD^+为辅酶。底物在脱氢酶作用下脱下的2H由NAD^+接受生成NADH+H^+，通过复合体Ⅰ传递给泛醌，生成还原型泛醌，后者把2H中的$2H^+$释放于介质中，而将2个电子经复合体Ⅲ传递给Cytc，然后传至复合体Ⅳ，最终将2个电子交给O_2，再与介质中的$2H^+$结合生成水。因此，电子传递顺序：

NADH → 复合体 Ⅰ → CoQ → 复合体 Ⅲ → Cytc → 复合体 Ⅳ → O_2

2. $FADH_2$ 呼吸链　也称琥珀酸氧化呼吸链。琥珀酸、α-磷酸甘油、脂酰 CoA 等脱下的 2H 经复合体Ⅱ传递给泛醌，生成还原型泛醌，之后的传递过程与 NADH 呼吸链完全相同，最终将 2 个电子交给 O_2，生成 H_2O。电子传递顺序：

琥珀酸 → 复合体 Ⅱ → CoQ → 复合体 Ⅲ → Cytc → 复合体 Ⅳ → O_2

云视频 6-1　线粒体氧化体系与呼吸链

二、ATP 的生成

体内 ATP 的生成方式主要有底物水平磷酸化和氧化磷酸化。

(一) 底物水平磷酸化

底物水平磷酸化（substrate level phosphorylation）是指代谢物在氧化分解过程中，有少数反应因脱氢或脱水而引起分子内能量重新分布，生成高能磷酸键，使 ADP 磷酸化生成 ATP 的过程。该过程不经电子传递。例如，在葡萄糖氧化过程中，磷酸烯醇式丙酮酸在丙酮酸激酶作用下生成丙酮酸的反应，伴随 ATP 生成。

$$\begin{matrix} COOH \\ | \\ C{-}O{\sim}P \\ \| \\ CH_2 \end{matrix} \xrightarrow[\text{丙酮酸激酶}]{ADP \quad\quad ATP} \begin{matrix} COOH \\ | \\ C{=}O \\ | \\ CH_3 \end{matrix}$$

(二) 氧化磷酸化

氧化磷酸化（oxidative phosphorylation）是指生物氧化过程中，代谢物脱下的 2H 经呼吸链氧化生成水时，释放的能量偶联驱动 ADP 磷酸化生成 ATP 的过程，又称偶联磷酸化。氧化磷酸化是人体内生成 ATP 的主要方式。

1. 氧化磷酸化的偶联部位　氧化磷酸化在线粒体中进行，包含两个关键过程，一是电子传递；二是将电子传递过程中释放的能量用于生成 ATP，使能量通过 ATP 储存起来供机体使用。将电子传递链中能够产生足够能量使 ADP 磷酸化的部位称为氧化磷酸化的偶联部位，也就是能够产生 ATP 的部位。

1) P/O 比值　一对电子通过呼吸链传递给 1 个氧原子生成 1 分子 H_2O，其释放的能量使 ADP 磷酸化生成 ATP，此过程需要消耗氧和磷酸。因此可通过测定不同作用物经呼吸链氧化的 P/O 比值确定其偶联部位。P/O 比值是指在氧化磷酸化过程中，每消耗 1/2 mol O_2 生成 ATP 的摩尔数，或一对电子通过氧化呼吸链传递给氧生成的 ATP 分子数。

实验证明，NADH 氧化呼吸链的 P/O 比值为 2.5，即每传递一对电子，生成 2.5 分子 ATP，说明 NADH 氧化呼吸链可能存在 3 个偶联部位。而琥珀酸氧化呼吸链的 P/O

比值为1.5，说明该呼吸链可能存在2个偶联部位。通过对不同底物P/O比值的测定，确定呼吸链中氧化磷酸化偶联部位有三个：第一个在NADH→CoQ之间（复合体Ⅰ），第二个在CoQ→Cytc之间（复合体Ⅲ），第三个在Cytc→O_2之间（复合体Ⅳ）（图6-7）。

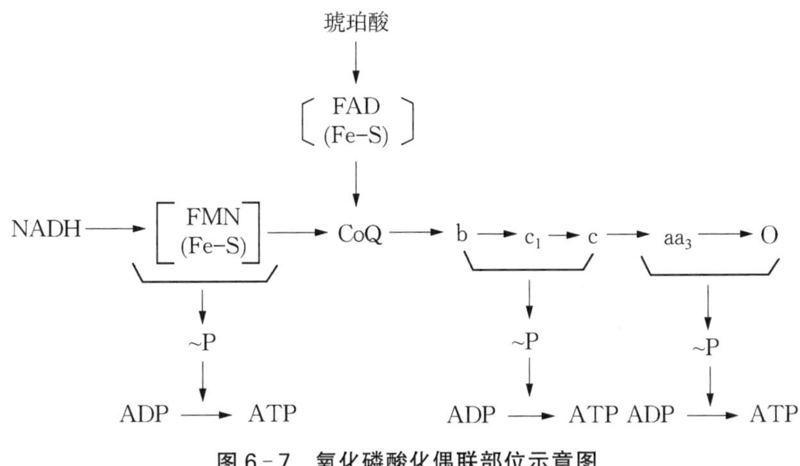

图6-7　氧化磷酸化偶联部位示意图

2）自由能变化　呼吸链中有3个阶段有较大的氧化还原电位差（ΔE′0）和标准自由能变化（ΔG0′），生成每摩尔ATP约需能量30.5 kJ，所以这三个阶段释放的自由能足以推动ATP的生成（表6-3）。自由能变化测定实验进一步证实了上述氧化磷酸化偶联部位。

表6-3　呼吸链氧化还原电位差和自由能变化

偶联部位	电位变化（ΔE′0）	自由能变化（ΔG0′）	能否生成ATP（G0′是否大于30.5 kJ）
NADH～CoQ	0.36 V	69.5 kJ/mol	能
CoQ～Cytc	0.19 V	36.7 kJ/mol	能
Cytaa_3～O_2	0.58 V	112 kJ/mol	能

2. 影响氧化磷酸化的因素

1）ADP/ATP值　氧化磷酸化是机体生成ATP最主要的途径，因此机体根据能量需求调节氧化磷酸化的速率，从而调节ATP的生成量。当机体利用ATP增多时，ADP的浓度会增高，促进氧化磷酸化；当ADP不足时，则使氧化磷酸化速度减慢。这种调节能让ATP的生成速度与生理需要相适应。

2）甲状腺激素　能诱导细胞膜上Na^+、K^+-ATP酶的生成，促进ATP分解为ADP和Pi，而ADP增多会加快氧化磷酸化速度。此外，甲状腺激素还能让解偶联蛋白基因表达增加，引起耗氧和产热的增加。因此，甲状腺功能亢进症患者的基础代谢率增高。

3）抑制剂

（1）电子传递抑制剂：能够在特异部位阻断呼吸链的电子传递，从而抑制氧化磷酸化的进行。例如,鱼藤酮、粉蝶霉素 A 和异戊巴比妥等能与复合体Ⅰ中的铁硫蛋白结合,抑制电子传递给泛醌。萎锈灵是复合体Ⅱ的抑制剂。抗霉素 A 和黏噻唑菌醇作用于复合体Ⅲ,主要阻断 Cytb 传递电子到泛醌。而氰化物、叠氮化物、CO 和 H_2S 则是复合体Ⅳ的抑制剂,其中氰化物和叠氮化物能与氧化型 $Cyta_3$ 结合,阻断电子由 Cyta 到 Cu_B-Cyta_3 间的传递。CO 能与还原型 $Cyta_3$ 结合,阻断电子由 $Cyta_3$ 传递给 O_2。呼吸链抑制剂的阻断位点如图 6-8 所示。

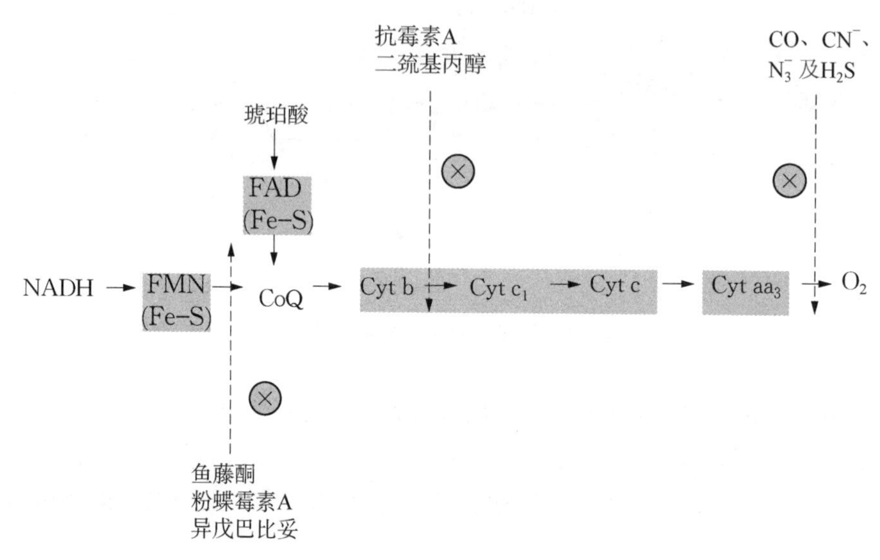

图 6-8　呼吸链抑制剂的阻断位点

拓展阅读 6-2　氰化物中毒的机制及患者的抢救

(2) ATP 合酶抑制剂:对电子传递及 ADP 磷酸化均有抑制作用。例如,寡霉素可结合 ATP 的 F_0 单位,二环己基碳二亚胺(dicyclohexyl carbodiimide, DCC)共价结合 F_0 的 c 亚基,阻断质子从 F_0 质子通道回流,抑制 ATP 合酶活性。由于线粒体内膜两侧质子电化学梯度增高影响呼吸链质子泵的功能,继而抑制电子传递。

思政小课堂 6-1　抑制剂阻断氧化磷酸化过程

(3) 解偶联剂:可使氧化与磷酸化的偶联相互分离。其作用机制是破坏电子传递过程建立的跨内膜的质子电化学梯度,使电化学梯度储存的能量以热能形式释放,导致 ATP 的生成受到抑制。例如,二硝基苯酚(dinitrophenol, DNP)和解偶联蛋白(uncoupling protein, UCP)。

在线案例 6-1　新生儿硬化病

4) 线粒体 DNA(mtDNA)突变　mtDNA 呈裸露的环状双螺旋结构,缺乏蛋白质保护和损伤修复系统,容易受到损伤而发生突变,其突变率远高于核内的基因组 DNA。mtDNA 突变能导致氧化磷酸化功能损伤和能量代谢障碍,引起细胞结构、功能的病理改变。

三、能量的利用、转移和储存

（一）ATP 是体内能量捕获和释放利用的重要分子

ATP 是体内最重要的高能磷酸化合物，主要来自糖、脂类和蛋白质等物质的生物氧化生成，是细胞可直接利用的能量形式，其通过水解反应释放大量自由能并和需要供能的反应偶联，使这些反应在生理条件下完成。

（二）ATP 是体内能量转移和磷酸核苷化合物相互转变的核心

体内多数合成反应都以 ATP 为直接能源，但有些合成反应以其他高能化合物为能量的直接来源，如 UTP 用于糖原合成、CTP 用于磷脂合成、GTP 用于蛋白质合成等。然而为这些合成代谢提供能量的 UTP、CTP、GTP 等，通常是在二磷酸核苷激酶的催化下，从 ATP 中获得～P 而生成。

$$\mathrm{ATP + UDP \longrightarrow ADP + UTP}$$
$$\mathrm{ATP + CDP \longrightarrow ADP + CTP}$$
$$\mathrm{ATP + GDP \longrightarrow ADP + GTP}$$

当体内 ATP 消耗过多时，大量累积的 ADP 在腺苷酸激酶催化下由 ADP 转变成 ATP 被利用。此反应是可逆的，当 ATP 需要量降低时，AMP 从 ATP 中获得～P 生成 ADP。

$$\mathrm{ATP + AMP \rightleftharpoons 2ADP}$$

（三）磷酸肌酸是 ATP 的储存形式

在生理条件下，ATP 不能在细胞中储存。ATP 可将～P 转移给肌酸生成磷酸肌酸（creatine phosphate，CP），作为肌肉和脑组织中能量的一种储存形式。当 ATP 浓度升高时，可在肌酸激酶的催化下，将其～P 转移给肌酸，生成磷酸肌酸。当机体消耗 ATP 过多导致 ADP 增多时，磷酸肌酸将～P 转移给 ADP 生成 ATP，供机体利用。该过程主要发生在消耗 ATP 迅速的组织细胞，如骨骼肌、肌肉和脑等，主要用于维持该组织中的 ATP 水平。

$$\underset{\text{肌酸}}{\mathrm{HOOC{-}CH_2{-}\underset{}{N}(CH_3){-}C({=}NH){-}NH_2}} + \mathrm{ATP} \xrightleftharpoons{\text{肌酸激酶}} \underset{\text{磷酸肌酸}}{\mathrm{HOOC{-}CH_2{-}N(CH_3){-}C({=}NH){-}NH{\sim}PO_3H_2}} + \mathrm{ADP}$$

综上所述，生物体内能量的利用、转移和储存都以 ATP 为中心。ATP 是生命活动的直接供能物质，其水解释放的能量可直接供给各种生命活动，如肌肉收缩、物质运输、离子平衡、神经传导、合成代谢、维持体温等（图 6－9）。此外，磷酸肌酸是肌肉和脑组织中能量的主要储存形式。

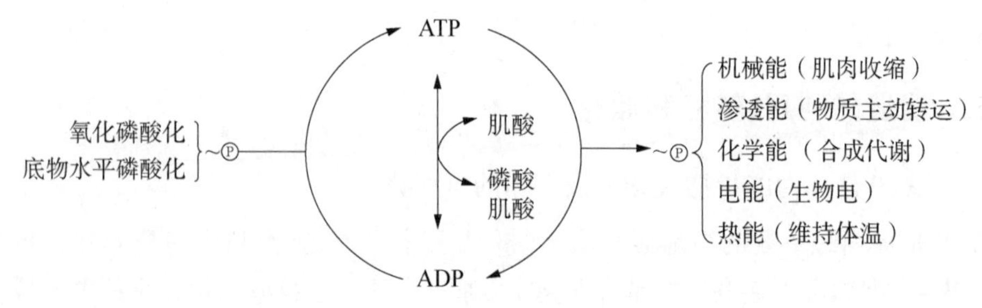

图 6-9 ATP 的生成、储存和利用

第三节 其他氧化体系

生物氧化体系主要在线粒体内进行。除线粒体氧化体系外，细胞内还存在其他的氧化体系参与呼吸链以外的氧化过程。包括微粒体氧化体系、过氧化物酶体氧化体系以及超氧化物歧化酶氧化体系等，该过程不产生 ATP，主要与体内代谢物、药物或毒物的生物转化及自由基的清除有关。

一、微粒体中的酶类

微粒体氧化体系存在于细胞的光滑内质网上。微粒体中的氧化酶主要利用氧化酶类对底物进行加氧修饰，根据加入底物分子中氧原子的数目不同，可分为单加氧酶类和双加氧酶类。

(一) 单加氧酶

单加氧酶(monooxygenase)催化氧分子中的一个氧原子加入底物分子，另一个氧原子被 NADPH 提供的氢还原成水，因此又称为混合功能氧化酶(mixed function oxidase)或羟化酶(hydroxylase)。此酶在肝和肾上腺的微粒体中含量最多，主要作用是参与类固醇激素、胆汁酸及胆色素等的生成以及药物、毒物的生物转化。其作用机制比较复杂，催化反应通式如下：

$$RH + NADPH + H^+ + O_2 \xrightarrow{\text{单加氧酶}} ROH + NADP^+ + H_2O$$

此酶含细胞色素 P450(CytP450)，CytP450 属于 Cytb 类，因其还原态与 CO 结合后在波长 450 nm 处出现最大吸收峰而得名。

(二) 双加氧酶

这类酶催化氧分子的 2 个氧原子加到底物中带双键的 2 个碳原子上。催化反应通式如下：

$$R + O_2 \xrightarrow{\text{双加氧酶}} RO_2$$

或 $$R_1 + R_2 \xrightarrow{\text{双加氧酶}} R_1O + R_2O$$

如β-胡萝卜素在双加氧酶作用下，碳碳双键断裂形成两分子视黄醇。

二、过氧化物酶体中的酶类

人体许多组织都含有过氧化物酶体，过氧化物酶体含有丰富的酶类，包括催化生成过氧化氢的氧化酶，以及催化分解过氧化氢的过氧化氢酶和过氧化物酶。

（一）过氧化氢酶

H_2O_2 有一定生理作用。例如，粒细胞和吞噬细胞中的 H_2O_2 可以氧化杀死入侵的细菌；甲状腺细胞中产生的 H_2O_2 可使 $2I^-$ 氧化为 I_2，进而使酪氨酸碘化生成甲状腺激素。但若 H_2O_2 过多，可氧化含硫的蛋白质，还会损伤生物膜，因此必须将多余的 H_2O_2 及时清除。

过氧化氢酶（catalase）又称触酶，是过氧化物酶体的标志酶，辅基含 4 个血红素。其具有催化过氧化氢分解成水和氧的功能，同时也可催化过氧化氢与醛、醇和酚等化合物反应，参与生物转化。

$$2H_2O_2 \xrightarrow{\text{过氧化氢酶}} 2H_2O + O_2$$

（二）过氧化物酶

过氧化物酶（peroxidase）以血红素为辅基，催化 H_2O_2 直接氧化酚类或胺类化合物，具有消除过氧化氢和酚类、胺类毒性的双重作用。如谷胱甘肽过氧化物酶。反应如下：

$$R + H_2O_2 \xrightarrow{\text{过氧化物酶}} RO + H_2O$$

或 $$RH_2 + H_2O_2 \xrightarrow{\text{过氧化物酶}} R + 2H_2O$$

三、超氧化物歧化酶

超氧阴离子自由基（$O_2^{\bar{\cdot}}$）是分子氧单电子还原产生的阴离子自由基。自由基性质活泼，对机体危害很大，会引起生物膜损伤、蛋白质变性、核酸结构破坏等，进而对机体造成损伤。细胞内存在超氧化物歧化酶（superoxide. dismutase, SOD），能催化超氧阴离子自由基与质子发生反应生成氧和过氧化氢，过氧化氢进一步被相应的酶分解，从而保护机体免受氧自由基的损伤。SOD 催化的反应如下：

$$2O_2^{\bar{\cdot}} + 2H^+ \xrightarrow{SOD} H_2O_2 + O_2$$

（马雪艳）

数字课程学习

○教学 PPT ○导入案例解析 ○复习与自测 ○更多内容……

第七章　糖代谢

章前引言

糖是自然界含量最丰富的物质之一，其化学本质为多羟基醛或酮及其衍生物或多聚物。食物中的多糖大部分在小肠被消化成葡萄糖(glucose，Glu)、果糖等单糖后吸收，再通过血液循环运送到全身各组织器官，供细胞利用或合成糖原(glycogen，Gn)贮存。

人体内的糖主要是葡萄糖及糖原，葡萄糖是糖在血液中的运输形式，在机体糖代谢中占据主要地位；糖原是葡萄糖的多聚体，包括肝糖原、肌糖原，是糖在体内的储存形式。糖的主要生理功能是为生命活动提供能量。

机体内糖的代谢途径主要有葡萄糖的无氧氧化、有氧氧化、磷酸戊糖途径，糖原合成与糖原分解、糖异生以及其他己糖代谢等。测定体液(血、尿、脑脊液等)中葡萄糖的含量对糖代谢紊乱疾病的诊断和治疗有重要意义。

学习目标

1. 描述血糖的来源与去路，以及血糖浓度相对恒定的生理意义。
2. 描述糖酵解、有氧氧化、磷酸戊糖途径代谢的组织细胞定位、主要过程、关键酶和生理意义。
3. 阐明糖异生作用及生理意义。
4. 理解糖原合成与分解的过程及生理意义。
5. 运用所学知识能解释糖代谢异常对健康影响的生化机制。

思维导图

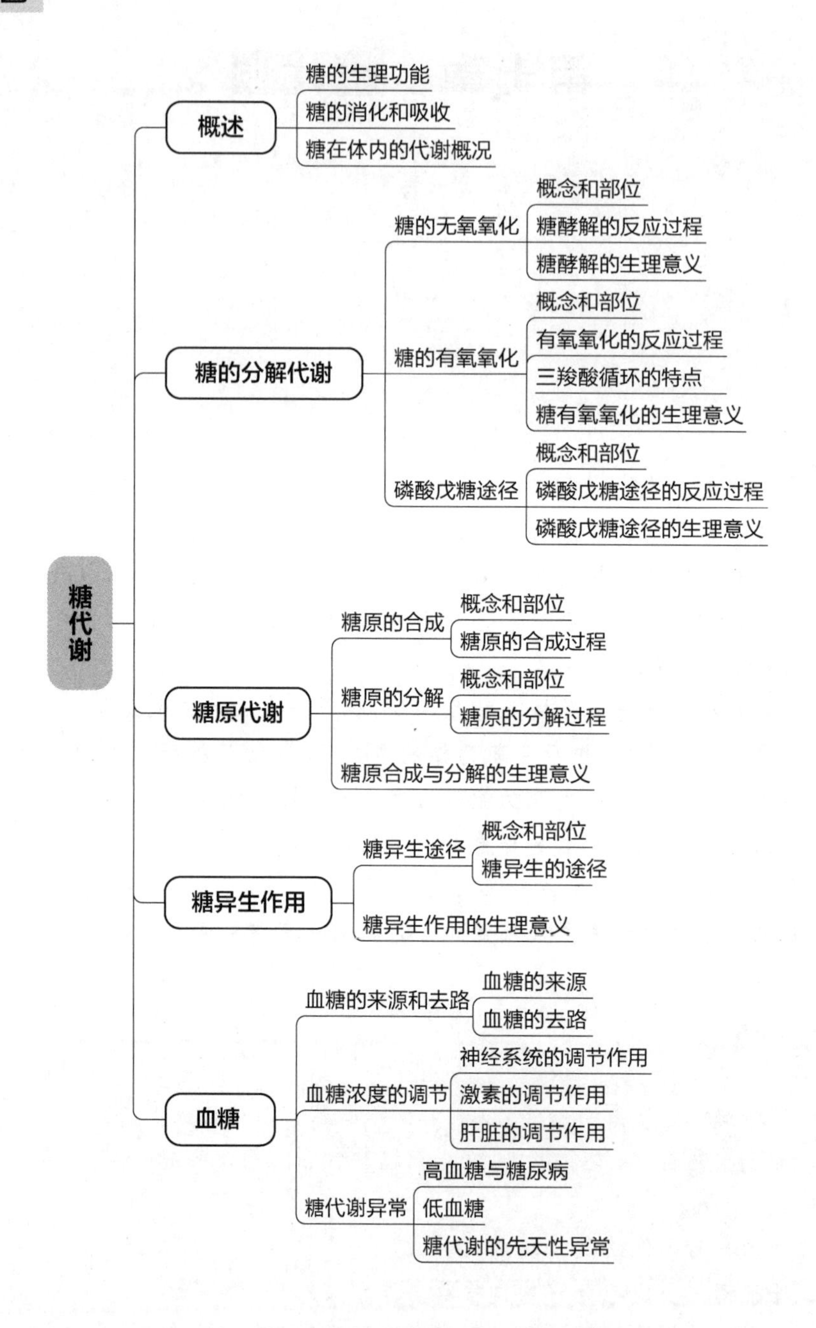

糖代谢
概述
糖的生理功能
糖的消化和吸收
糖在体内的代谢概况
糖的分解代谢
糖的无氧氧化
概念和部位
糖酵解的反应过程
糖酵解的生理意义
糖的有氧氧化
概念和部位
有氧氧化的反应过程
三羧酸循环的特点
糖有氧氧化的生理意义
磷酸戊糖途径
概念和部位
磷酸戊糖途径的反应过程
磷酸戊糖途径的生理意义
糖原代谢
糖原的合成
概念和部位
糖原的合成过程
糖原的分解
概念和部位
糖原的分解过程
糖原合成与分解的生理意义
糖异生作用
糖异生途径
概念和部位
糖异生的途径
糖异生作用的生理意义
血糖
血糖的来源和去路
血糖的来源
血糖的去路
血糖浓度的调节
神经系统的调节作用
激素的调节作用
肝脏的调节作用
糖代谢异常
高血糖与糖尿病
低血糖
糖代谢的先天性异常

案例导入

患儿，男，12岁，主诉：尿多（尤其是晚上）、口渴、食欲很好、易疲劳、四肢无力。医生检查发现：患者明显消瘦、舌干、呈中度脱水，但无淋巴结病变。实验室检查：血糖 18 mmol/L，尿糖（＋＋＋＋），尿酮体（＋＋）。

问题：

1. 初步诊断该患者为何疾病？

2. 结合所学生物化学知识解释患者体征及实验室检查结果。

第一节 糖代谢概述

一、糖的生理功能

1. 提供能量 在正常情况下，人体所需能量的50％～70％来自葡萄糖。每克葡萄糖彻底氧化可释放16.7kJ能量，其中40％转化为高能化合物（如ATP）。

2. 糖作为组织细胞的结构材料，参与重要的生理活动 例如，糖蛋白和糖脂是生物膜的重要组分，其寡糖链作为信号分子参与细胞识别及多种特异性表面抗原鉴定等。

3. 转变为其他物质 糖通过生成中间代谢物为其他生物分子的合成如氨基酸、核苷酸、脂肪酸等提供碳骨架。

二、糖的消化和吸收

食物中的糖主要是淀粉，另外还有一些双糖及单糖。食物中的淀粉经唾液中的α-淀粉酶作用，催化淀粉中α-1,4-糖苷键水解，产物是葡萄糖、麦芽糖、麦芽寡糖及糊精。由于食物在口腔中停留时间短，淀粉的主要消化部位在小肠。小肠中含有胰腺分泌的α-淀粉酶，催化淀粉水解成麦芽糖、麦芽三糖、α-糊精和少量葡萄糖。在小肠黏膜刷状缘上，含有α糊精酶。此酶催化α极限糊精的α-1,4-糖苷键及α-1,6-糖苷键水解，使α-糊精水解成葡萄糖；刷状缘上还有麦芽糖酶可将麦芽三糖及麦芽糖水解为葡萄糖。小肠黏膜还有蔗糖酶和乳糖酶，前者将蔗糖分解成葡萄糖和果糖，后者将乳糖分解成葡萄糖和半乳糖。

糖被消化成单糖后的主要吸收部位是小肠上段，己糖尤其是葡萄糖被小肠上皮细胞摄取，这是一个依赖Na^+耗能的主动摄取过程，有特定的载体参与：在小肠上皮细胞刷状缘上，存在与细胞膜结合的Na^+-葡萄糖联合转运体，当Na^+经转运体顺浓度梯度进入小肠上皮细胞时，葡萄糖随Na^+一起被移入细胞内，这时葡萄糖是逆浓度梯度转运的。这个过程的能量是由Na^+的浓度梯度（化学势能）提供的，它足以将葡萄糖从低浓度转运到高浓度。当小肠上皮细胞内的葡萄糖浓度增加至一定的程度，葡萄糖经小肠上皮细胞基底面单向葡萄糖转运体（unidirectional glucose transporter）顺浓度梯度被动扩散到血液中。小肠上皮细胞内增多的 Na^+ 通过钠钾泵（Na^+-K^+-ATP 酶），利用 ATP 提供的能量，从基底面被泵出至小肠上皮细胞外，进入血液，从而降低小肠上皮细胞内 Na^+ 浓度，维持刷状缘两侧 Na^+ 的浓度梯度，使葡萄糖能不断地被转运。

三、体内糖代谢

在不同的生理条件下，葡萄糖在组织细胞内代谢途径不同。供氧充足时，葡萄糖循有氧氧化途径彻底氧化生成 CO_2 和 H_2O，并释放能量；缺氧时，葡萄糖循糖酵解途径分解生成乳酸；在一些代谢旺盛的组织，葡萄糖可通过磷酸戊糖途径代谢。当体内血糖充足时，肝、肌肉等组织可以将血液输送来的葡萄糖合成糖原储存；反之则分解糖原。同时，有些非糖物质如乳酸、丙酮酸、生糖氨基酸、甘油等经糖异生途径转变成葡萄糖；葡萄糖也可转变成其他非糖物质。糖在体内代谢的概况总结如图 7－1 所示。

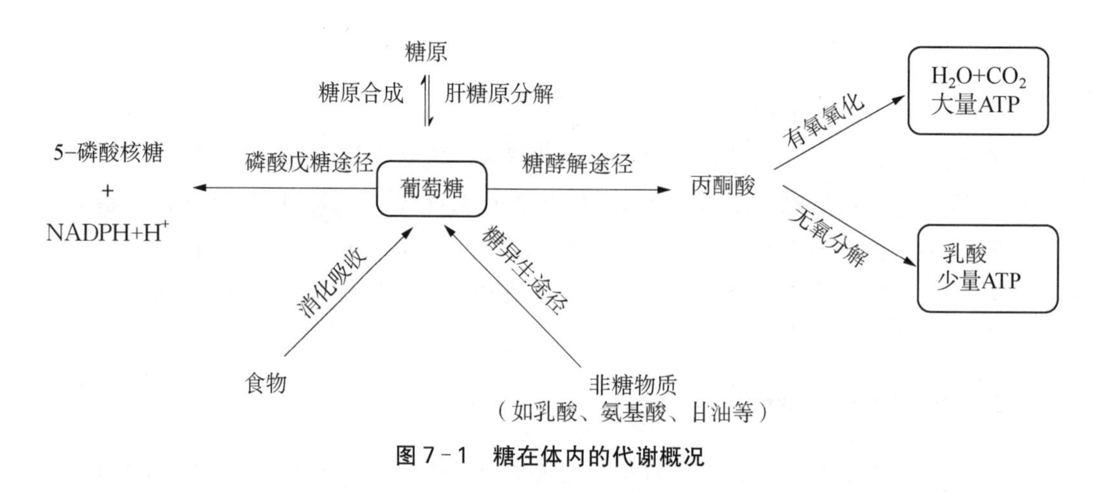

图 7－1　糖在体内的代谢概况

第二节　糖的分解代谢

葡萄糖进入组织细胞后，根据机体的生理需求在不同的组织间进行分解代谢。糖的分解代谢按反应条件和反应途径的不同可分为三种：无氧氧化、有氧氧化及磷酸戊糖途径。

一、糖的无氧氧化

（一）概念和部位

在机体缺氧（如剧烈运动）时，葡萄糖或糖原分解生成乳酸，并产生少量能量的过程称为糖的无氧氧化。这个代谢过程在红细胞和运动时的骨骼肌中较为活跃，因这个过程与酵母的生醇发酵非常相似，故又称为糖酵解（glycolysis）。整个糖酵解过程于1940年得到阐明。为纪念在这方面贡献较大的三位生化学家，也称糖酵解过程为Embden-Meyerhof-Parnas途径（EMP途径）。参与糖酵解反应的一系列酶存在于细胞质中，因此糖酵解的全过程均在细胞质中进行。

（二）糖酵解的反应过程

糖酵解的反应过程分为三个阶段：第一阶段是葡萄糖分解生成磷酸丙糖，即己糖碳链裂解成两分子磷酸甘油醛并耗能的阶段；第二阶段：两分子磷酸甘油醛转变成两分子丙酮酸并产能的阶段；第三阶段：两分子丙酮酸还原生成乳酸。

1. 葡萄糖分解生成两分子磷酸甘油醛

1）葡萄糖磷酸化生成6-磷酸葡萄糖　葡萄糖在己糖激酶催化下，由ATP提供磷酸基和能量，生成6-磷酸葡萄糖。该反应一方面活化葡萄糖有利于下一步分解，另一方面能防止其逸出细胞。

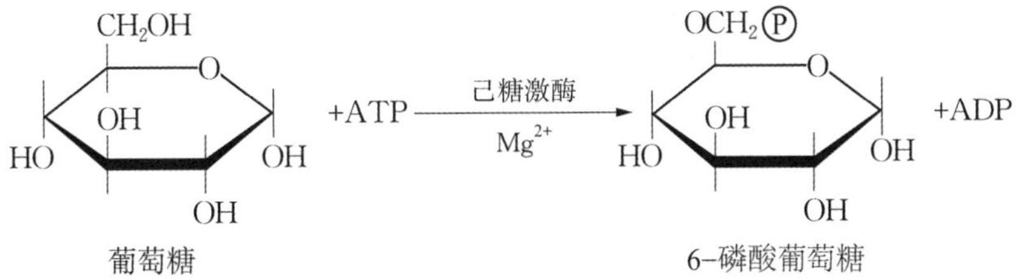

葡萄糖 + ATP —己糖激酶, Mg^{2+}→ 6-磷酸葡萄糖 + ADP

此反应不可逆，消耗ATP。催化磷酸基团从ATP转移到受体上的酶称为激酶（kinase），激酶需要Mg^{2+}离子作为辅助因子，己糖激酶是关键酶之一。所谓关键酶是指在代谢途径中，催化不可逆反应步骤，是控制代谢途径运转速度快慢的酶，其活性受到变构剂和激素的调节。

糖原进行糖酵解时，非还原端的葡萄糖单位先进行磷酸化生成1-磷酸葡萄糖，再经磷酸葡萄糖变位酶催化生成6-磷酸葡萄糖，此过程不消耗ATP。

6-磷酸葡萄糖是一个重要的中间代谢产物，是多条糖代谢途径（糖酵解、有氧氧化、磷酸戊糖途径、糖原合成、糖原分解、糖异生）的连接点。

2）6-磷酸葡萄糖异构为6-磷酸果糖　此反应在磷酸己糖异构酶催化下进行，是一个醛-酮异构化反应，此反应可逆。

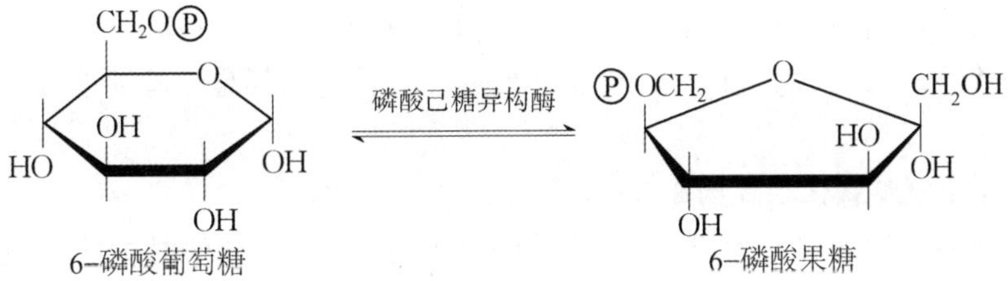

6-磷酸葡萄糖 ⇌（磷酸己糖异构酶）6-磷酸果糖

3）6 -磷酸果糖磷酸化生成 1,6 -二磷酸果糖　催化此反应的酶是 6 -磷酸果糖激酶，这是糖酵解途径的第二次磷酸化反应，消耗 ATP，需 Mg^{2+} 参与，此反应不可逆。磷酸果糖激酶是糖酵解途径最重要的关键酶，因其活性相对最低，又称为限速酶。

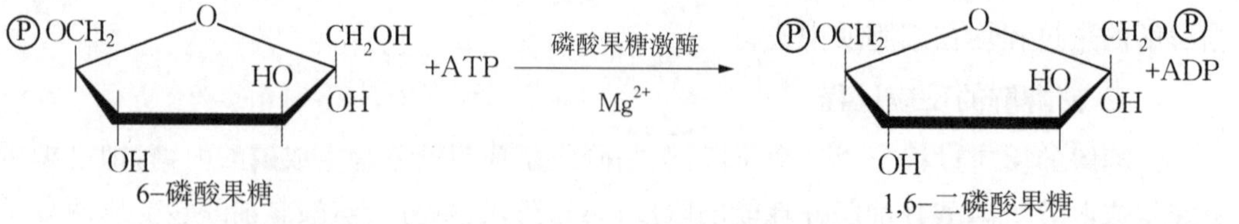

6-磷酸果糖 + ATP $\xrightarrow[Mg^{2+}]{\text{磷酸果糖激酶}}$ 1,6-二磷酸果糖 + ADP

4）1,6 -二磷酸果糖裂解生成 2 分子的磷酸丙糖　此反应由醛缩酶催化，6 碳糖裂解为 2 分子磷酸丙糖，即磷酸二羟丙酮和 3 -磷酸甘油醛，此反应可逆。在磷酸丙糖异构酶的催化下，2 个互为同分异构体之间有同分异构的互变。这个反应进行得极快并且是可逆的。当反应达到平衡时，96％为磷酸二羟丙酮。但在正常进行着的酶解系统里，由于受下一步反应的影响，平衡易向生成 3 -磷酸甘油醛的方向移动，这样 1 分子 1，6 -二磷酸果糖生成 2 分子 3 -磷酸甘油醛。

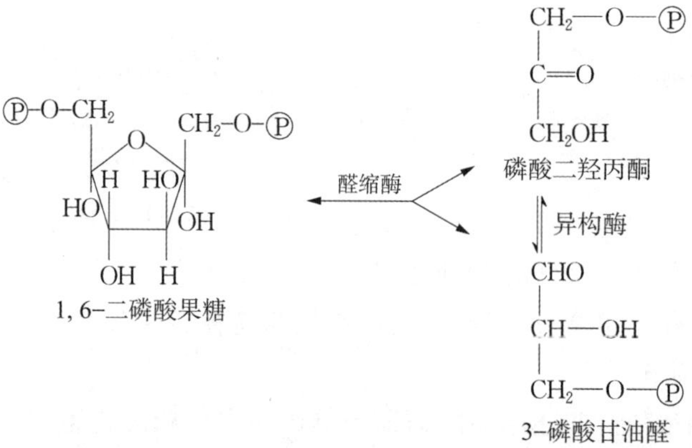

1,6-二磷酸果糖 $\xrightarrow{\text{醛缩酶}}$ 磷酸二羟丙酮（CH_2—O—Ⓟ / C=O / CH_2OH） + 3-磷酸甘油醛（CHO / CH—OH / CH_2—O—Ⓟ）；磷酸二羟丙酮 $\rightleftharpoons$（异构酶）3-磷酸甘油醛

前述 4 步反应是糖酵解的准备阶段，这一阶段的主要特点之一是葡萄糖的磷酸化，磷酸化后的化合物极性增高，不能自由进出细胞膜，因而葡萄糖磷酸化后不易逸出胞外，反应限制在细胞质中进行。另外，已结合磷酸基团的化合物不仅能降低酶促反应的活化能，同时能提高酶促反应的特异性。

在准备阶段，并没有产生任何能量，相反伴随能量消耗。若从葡萄糖开始，消耗 2 分子 ATP；若从糖原开始，则消耗 1 分子 ATP。在这一阶段中有 2 个不可逆反应，分别由 2 个关键酶（己糖激酶和 6 -磷酸果糖激酶）催化，它们都是糖酵解途径运转速度的调节点。

2. 磷酸甘油醛氧化生成丙酮酸

1）3 -磷酸甘油醛氧化生成 1,3 -二磷酸甘油酸　在 3 -磷酸甘油醛脱氢酶的催化下，3 -磷酸甘油醛脱氢并磷酸化，同时分子内部能量重排生成含有高能磷酸键的 1,3 -

二磷酸甘油酸，辅酶 NAD^+ 接受反应脱下的氢还原成 $NADH+H^+$。这是糖酵解中唯一的氧化脱氢反应。

$$\begin{array}{c} H \\ | \\ C=O \\ | \\ HCOH \\ | \\ CH_2O-Ⓟ \end{array} + NAD^+ + H_3PO_4 \xrightleftharpoons{\text{3-磷酸甘油醛脱氢酶}} \begin{array}{c} O \\ \| \\ C-O\sim Ⓟ \\ | \\ HCOH \\ | \\ CH_2O-Ⓟ \end{array} + NADH + H^+$$

3-磷酸甘油醛　　　　1, 3-二磷酸甘油酸

2）1,3-二磷酸甘油酸转变为 3-磷酸甘油酸　1,3-二磷酸甘油酸在磷酸甘油酸激酶催化下将高能磷酸键转移给 ADP 生成 ATP，自身转变为 3-磷酸甘油酸。这是无氧酵解过程中第一次生成 ATP。ATP 的产生方式是底物水平磷酸化。

由于 1 分子葡萄糖能产生 2 分子 1,3-二磷酸甘油酸，所以在这个过程中，1 分子葡萄糖可产生 2 分子 ATP。

$$\begin{array}{c} O \\ \| \\ C-O\sim Ⓟ \\ | \\ HCOH \\ | \\ CH_2O-Ⓟ \end{array} + ADP \underset{Mg^{2+}}{\xrightleftharpoons{\text{磷酸甘油酸激酶}}} \begin{array}{c} O \\ \| \\ C-OH \\ | \\ HCOH \\ | \\ CH_2O-Ⓟ \end{array} + ATP$$

1, 3-二磷酸甘油酸　　　　3-磷酸甘油酸

3）3-磷酸甘油酸转变为 2-磷酸甘油酸　此反应由磷酸甘油酸变位酶催化，磷酸基团由 3-位转至 2-位，为酵解过程的下一步骤准备条件。

$$\begin{array}{c} COOH \\ | \\ HCOH \\ | \\ CH_2O-Ⓟ \end{array} \xrightleftharpoons{\text{磷酸甘油酸变位酶}} \begin{array}{c} COOH \\ | \\ CHO-Ⓟ \\ | \\ CH_2OH \end{array}$$

3-磷酸甘油酸　　　　2-磷酸甘油酸

4）2-磷酸甘油酸脱水生成磷酸烯醇式丙酮酸　2-磷酸甘油酸经烯醇化酶催化进行脱水的同时，分子内部的能量重排，生成含有高能磷酸键的磷酸烯醇式丙酮酸。

$$\begin{array}{c} COOH \\ | \\ CHO-Ⓟ \\ | \\ CH_2OH \end{array} \underset{Mg^{2+}}{\xrightleftharpoons{\text{烯醇化酶}}} \begin{array}{c} COOH \\ | \\ C-O\sim Ⓟ \\ \| \\ CH_2 \end{array} + H_2O$$

2-磷酸甘油酸　　　　磷酸烯醇式丙酮酸

5）丙酮酸的生成　在丙酮酸激酶催化下，磷酸烯醇式丙酮酸上的高能磷酸键转移给 ADP 生成 ATP，同时生成不稳定的烯醇式丙酮酸，并立即自发转变为稳定的丙酮酸。这是糖酵解途径中的第二次底物水平磷酸化。此反应不可逆，丙酮酸激酶是关键酶。由于 1 分子葡萄糖产生 2 分子丙酮酸，所以在这一过程中，1 分子葡萄糖可产生 2 分子 ATP。

$$\underset{\text{磷酸烯醇式丙酮酸}}{\begin{matrix}COOH\\|\\C-O\sim Ⓟ\\\|\\CH_2\end{matrix}} + ADP \xrightarrow{\text{丙酮酸激酶}} \underset{\text{烯醇式丙酮酸}}{\begin{matrix}COOH\\|\\C-OH\\\|\\CH_2\end{matrix}} + ATP \rightleftharpoons \underset{\text{丙酮酸}}{\begin{matrix}COOH\\|\\C=O\\|\\CH_3\end{matrix}}$$

第二阶段的特点是能量的产生。糖酵解过程的能量产生主要在 1，3 -二磷酸甘油酸转变为 3 -磷酸甘油酸及磷酸烯醇式丙酮酸转变为丙酮酸的过程中，共产生 4 分子 ATP，产生方式都为底物水平磷酸化。在这一阶段中，丙酮酸激酶是糖酵解过程的另一个关键酶和反应速度调节点。

3. *丙酮酸还原生成乳酸*　机体缺氧时，在乳酸脱氢酶（LDH）催化下，由 3 -磷酸甘油醛脱氢反应生成 $NADH+H^+$ 作为供氢体，将丙酮酸还原生成乳酸。$NADH+H^+$ 重新转变成 NAD^+，糖酵解才能继续进行。

$$\underset{\text{丙酮酸}}{\begin{matrix}COOH\\|\\CO\\|\\CH_3\end{matrix}} + NADH+H^+ \overset{\text{乳酸脱氢酶}}{\rightleftharpoons} \underset{\text{乳酸}}{\begin{matrix}COOH\\|\\HCOH\\|\\CH_3\end{matrix}} + NAD^+$$

在有氧条件下，3 -磷酸甘油醛脱氢产生的 $NADH+H^+$ 从细胞质进入线粒体经电子传递链传递生成水，同时释放出能量（详见第六章）。

在整个糖酵解的 11 步酶促反应中，有三步反应是不可逆的，催化这三步反应的酶分别是己糖激酶、6 -磷酸果糖激酶、丙酮酸激酶，它们是整个糖酵解过程的关键酶，调节这三个酶的活性可以影响糖酵解的运转速度。糖酵解的全过程如图 7 - 2 所示。

（三）糖酵解的生理意义

1 分子葡萄糖经糖酵解后净生成 2 分子 ATP；若从糖原开始，每分子葡萄糖单位净生成 3 分子 ATP。糖酵解虽然产生的能量不多，但生理意义特殊。

1. *迅速提供能量*　这对肌肉组织尤为重要，肌肉组织中的 ATP 含量甚微，仅为 5～7 μmol/g 新鲜组织，肌肉收缩几秒钟就可全部耗尽。此时即使不缺氧，但由于葡萄糖进行有氧氧化的过程比糖酵解长得多，故不能及时满足生理需要；而通过糖酵解则可迅速获得ATP。

2. *缺氧时的主要供能方式*　如剧烈运动时，肌肉局部血流不足相对缺氧，必须通过糖酵解供能。在某些病理情况，如严重贫血、大量失血、呼吸障碍、循环衰竭等，因供

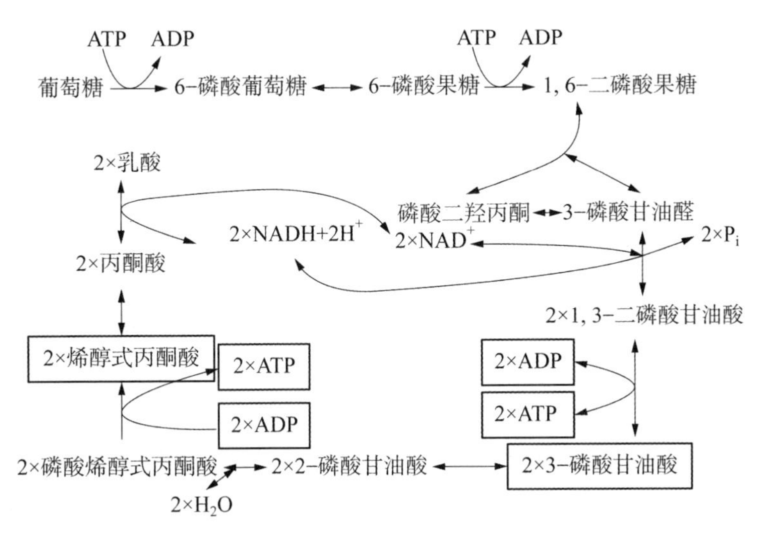

图 7-2　糖酵解的全过程

氧不足而长时间依靠糖酵解供能，可导致乳酸堆积，引起乳酸酸中毒。

3. *供氧充足时少数组织的能量来源*　如视网膜、白细胞、神经、肾髓质、皮肤、睾丸等即便供氧充足，仍然依赖糖酵解供能。成熟红细胞没有线粒体，完全依靠糖酵解供能。

4. *红细胞糖酵解存在 2,3-二磷酸甘油酸支路*　在红细胞中，1,3-二磷酸甘油酸可在磷酸甘油酸变位酶的催化下生成 2,3-二磷酸甘油酸(2,3-bisphosphoglycerate，2,3-BPG)，后者在 2,3-二磷酸甘油酸磷酸酶催化下再生成 3-磷酸甘油酸，此过程称为 2,3-BPG 支路(图 7-3)，其生理功能是调节血红蛋白的运氧功能。

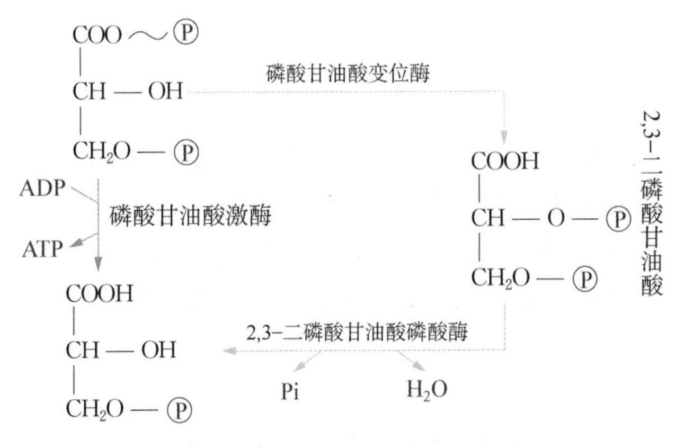

图 7-3　2,3-二磷酸甘油酸支路

二、糖的有氧氧化

(一) 概念和部位

葡萄糖或糖原在有氧条件下，彻底氧化分解生成 CO_2 和 H_2O，并产生大量能量的过程称为糖的有氧氧化。机体绝大多数组织细胞能进行糖的有氧氧化,反应在细胞质和线粒体内进行,这是糖在体内氧化分解的主要方式,是机体获得能量的主要途径。

(二) 有氧氧化的反应过程

糖的有氧氧化分三个阶段:第一阶段是葡萄糖或糖原在胞液中循糖酵解途径分解生成丙酮酸;第二阶段是丙酮酸进入线粒体氧化脱羧生成乙酰 CoA;第三阶段是乙酰 CoA 经三羧酸循环(tricarboxylic acid cycle, TAC)彻底氧化生成 CO_2、H_2O 和 ATP。葡萄糖有氧氧化概况如下(图 7-4)。

$$\text{葡萄糖}\xrightarrow[\text{胞液}]{\text{第一阶段}}\text{丙酮酸}\xrightarrow[\text{线粒体}]{\text{第二阶段}}\text{乙酰 CoA}\xrightarrow[\text{线粒体}]{\text{第三阶段}}CO_2+H_2O+ATP$$

6C　　3C　　2C　　1C

图 7-4　葡萄糖有氧氧化概况

1. 丙酮酸的生成　葡萄糖或糖原在细胞质中经糖酵解途径生成丙酮酸,反应中的 3-磷酸甘油醛脱氢生成 $NADH+H^+$,不参与丙酮酸还原为乳酸的反应,而是经呼吸链氧化生成水并释放出能量。

2. 乙酰 CoA 的生成　在细胞质中生成的丙酮酸在缺氧的条件下还原生成乳酸。在有氧的条件下丙酮酸则进入线粒体,然后在丙酮酸脱氢酶复合体的催化下,进行脱氢(氧化)和脱羧(脱去 CO_2),并与辅酶 A(HSCoA)结合生成乙酰 CoA。整个反应是不可逆的。

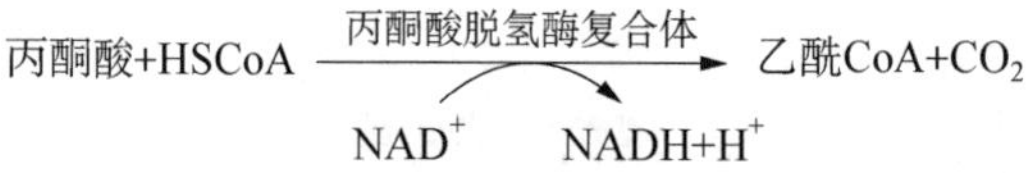

$$\text{丙酮酸}+\text{HSCoA}\xrightarrow{\text{丙酮酸脱氢酶复合体}}\text{乙酰CoA}+CO_2$$

$$NAD^+ \rightarrow NADH+H^+$$

丙酮酸脱氢酶复合体由丙酮酸脱氢酶、二氢硫辛酸转乙酰基酶、二氢硫辛酸脱氢酶 3 种酶组成。该酶复合体需要多种含 B 族维生素的辅助因子,如 TPP(含维生素 B_1)、HSCoA(含泛酸)、FAD(含维生素 B_2)、NAD^+(含维生素 PP)等。

多酶复合体中 3 种酶紧密相连,反应依次连锁迅速完成,催化效率高,使丙酮酸脱羧和脱氢生成乙酰 CoA 及 $NADH+H^+$。丙酮酸脱氢酶复合体作用机制如图 7-5 所示。

3. 三羧酸循环　是 Krebs 于 1937 年发现的,故称 Krebs 循环。该循环以乙酰 CoA 与草酰乙酸缩合生成含有 3 个羧基的柠檬酸开始,经过一系列代谢反应,又生成草酰乙酸,故称三羧酸循环或柠檬酸循环。三羧酸循环既是糖有氧代谢的途径,也是机体内一切有机物碳素骨架氧化成 CO_2 的必经之路。

云视频 7-1　三羧酸循环

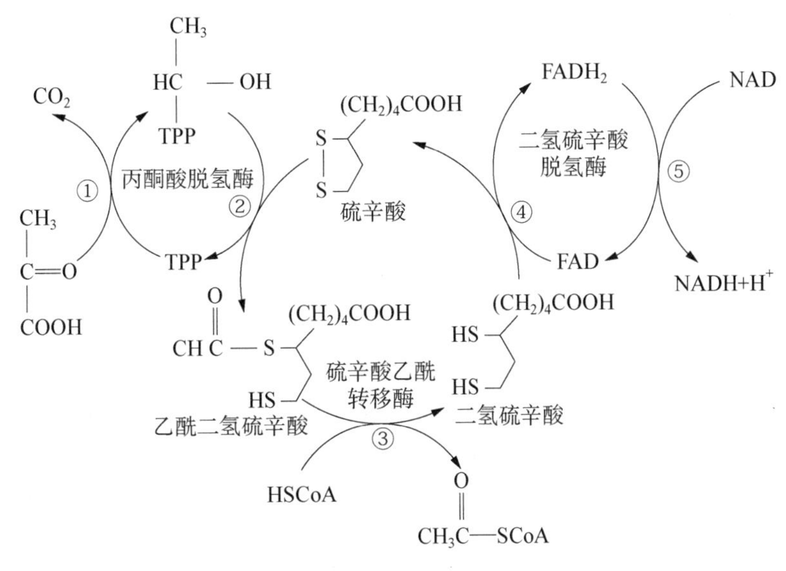

图 7-5 丙酮酸脱氢酶复合体作用机制

1）柠檬酸的生成 乙酰 CoA 与草酰乙酸在柠檬酸合成酶催化下缩合生成柠檬酸。此反应不可逆，柠檬酸合成酶是三羧酸循环的关键酶。

$$\underset{\text{乙酰辅酶 A}}{\begin{array}{l}CH_3\\|\\CO\sim SCoA\end{array}} + \underset{\text{草酰乙酸}}{\begin{array}{l}CH_2COOH\\|\\C{=}O\\|\\COOH\end{array}} + H_2O \xrightarrow{\text{柠檬酸合成酶}} \underset{\text{柠檬酸}}{\begin{array}{l}CH_2COOH\\|\\HOC{-}COOH\\|\\CH_2COOH\end{array}} + CoASH$$

2）柠檬酸异构生成异柠檬酸 在顺乌头酸酶的催化下，柠檬酸先脱水生成顺乌头酸，再加水异构成异柠檬酸。

$$\underset{\text{柠檬酸}}{\begin{array}{l}H{-}CHCOOH\\\quad|\\HO{-}C{-}COOH\\\quad|\\\quad CH_2COOH\end{array}} \underset{}{\overset{H_2O}{\rightleftharpoons}} \underset{\text{顺乌头酸}}{\begin{array}{l}CHCOOH\\\|\\CCOOH\\|\\CH_2COOH\end{array}} \overset{H_2O}{\rightleftharpoons} \underset{\text{异柠檬酸}}{\begin{array}{l}HO{-}CHCOOH\\\quad|\\\quad CHCOOH\\\quad|\\\quad CH_2COOH\end{array}}$$

3）异柠檬酸氧化脱羧生成 α-酮戊二酸 此反应在异柠檬酸脱氢酶作用下，异柠檬酸先脱氢再脱羧生成 α-酮戊二酸。辅酶是 NAD^+，脱氢生成的 $NADH+H^+$ 经线粒体内膜上呼吸链传递生成水，氧化磷酸化生成 ATP。这是三羧酸循环中第一次氧化脱羧。异柠檬酸脱氢酶是三羧酸循环的关键酶，是最主要的调节点，此反应不可逆。

$$\underset{\text{异柠檬酸}}{\begin{array}{l}HO{-}CHCOOH\\\quad|\\\quad CHCOOH\\\quad|\\\quad CH_2COOH\end{array}} \underset{NAD^+\ \ NADH+H^+}{\overset{\text{异柠檬酸脱氢酶}}{\longleftrightarrow}} \underset{\text{草酰琥珀酸}}{\begin{array}{l}O{=}CCOOH\\\quad|\\\quad CHCOOH\\\quad|\\\quad CH_2COOH\end{array}} \xrightarrow{\text{异柠檬酸脱氢酶}} \underset{\alpha\text{-酮戊二酸}}{\begin{array}{l}COCOOH\\|\\CH_2\\|\\CH_2COOH\end{array}} + CO_2$$

4）α-酮戊二酸氧化脱羧生成琥珀酰 CoA　在 α-酮戊二酸脱氢酶复合体催化下，α-酮戊二酸氧化脱羧生成琥珀酰 CoA，脱下的 2H 由 NAD^+ 接受成为 $NADH+H^+$，氧化产生的能量一部分储存于琥珀酰 CoA 的高能硫酯键中，由此琥珀酰 CoA 为高能化合物。此反应不可逆，α-酮戊二酸脱氢酶复合体是关键酶。

$$\underset{\text{α-酮戊二酸}}{\begin{array}{l}COCOOH\\ |\\ CH_2\\ |\\ CH_2COOH\end{array}} + CoA-SH + NAD^+ \xrightarrow{\text{α-酮戊二酸脱氢酶系}} \underset{\text{琥珀酰 CoA}}{\begin{array}{l}CH_2COOH\\ |\\ CH_2COSCoA\end{array}} + CO_2 + NADH + H^+$$

5）琥珀酰 CoA 转变为琥珀酸　琥珀酰 CoA 受琥珀酸硫激酶催化，将高能键转移给 GDP 生成 GTP，自身转变成琥珀酸，这是三羧酸循环中唯一的底物水平磷酸化步骤。GTP 又可将能量转移给 ADP 生成 ATP。

$$\underset{\text{琥珀酰 CoA}}{\begin{array}{l}CH_2COOH\\ |\\ CH_2COSCoA\end{array}} + GDP + H_3PO_4 \xrightleftharpoons{\text{琥珀酸硫激酶}} \underset{\text{琥珀酸}}{\begin{array}{l}CH_2COOH\\ |\\ CH_2COOH\end{array}} + CoASH + GTP$$

6）琥珀酸脱氢生成延胡索酸　在琥珀酸脱氢酶催化下，琥珀酸脱氢生成延胡索酸。FAD 是琥珀酸脱氢酶的辅酶，接受脱下的 2H 生成 $FADH_2$。

$$\underset{\text{琥珀酸}}{\begin{array}{l}CH_2COOH\\ |\\ CH_2COOH\end{array}} + FAD \xrightleftharpoons{\text{琥珀酸脱氢酶}} \underset{\text{延胡索酸}}{\begin{array}{l}CHCOOH\\ \|\\ CHCOOH\end{array}} + FADH_2$$

7）延胡索酸加水生成苹果酸　在延胡索酸酶催化下，延胡索酸加水生成苹果酸。

$$\underset{\text{延胡索酸}}{\begin{array}{l}CHCOOH\\ \|\\ CHCOOH\end{array}} + H_2O \xrightleftharpoons{\text{延胡索酸酶}} \underset{\text{苹果酸}}{\begin{array}{l}HO-CHCOOH\\ \quad\quad\ |\\ \quad\quad CH_2COOH\end{array}}$$

8）苹果酸脱氢生成草酰乙酸　在苹果酸脱氢酶作用下，苹果酸脱氢生成草酰乙酸完成一次循环。NAD^+ 是苹果酸脱氢酶的辅酶，接受氢成为 $NADH+H^+$。

$$\underset{\text{苹果酸}}{\begin{array}{l}HO-CHCOOH\\ \quad\quad\ |\\ \quad\quad CH_2COOH\end{array}} + NAD^+ \xrightleftharpoons{\text{苹果酸脱氢酶}} \underset{\text{草酰乙酸}}{\begin{array}{l}O=CCOOH\\ \quad\ \ |\\ \quad CH_2COOH\end{array}} + NADH + H^+$$

三羧酸循环（图 7-6）是乙酰 CoA 彻底氧化的途径。1 分子乙酰 CoA 经三羧酸循环共 2 次脱羧，生成 2 分子 CO_2，这是体内 CO_2 的主要来源；4 次脱氢，生成 3 分子 $NADH+H^+$ 和 1 分子 $FADH_2$。$NADH+H^+$ 和 $FADH_2$ 分子携带的氢经线粒体呼吸链氧化成水可产生 9 分子 ATP；一次底物水平磷酸化，生成 1 分子 ATP。故 1 分子乙酰 CoA 经三羧酸循环彻底氧化共生成 10 分子 ATP。

(三) 三羧酸循环的特点

1. 三羧酸循环必须在有氧条件下进行 在氧气充足时，丙酮酸氧化脱羧生成乙酰CoA，从而进入三羧酸循环彻底氧化。但在缺氧时，这个过程被抑制，这种现象被称为巴士德效应（Pasteur effect）。

拓展阅读 7-1 巴斯德效应

2. 三羧酸循环是机体主要的产能途径 1分子乙酰CoA通过三羧酸循环经历了4次脱氢（3次脱氢生成 NADH＋H^+，1次脱氢生成 $FADH_2$）、2次脱羧生成 CO_2，1次底物水平磷酸化，共生成10分子ATP。

3. 三羧酸循环是单向反应体系 柠檬酸合酶、异柠檬酸脱氢酶、α-酮戊二酸脱氢酶复合体是三羧酸循环中的关键酶，催化的反应不可逆，故三羧酸循环为不可逆的单向循环。

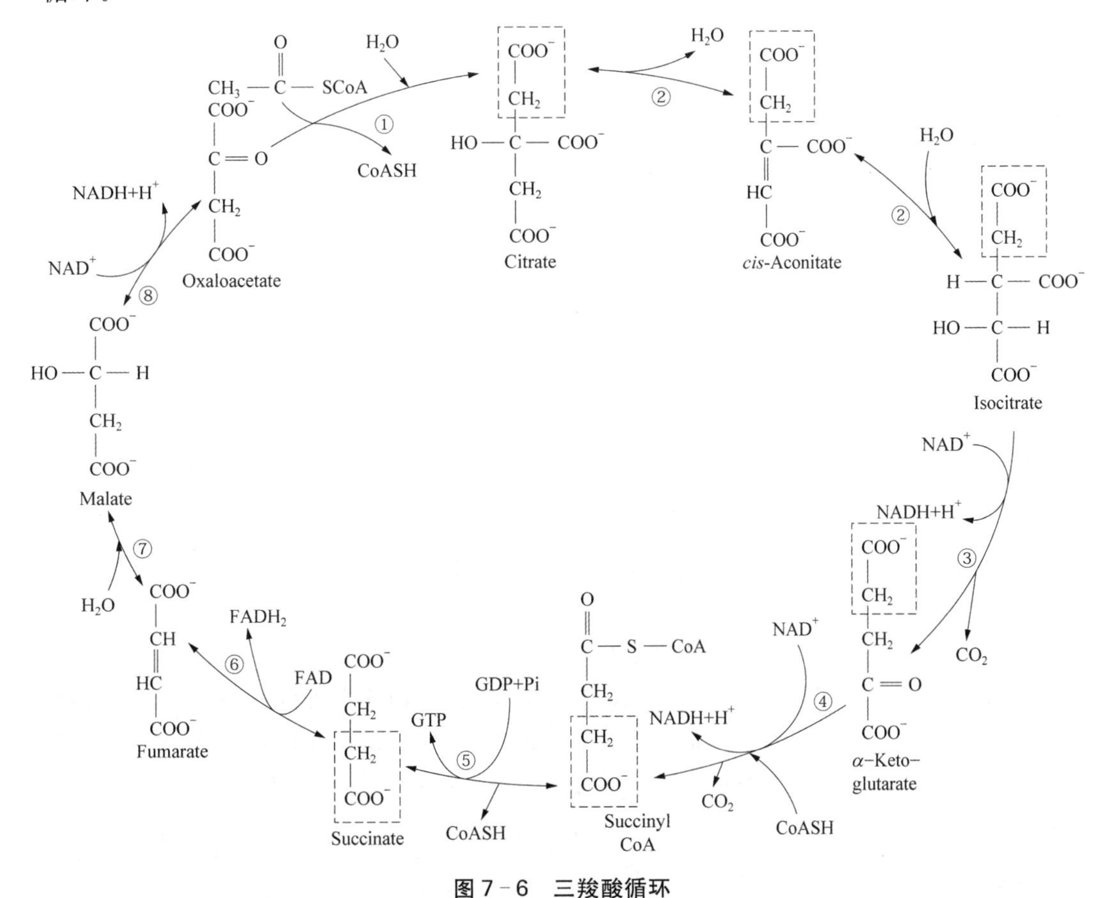

图7-6 三羧酸循环

注 ①柠檬酸合酶；②顺乌头酸酶；③异柠檬酸脱氢酶；④α-酮戊二酸脱氢酶复合体；⑤琥珀酰CoA合成酶；⑥琥珀酸脱氢酶；⑦延胡索酸酶；⑧苹果酸脱氢酶。

4. 三羧酸循环需要不断补充中间产物 三羧酸循环不仅产生ATP，其中间产物也是许多物质生物合成的原料。例如，构成叶绿素与血红素分子中卟啉环的碳原子来自琥珀酰 CoA。大多数氨基酸是由 α-酮戊二酸及草酰乙酸合成的。三羧酸循环中的任何一种中间产物被抽走,都会影响三羧酸循环的正常运转。如果缺少草酰乙酸,乙酰 CoA 就不能形成柠檬酸而进入三羧酸循环,所以草酰乙酸必须不断地得到补充。这种补充反应被称为回补反应。

(四) 糖有氧氧化的生理意义

1. *有氧氧化是机体供能的主要方式* 1分子葡萄糖经有氧氧化生成 CO_2 和 H_2O,能净生成 30 或 32 分子 ATP(表 7-1)。脑组织几乎以葡萄糖为唯一的能源物质,每天约消耗 100 g 葡萄糖。

表 7-1 有氧氧化过程中 ATP 的生成

	反应过程	辅 酶	ATP
第一阶段	葡萄糖→6-磷酸葡萄糖		−1
	6-磷酸果糖→1,6-二磷酸果糖		−1
	2×3-磷酸甘油醛→2×1,3-二磷酸甘油酸	NAD^+	2×2.5 或 2×1.5
	2×1,3-二磷酸甘油酸→2×3-磷酸甘油酸		2×1
	2×磷酸烯醇式丙酮酸→2×丙酮酸		2×1
第二阶段	2×丙酮酸→2×乙酰 CoA	NAD^+	2×2.5
第三阶段	2×异柠檬酸→2×α-酮戊二酸	NAD^+	2×2.5
	2×α-酮戊二酸→2×琥珀酰 CoA	NAD^+	2×2.5
	2×琥珀酰 CoA→2×琥珀酸		2×1
	2×琥珀酸→2×延胡索酸	FAD	2×1.5
	2×苹果酸→2×草酰乙酸	NAD^+	2×2.5
	1分子葡萄糖产生 ATP 数量		30 或 32

2. *三羧酸循环是体内糖、脂肪、蛋白质彻底氧化分解的共同途径* 糖、脂肪、蛋白质经代谢后都能生成乙酰 CoA,进入三羧酸循环彻底氧化,最终产物都是 CO_2、H_2O 和 ATP。

3. *三羧酸循环是糖、脂肪、蛋白质代谢联系的枢纽* 三羧酸循环不是一个封闭的循环,而是一个开放的,与体内其他代谢途径相互联系、相互交汇的循环。如循环的中间产物 α-酮戊二酸、丙酮酸及草酰乙酸通过氨基化作用生成谷氨酸、丙氨酸、天冬氨酸;这三种氨基酸又可经氨基酸代谢的脱氨基途径生成相应的 α-酮戊二酸、丙酮酸及草酰乙酸,进入三羧酸循环。糖代谢的中间产物乙酰 CoA 是合成脂肪酸的原料,氨基酸代谢的产物 α-酮酸也可异生为糖等。

三、磷酸戊糖途径

(一) 概念和部位

糖的无氧酵解与有氧氧化过程是生物体内糖分解代谢的主要途径,但不是唯一的途径。糖的另一条氧化途径是从 6 -磷酸葡萄糖开始的，称为磷酸己糖支路，因磷酸戊糖是该途径的中间产物，故又称为磷酸戊糖途径（pentose phosphate pathway，PPP 途径）。它的功能不是产生 ATP，而是产生细胞所需的具有重要生理作用的特殊物质，如 NADPH＋H^+ 和 5 -磷酸核糖。这条途径主要在肝脏、脂肪组织、甲状腺、肾上腺皮质、性腺等组织的胞质中进行。

（二）磷酸戊糖途径的反应过程

磷酸戊糖途径全过程分为两个阶段：第一阶段是脱氢氧化反应，产生 NADPH＋H^+ 及 5 -磷酸核糖；第二阶段是可逆的非氧化反应，是一系列基团的转移过程，产生糖酵解的中间产物。

1. *磷酸戊糖的生成*　6 -磷酸葡萄糖在 6 -磷酸葡萄糖脱氢酶及 6 -磷酸葡萄糖酸脱氢酶的催化作用下，经 2 次脱氢，生成 2 分子 NADPH＋H^+，一次脱羧反应生成 1 分子 CO_2，自身则转变成 5 -磷酸核糖。6 -磷酸葡萄糖脱氢酶是此途径的关键酶。在这一阶段中产生了 NADPH＋H^+ 和 5 -磷酸核糖这 2 个重要的代谢产物。

2. *基团转移反应*　第一阶段生成的 5 -磷酸核糖是合成核苷酸的原料，部分磷酸核糖通过一系列基团转移反应，转变成 6 -磷酸果糖和 3 -磷酸甘油醛。它们可转变为 6 -磷酸葡萄糖继续进行磷酸戊糖途径，也可以进入糖的有氧氧化或糖酵解继续氧化分解。基本反应过程如图 7 - 7 所示。

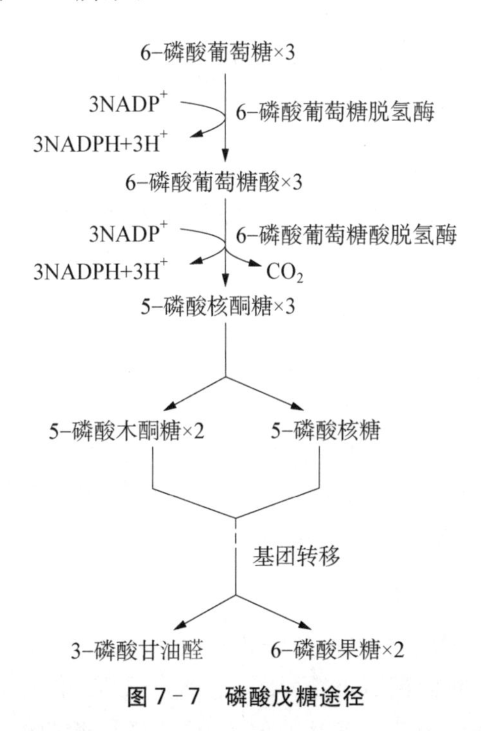

图 7 - 7　磷酸戊糖途径

（三）磷酸戊糖途径的生理意义

磷酸戊糖途径的主要生理意义不在于供能，而是提供机体生物合成所需的一些原料。

1. 提供5-磷酸核糖　此途径是葡萄糖在体内生成5-磷酸核糖的唯一途径。5-磷酸核糖是合成核苷酸的原料，核苷酸是核酸的基本组成单位。

2. 提供 $NADPH+H^+$　$NADPH+H^+$ 与 $NADH+H^+$ 不同，它携带的氢不是通过呼吸链氧化磷酸化生成ATP，而是参与许多代谢反应，发挥不同的作用。

(1) 作为供氢体参与脂肪酸、胆固醇和类固醇激素的生物合成。

(2) $NADPH+H^+$ 是谷胱甘肽还原酶的辅酶，对维持还原型谷胱甘肽(GSH)的正常含量有很重要的作用。还原型谷胱甘肽是体内重要的抗氧化剂，能保护一些含巯基(—SH)的蛋白质和酶类免受氧化剂的破坏。在红细胞中GSH能去除红细胞中的 H_2O_2，维护红细胞膜的完整性。H_2O_2 在红细胞中积聚，会加快血红蛋白氧化生成高铁血红蛋白的过程，降低红细胞的寿命；H_2O_2 对脂类的氧化会导致红细胞膜破坏，造成溶血。遗传性葡萄糖-6-磷酸脱氢酶缺乏的患者，磷酸戊糖途径不能正常进行，造成 $NADPH+H^+$ 减少，不能使GSSG还原成GSH，GSH含量低下，则红细胞膜易破裂而发生溶血性贫血。这种患者常在食用蚕豆后发病，故又称蚕豆病。

(3) 参与肝脏生物转化反应，与激素、药物、毒物等的生物转化作用有关。

拓展阅读7-2 "蚕豆病"是咋回事呢?

第三节　糖原代谢

糖原是由许多葡萄糖通过α-1,4-糖苷键(直链)及α-1,6-糖苷键(分枝)相连而成的带有分枝的多糖，存在于细胞质中。糖原是体内糖的储存形式，主要以肝糖原、肌糖原的形式存在。肝糖原的合成与分解主要是为了维持血糖浓度的相对恒定；肌糖原是肌肉糖酵解的主要来源。

一、糖原的合成

(一) 概念和部位

由单糖(主要是葡萄糖)合成糖原的过程称为糖原合成，反应主要在肝脏、肌肉的胞液中进行，需要消耗ATP和UTP。

(二) 糖原合成的反应过程

游离的葡萄糖不能直接作为原料合成糖原，它必须先磷酸化为6-磷酸葡萄糖(G-6-P)再转变为1-磷酸葡萄糖(G-1-P)，后者与UTP作用形成UDPG及焦磷酸。UDPG是糖原合成的底物，葡萄糖残基的供体，称为活性葡萄糖。UDPG在糖原合酶催化下将葡萄糖残基转移到糖原蛋白中糖原的直链分子非还原端残基上，以α-1,4-糖苷键相连延长糖链。

1. 葡萄糖磷酸化生成6-磷酸葡萄糖　与糖酵解的第一步反应相同。

$$葡萄糖 \xrightarrow[\text{ATP} \quad Mg^{2+} \quad \text{ADP}]{己糖激酶} 6\text{-}磷酸葡萄糖$$

2. 6-磷酸葡萄糖转变为1-磷酸葡萄糖

$$6\text{-}磷酸葡萄糖 \xleftrightarrow{磷酸葡萄糖变位酶} 1\text{-}磷酸葡萄糖$$

3. 1-磷酸葡萄糖生成二磷酸尿苷葡萄糖(UDPG)　在UDPG焦磷酸化酶的催化下,1-磷酸葡萄糖与三磷酸尿苷(UTP)反应生成UDPG和焦磷酸(PPi)。

$$1\text{-}磷酸葡萄糖 + \text{UTP} \xleftrightarrow{\text{UDPG}焦磷酸化酶} \text{UDPG} + \text{PPi}$$

4. 合成糖原　游离状态的葡萄糖不能作为UDPG中葡萄糖基的受体,因此糖原合成过程中必须有糖原引物存在。糖原引物是指原有的细胞内较小的糖原分子。在糖原合成酶催化下,UDPG与糖原引物反应,将UDPG上的葡萄糖基转移到引物上,以α-1,4-糖苷键相连。糖原合成酶是关键酶。

$$糖原引物(\text{Gn}) + \text{UDPG} \xrightarrow{糖原合成酶} 糖原(\text{Gn}+1) + \text{UDP}$$

二、糖原的分解

(一) 概念和部位

由肝糖原分解为葡萄糖的过程,称为糖原分解。肌糖原不能直接分解为葡萄糖,只能分解生成乳酸,再经糖异生途径转变为葡萄糖。

(二) 糖原的分解过程

(1) 糖原分子中葡萄糖残基磷酸化为1-磷酸葡萄糖。磷酸化酶是糖原分解的关键酶,催化糖原非还原端的葡萄糖残基磷酸化,生成1-磷酸葡萄糖。

$$糖原(\text{Gn}+1) + \text{Pi} \xrightarrow{磷酸化酶} 糖原(\text{Gn}) + 1\text{-}磷酸葡萄糖$$

(2) 1-磷酸葡萄糖转变为6-磷酸葡萄糖。

$$1\text{-}磷酸葡萄糖 \xleftrightarrow{磷酸葡萄糖变位酶} 6\text{-}磷酸葡萄糖$$

(3) 6-磷酸葡萄糖水解为葡萄糖。肝脏具有葡萄糖-6-磷酸酶,能水解6-磷酸葡萄糖生成葡萄糖,而肌肉中无此酶。因此,只有肝糖原能将6-磷酸葡萄糖直接分解为葡萄糖以补充血糖,而肌糖原分解生成的6-磷酸葡萄糖只能进入糖酵解或有氧氧化。

$$6\text{-}磷酸葡萄糖 + H_2O \xrightarrow{葡萄糖\text{-}6\text{-}磷酸酶} 葡萄糖 + \text{Pi}$$

三、糖原合成与分解的生理意义

糖原合成是机体储存葡萄糖的方式，也是储存能量的一种方式。糖原对维持血糖浓度的恒定有重要意义，如进食后机体将摄入的糖合成糖原储存起来，以免血糖浓度过度升高。

肝糖原分解提供葡萄糖，既可在不进食期间维持血糖浓度的恒定，又可持续满足对脑组织等的能量供应。肌糖原分解则主要为肌肉自身收缩提供能量。

糖原合成与分解过程如图 7－8 所示。

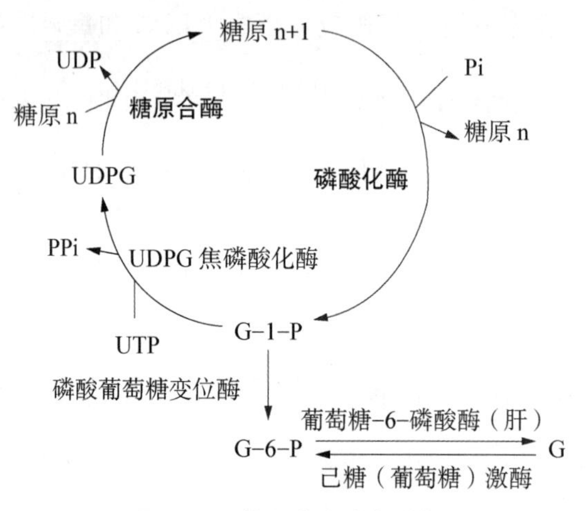

图 7－8　糖原的合成与分解

第四节　糖异生作用

体内糖原的储备有限，正常成人每小时可由肝释出葡萄糖 210 mg/kg 体重，照此计算，如果没有补充，10 h 后肝糖原即被耗尽，血糖来源断绝。但事实上，即使禁食 24 h，血糖仍保持正常范围。这时除了周围组织减少对葡萄糖的利用外，主要还依赖肝将氨基酸、乳酸等非糖物质转变成葡萄糖，不断补充血糖。

一、糖异生作用的途径

（一）概念和部位

由非糖物质转变为葡萄糖或糖原的过程称为糖异生作用。非糖物质主要有乳酸、丙酮酸、生糖氨基酸和甘油等。糖异生的主要器官是肝脏，长期饥饿时，肾脏糖异生作用加强。

（二）糖异生作用的途径

糖异生作用的途径基本上是糖酵解反应的逆过程。由于糖酵解过程中由己糖激酶、6-磷酸果糖激酶及丙酮酸激酶催化的3个反应释放了大量的能量，构成难以逆行的能障，因此这3个反应是不可逆的。这3个反应必须通过另外的酶催化，才能绕过“能障”使反应逆行，生成葡萄糖或糖原，完成糖异生反应过程(图7-9)。

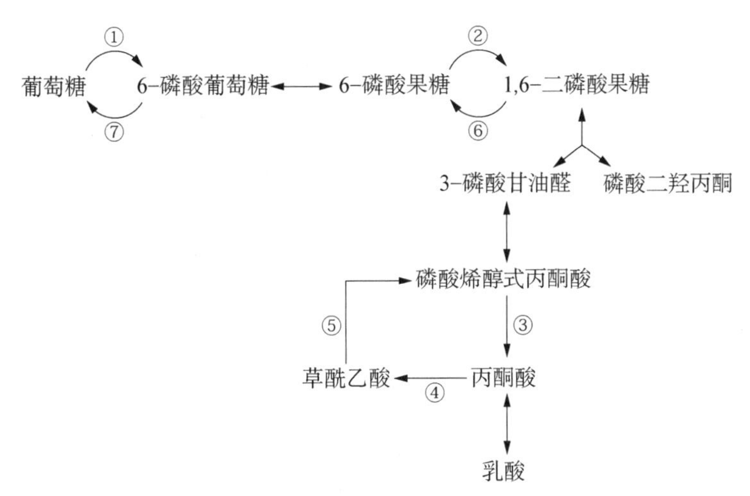

图7-9 糖酵解途径与糖异生途径

注 糖酵解酶：①己糖激酶(葡萄糖激酶)；②磷酸果糖激酶；③丙酮酸激酶。糖异生酶：④丙酮酸羧化酶；⑤磷酸烯醇式丙酮酸羧激酶；⑥果糖-1,6-二磷酸酶；⑦葡萄糖-6-磷酸酶。

1. *丙酮酸羧化支路* 丙酮酸在丙酮酸羧化酶催化下生成草酰乙酸，草酰乙酸在磷酸烯醇式丙酮酸羧激酶催化下，生成磷酸烯醇式丙酮酸。此过程称为丙酮酸羧化支路。

$$\text{丙酮酸}+CO_2 \xrightarrow[\text{ATP} \curvearrowright \text{ADP+Pi}]{\text{丙酮酸羧化酶}\ \ \text{生物素}} \text{草酰乙酸} \xrightarrow[\text{GTP} \curvearrowright \text{GDP}]{\text{磷酸烯醇式丙酮酸羧激酶}} \text{磷酸烯醇式丙酮酸}+CO_2$$

催化第一步反应的酶是丙酮酸羧化酶，其辅酶是生物素，由ATP供能固定CO_2至丙酮酸上生成草酰乙酸。由于丙酮酸羧化酶仅存在于线粒体内，故胞质中的丙酮酸必须进入线粒体，才能羧化成草酰乙酸。

参与第二步反应的酶是磷酸烯醇式丙酮酸羧激酶，由GTP供能催化草酰乙酸脱羧生成磷酸烯醇式丙酮酸。由于此酶主要存在于胞质中(人类此酶胞质/线粒体分布比值为67/33)，故生成的草酰乙酸还需经过一系列反应转运出线粒体。克服此“能障”消耗2分子ATP，整个反应不可逆。

2. *1,6-二磷酸果糖转变为6-磷酸果糖* 反应由果糖二磷酸酶催化，将1,6-二磷酸果糖水解为6-磷酸果糖。

$$\text{1,6-二磷酸果糖} \xrightarrow[H_2O \curvearrowright Pi]{\text{果糖二磷酸酶}} \text{6-磷酸果糖}$$

3. 6-磷酸葡萄糖水解生成葡萄糖　反应由葡萄糖-6-磷酸酶催化，与肝糖原分解的第三步反应相同。

$$\text{6-磷酸葡萄糖} \xrightarrow[H_2O \quad \quad Pi]{\text{葡萄糖-6-磷酸酶}} \text{葡萄糖}$$

上述过程中，丙酮酸羧化酶、磷酸烯醇式丙酮酸羧激酶、果糖二磷酸酶和葡萄糖-6-磷酸酶是糖异生途径的关键酶。其他非糖物质，例如，乳酸可脱氢生成丙酮酸，再循糖异生途径生糖；甘油先磷酸化为α-磷酸甘油，再脱氢生成磷酸二羟丙酮，从而进入糖异生途径；生糖氨基酸能转变为三羧酸循环的中间产物，再循糖异生途径转变为糖。

二、糖异生作用的生理意义

（一）维持空腹和饥饿时血糖的相对恒定

糖异生最重要的生理意义是在空腹或饥饿情况下维持血糖浓度的相对恒定。人体储备糖原能力有限，在饥饿时靠肝糖原分解的葡萄糖仅能维持血糖浓度8～12 h，以后主要依赖糖异生作用维持血糖浓度的恒定，以保证脑等重要器官的能量供应。

（二）有利于乳酸的再利用

乳酸大部分是由肌肉和红细胞中糖酵解生成的。在剧烈运动时，肌肉糖酵解生成大量的乳酸，经血液运输到肝脏或肾脏，经糖异生再生成葡萄糖，后者可经血液运输到各组织中继续氧化为机体提供能量，这个过程称为乳酸循环（图7-10）。循环将不能直接分解为葡萄糖的肌糖原间接变为血糖，对回收乳酸分子中的能量、更新肌糖原和防止乳酸酸中毒均有重要的作用。

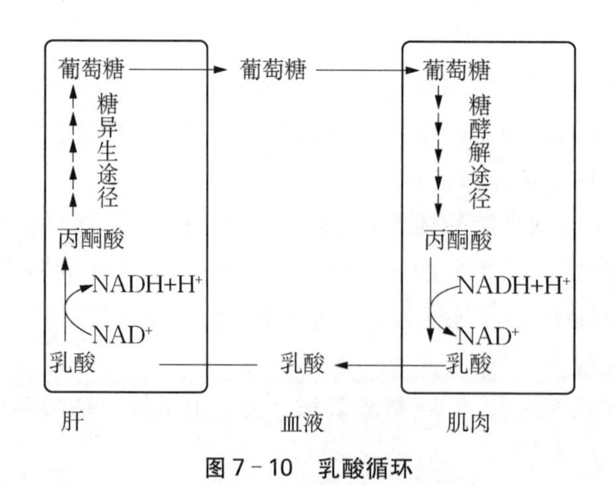

图7-10　乳酸循环

（三）糖异生促进肾脏排H^+，有利于维持酸碱平衡

酸中毒时H^+能激活肾小管上皮细胞中的磷酸烯醇式丙酮酸羧激酶，促进糖异生

进行。由于三羧酸循环中间代谢物进行糖异生，造成 α-酮戊二酸含量降低，促使谷氨酸和谷氨酰胺脱氨生成 α-酮戊二酸补充三羧酸循环，产生的氨则分泌进入肾小管，与原尿中 H^+结合成 NH_4^+，随尿排出体外，以降低原尿中 H^+ 的浓度，有加速排 H^+ 保 Na^+ 的作用，有利于维持酸碱平衡。

第五节 血 糖

血液中的葡萄糖称血糖。血糖是葡萄糖在体内的运输形式。血糖浓度随进食、活动等变化而有所波动。正常人空腹血糖浓度为 3.9～6.1 mmol/L，并维持其相对恒定。血糖浓度的相对恒定依赖体内血糖来源和去路的动态平衡。血糖是反映体内糖代谢状况的一项重要指标。

一、血糖的来源和去路

（一）血糖的来源

血糖的来源包括：①食物中的糖类物质在肠道消化吸收入血的葡萄糖，这是血糖的主要来源。②肝糖原分解的葡萄糖，为空腹时血糖的来源。③非糖物质在肝、肾中经糖异生作用转变为葡萄糖，是饥饿时血糖的来源。

（二）血糖的去路

血糖的去路包括：①氧化分解供能，在组织细胞中经有氧氧化和无氧分解产生 ATP，这是血糖的主要去路。②在肝、肌肉等组织中将葡萄糖合成糖原贮存。③转变成其他糖类及非糖物质，如核糖、脱氧核糖、脂肪、有机酸、非必需氨基酸等。④血糖浓度过高，如达到 8.89～10.00 mmol/L 以上，超过肾小管最大重吸收能力（肾糖阈），尿中可出现葡萄糖称为尿糖（为非正常去路）。尿糖在病理情况下出现，常见于糖尿病患者。

血糖的来源与去路如图 7－11 所示。

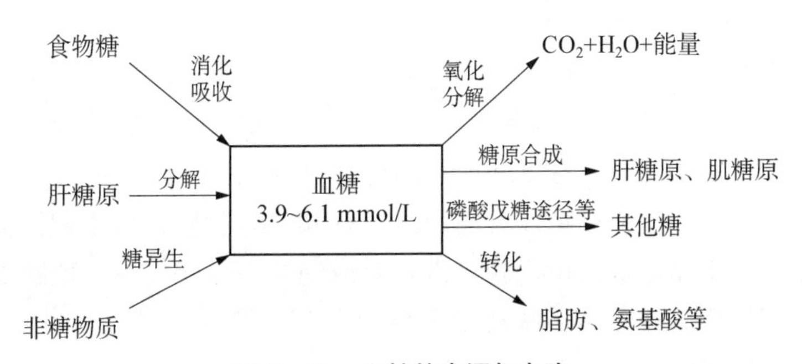

图 7－11 血糖的来源与去路

二、血糖浓度的调节

正常人血糖浓度维持在一个相对恒定的水平极为重要，特别是脑组织，几乎完全依靠葡萄糖供能进行神经活动，血糖供应不足会使神经功能受损。这种相对恒定性是神经、激素及肝肾等器官共同调节血糖来源和去路相对平衡的结果。

（一）神经系统的调节作用

神经系统对血糖浓度的调节作用主要通过下丘脑和自主神经系统控制激素的分泌，后者再通过影响血糖来源与去路的关键酶的活性来实现。神经系统的调节最终是通过细胞水平的调节来达到目的。

（二）激素的调节作用

调节血糖浓度的激素有两大类：一类是降低血糖的激素——胰岛素，胰岛素发挥作用先要与靶细胞（主要是肝脏、肌肉和脂肪组织）膜表面的特异性受体结合，触发产生第二信使（cAMP），通过第二信使系统导致细胞内一系列的化学改变，最终达到降低血糖的目的；另一类是升高血糖的激素——胰高血糖素、肾上腺素、糖皮质激素等，通过促进肝糖原分解、加强糖异生、抑制肝糖原合成及减少葡萄糖氧化等途径，使血糖浓度升高。两类激素的作用相互对立、互相制约，保持着血糖来源与去路的动态平衡。

（三）肝脏的调节作用

肝脏是体内调节血糖浓度的主要器官，对糖代谢具有双向调控功能。当血糖浓度偏低时，肝脏通过特有的葡萄糖-6-磷酸酶分解贮存的肝糖原，同时加强肝内糖异生作用，使血糖浓度升高。当血糖浓度偏高时，肝组织摄取葡萄糖增加，肝糖原的合成作用加强，并抑制肝糖原的分解，促进糖转变为脂肪，同时肝脏内糖异生作用减弱，使血糖浓度降低。

三、糖代谢异常

（一）高血糖与糖尿病

在线案例 7-1　糖尿病

空腹血糖浓度高于 6.9 mmol/L 时被称为血糖过高或高血糖。如果血糖浓度超过了肾小管重吸收葡萄糖的能力（肾糖阈），则尿中可出现葡萄糖，称为糖尿。

引起高血糖和糖尿的原因有生理性和病理性两种。如一次性摄入过多糖或输入大量的葡萄糖、精神紧张，使血糖浓度升高超过肾糖阈，出现糖尿，为生理性糖尿。病理性高血糖和糖尿多见于糖尿病。由于胰岛素相对或绝对不足或机体出现胰岛素抵抗而导致的高血糖或糖尿称为糖尿病。胰岛素不足导致糖代谢紊乱，引起脂肪和蛋白大量分解，从而导致血糖来源增加，去路减少，表现为持续高血糖，伴有“三多一少”症状，即多食、多饮、多尿、体重减少。糖尿病会引发多种并发症，严重威胁人类生命。有些肾小管重吸收能力降低的人,肾糖阈比正常人低,即使血糖在正常范围,也可出现糖尿,称为肾性糖尿,但患者血糖及糖耐量均正常。

云视频 7-2 高血糖和糖尿病

国际糖尿病学会推荐根据糖尿病的病因分为四大类型:

1. 1 型糖尿病(type 1 diabetes) 此型常发生于儿童和年轻人,只占糖尿病患者5%~10%,主要病变在于胰岛β细胞破坏导致胰岛素绝对缺乏,因而对胰岛素治疗敏感。

2. 2 型糖尿病(type 2 diabetes) 包括胰岛素抵抗伴胰岛素相对不足。该型糖尿病占糖尿病患者 90%以上,常见于中年肥胖者。

3. 特殊类型糖尿病(specific types of diabetes) 包括一系列病因比较明确或继发性的糖尿病,主要有以下几类:①胰岛β细胞基因缺陷;②胰岛素受体基因异常导致胰岛素受体缺失或突变;③内分泌疾病(拮抗胰岛素的激素过度分泌),如肢端肥大症、嗜铬细胞瘤等;④胰腺疾病;⑤药物或化学制剂所致;⑥感染:先天性风疹及巨细胞病毒感染等。

4. 妊娠期糖尿病(gestational diabetes mellitus, GDM) 指在妊娠期间首次发现的任何程度的糖耐量减退或糖尿病发作,不论是否使用胰岛素或饮食治疗,也不论分娩后这一情况是否持续,但不包括妊娠前已知的糖尿病患者。多数 GDM 妇女在分娩后血糖将恢复正常水平,但有约 30%的患者在 5~10 年后转变成 2 型糖尿病。

思政小课堂 7-1 糖尿病患者的人文关怀

(二) 低血糖

低血糖症(hypoglycemia)是指由于某些病理和生理原因使空腹血糖浓度低于3.0 mmol/L 而出现交感神经兴奋性增高和脑功能障碍,从而引起饥饿感、心悸、出汗、精神失常等症状,严重时可出现意识丧失、昏迷甚至死亡。

低血糖症多由血糖的来源小于去路所致,如食入糖和肝糖原分解减少、非糖物质转化为葡萄糖减少或组织消耗利用葡萄糖增多等。临床上一般将低血糖症分为空腹低血糖症和餐后(反应性)低血糖症两类。

1. 空腹性低血糖 为临床上常见的低血糖类型。正常人一般不会因为饥饿而发生低血糖,成年人空腹时发生低血糖症往往是由于葡萄糖利用过多或生成不足。临床上反复发生空腹性低血糖提示有器质性疾病,胰岛素瘤是器质性低血糖症中最常见的病因。

2. 餐后(反应性)低血糖 主要是胰岛素反应性释放过多,多见于功能性疾病,在临床中往往容易被忽略。常见类型如下。

1) 功能性低血糖症(反应性低血糖症) 发生于餐后或口服葡萄糖耐量 2~5 h 的暂时性低血糖,多见于心理动力学异常的年轻妇女。

2) 2 型糖尿病或糖耐量受损伴有的低血糖症 患者空腹血糖正常,在口服葡萄糖耐量试验后，前 2 h 似糖耐量受损或 2 型糖尿病，但食入葡萄糖后 3～5 h，血糖浓度迅速降至最低点。其原因可能是持续高血糖引起的胰岛素延迟分泌，出现高胰岛素血症所致。

3）营养性低血糖症　发生于餐后 1～3 h。患者多有上消化道手术史或迷走神经切除史，临床上称为"倾倒综合征"。由于胃迅速排空，使葡萄糖吸收增快，血糖浓度明显增高并刺激胰岛素一过性分泌过多，导致低血糖。

在线案例 7－2　低血糖

（三）糖代谢的先天性异常

糖代谢的先天性异常指因糖代谢的酶类发生先天性异常或缺陷，导致某些单糖或糖原在体内贮积，并从尿中排出。此类疾病多为常染色体隐性遗传，包括糖原贮积病、果糖代谢异常及半乳糖代谢异常等，以糖原贮积病最为常见。

糖原贮积病(glycogen storage disease，GSD)是由于参与糖原合成或分解的酶缺乏，使糖原在肝脏、肌肉等脏器中大量堆积，造成这些器官的肥大及功能障碍。由于酶缺陷的种类不同，临床表现多种多样，一般将其分为 13 型，其中Ⅰ、Ⅲ、Ⅵ、Ⅸ型以肝脏病变为主，Ⅱ、Ⅴ、Ⅶ型以肌肉组织受损为主，Ⅰ型以 GSD 最为多见。

（付凤祥）

数字课程学习

○教学 PPT　○导入案例解析　○复习与自测　○更多内容……

第八章　脂类代谢

章前引言

脂类(lipids)是一类不溶于水而易溶于脂溶剂如乙醚、氯仿、丙酮等的有机化合物,是由脂肪酸和醇作用生成酯及其衍生物的总称。脂类包括脂肪(fat)和类脂(lipoid),脂肪由1分子甘油和3分子脂肪酸缩合脱水形成,又称甘油三酯或三酰甘油(triglyceride, TG)。类脂包括磷脂、糖脂、胆固醇及胆固醇酯。

脂类是人体需要的重要营养素之一,供给机体所需的能量、提供机体所需的必需脂肪酸,是人体细胞组织的组分,参与人体重要的生理活性物质的合成。人体每天需摄取一定量的脂类物质,但摄入过多可导致高脂血症、动脉粥样硬化等疾病的发生和发展。脂类消化必须先经胆汁酸盐乳化成细小的微团后才能被酶催化,然后在十二指肠下段及空肠上段被吸收。体内的脂肪主要分布在脂肪组织,而类脂是构成生物膜的基本成分。

学习目标

1. 描述脂类的分类、分布和功能,能判断营养必需脂肪酸。
2. 简述血浆脂蛋白的组成,区分密度法和电泳法对血浆脂蛋白的分类。
3. 根据血浆脂蛋白的功能不同,解释脂肪肝、动脉粥样硬化、高血压等高脂蛋白血症的生化机制。
4. 理解脂肪动员的过程和调节,以及甘油的代谢;阐述三酰甘油的分解代谢、脂肪酸的β-氧化及合成过程;理解酮体的代谢及生理意义;解释糖尿病合并酮症酸中毒的生化机制。
5. 知道甘油磷脂的种类及合成原料;根据胆固醇的来源、合成原料、转化、排泄,明白降低胆固醇的方法。

思维导图

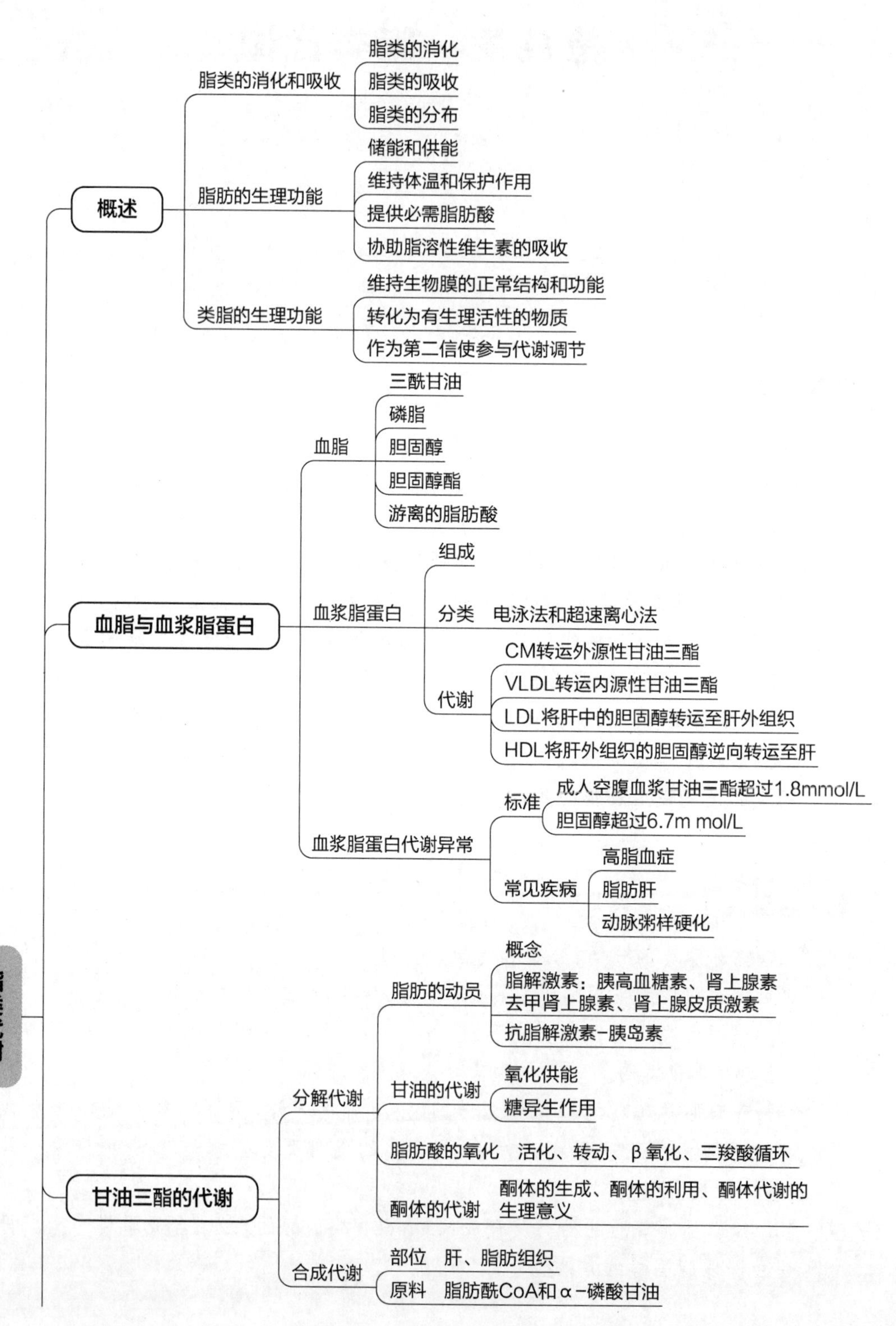
脂类代谢
概述
脂类的消化和吸收
脂类的消化
脂类的吸收
脂类的分布
脂肪的生理功能
储能和供能
维持体温和保护作用
提供必需脂肪酸
协助脂溶性维生素的吸收
类脂的生理功能
维持生物膜的正常结构和功能
转化为有生理活性的物质
作为第二信使参与代谢调节
血脂与血浆脂蛋白
血脂
三酰甘油
磷脂
胆固醇
胆固醇酯
游离的脂肪酸
血浆脂蛋白
组成
分类 电泳法和超速离心法
代谢
CM转运外源性甘油三酯
VLDL转运内源性甘油三酯
LDL将肝中的胆固醇转运至肝外组织
HDL将肝外组织的胆固醇逆向转运至肝
血浆脂蛋白代谢异常
标准
成人空腹血浆甘油三酯超过1.8mmol/L
胆固醇超过6.7m mol/L
常见疾病
高脂血症
脂肪肝
动脉粥样硬化
甘油三酯的代谢
分解代谢
脂肪的动员
概念
脂解激素：胰高血糖素、肾上腺素
去甲肾上腺素、肾上腺皮质激素
抗脂解激素-胰岛素
甘油的代谢
氧化供能
糖异生作用
脂肪酸的氧化 活化、转动、β氧化、三羧酸循环
酮体的代谢 酮体的生成、酮体的利用、酮体代谢的
生理意义
合成代谢
部位 肝、脂肪组织
原料 脂肪酰CoA和α-磷酸甘油

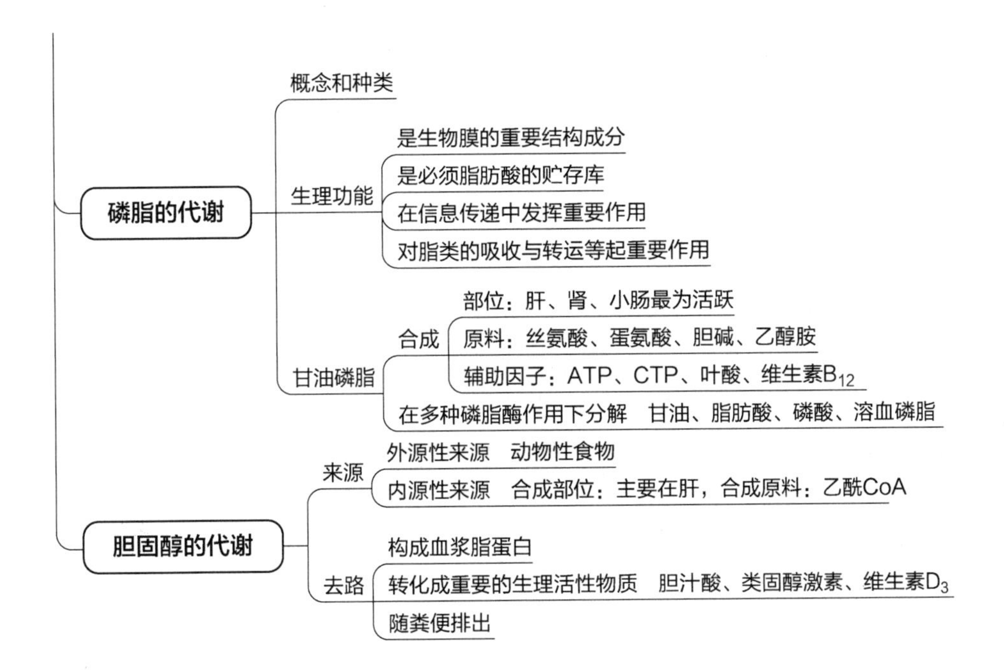

案例导入

患者，女，62岁。患者因“烦渴、多饮、多尿、消瘦15年，咳嗽3天，伴意识模糊1天”为主诉入院。患者既往有糖尿病史15年，血糖控制情况不详。3天前患感冒出现咳嗽，未及时治疗，一天前患者出现意识不清、呼吸急促，呼出的气味伴有“烂苹果味”。

体格检查：血压90/40 mmHg，脉搏101次/分；呼吸深大，28次/分。

生化检验：血糖16.1 mmol/L，β-羟丁酸1.3 mmol/L，尿素8.0 mmol/L，K^+ 5.6 mmol/L，Na^+ 160 mmol/L，Cl^- 104 mmol/L。pH值7.13，$PaCO_2$ 30 mmHg，AB 99 mmol/L，SB 109 mmol/L，BE－18.0 mmol/L，尿酮体（＋＋＋），尿糖（＋＋＋），酸性尿。

问题：

1. 用所学的生化知识，你认为该患者极有可能是什么疾病？分析确诊的主要依据有哪些？

2. 该疾病发生的生化机制是怎样的？

第一节 脂类代谢概述

一、脂类的消化吸收和分布

(一) 脂类的消化

食物中的脂类主要是脂肪和少量的磷脂、胆固醇及胆固醇酯等。胰液中含有胰脂肪酶、磷脂酶 A_2 等多种消化脂类的酶,但脂类难溶于水,必须经胆汁中胆汁酸盐乳化成细小的微团后,才能被消化酶消化。胰液及胆汁均分泌进入十二指肠,胰脂肪酶能作用于三酰甘油,使其逐步水解生成单酰甘油及 2 分子脂肪酸;磷脂酶催化磷脂水解生成溶血磷脂和脂肪酸;胆固醇酯酶促进胆固醇酯水解生成游离胆固醇和脂肪酸,因此小肠上段是脂类消化的主要场所。

(二) 脂类的吸收

脂类的消化产物主要在十二指肠下段及空肠上段吸收。极少量的三酰甘油经胆汁酸盐乳化后被直接吸收,在肠黏膜细胞内脂肪酶的作用下,水解为脂肪酸及甘油,经门静脉入血液循环。大部分三酰甘油水解为单酰甘油及脂肪酸。短链脂肪酸(2C～4C)及中链脂肪酸(6C～10C)吸收迅速,通过门静脉入血;单酰甘油、长链脂肪酸(12C～26C)在细胞内再酯化成三酰甘油,胆固醇、溶血磷脂被肠黏膜细胞吸收后再酯化成磷脂、胆固醇酯。这些重新酯化的物质及少量的胆固醇等与载脂蛋白结合成乳糜微粒(chylomicron, CM),经淋巴进入血液循环,运输到各部分组织被机体所利用。

(三) 脂类的分布

体内的脂肪主要分布在脂肪组织,如皮下、腹腔大网膜、肠系膜、肾周围等处,这些部位通常称为脂库。脂肪是人体内含量最多的脂类,因人而异。成年男性的脂肪一般占体重的 10%～20%;成年女性稍高,其含量受膳食、营养状况、机体活动以及遗传因素等影响而变动,因此又称为“可变脂”。

类脂分布于各组织器官,以神经组织中较多,是构成生物膜的基本成分,占生物膜总重量的一半以上,其成分虽然在不断更新,但含量却相对恒定,约占体重的 5%,不易受膳食、营养状况、机体活动以及遗传因素等影响而变动,因此又称为“固定脂”或“基本脂”。

二、脂类的生理功能

(一) 脂肪的生理功能

1. 储能和供能　是脂肪在体内最主要的生理功能。1 g 脂肪在体内彻底氧化可释放能量 38.9 kJ，而 1 g 糖彻底氧化仅供能 16.7 kJ。脂肪是人体储存能量的主要方式，因脂肪含水少，其体积只是同质量糖原体积的 1/4，在单位体积内可储存较多的能量。

正常饮食时，脂肪供能占人体所需能量的 20%～30%；空腹时，脂肪氧化供能占 50%以上；若禁食 1～3 天，脂肪氧化供能占比可达到 85%；而饱食、少动时，脂肪在体内不断堆积，易引发肥胖。

拓展阅读 8-1 优质与劣质脂肪

2. 维持体温和保护内脏 脂肪导热性差，机体皮下脂肪组织可防止热量过多散失而维持体温。内脏周围的脂肪组织能缓冲外界的机械性撞击，对内脏有加固和保护作用，使其免受损伤。

3. 提供必需脂肪酸

（1）人体中的脂肪酸多为分支的具有偶数碳原子的脂肪酸羧酸。按碳原子数目不同，可分为短链（2C～4C），中链（6C～10C）和长链（12C～26C）脂肪酸，人体内大多是各种长链脂肪酸。脂肪酸按是否含有双键可分为饱和脂肪酸和不饱和脂肪酸。饱和脂肪酸中以 16C 脂肪酸（软脂酸）和 18C 脂肪酸（硬脂酸）最为常见。不饱和脂肪酸按其含双键数目分为单不饱和脂肪酸和多不饱和脂肪酸。

（2）大多数多不饱和脂肪酸在机体内不能合成，必须由食物供给称为必需脂肪酸（essential fatty acid，EFA），如亚油酸（18 碳二烯酸）、亚麻酸（18 碳三烯酸）、花生四烯酸（20 碳四烯酸）。必需脂肪酸具有维持上皮组织营养、降低血脂、防止动脉粥样硬化和血栓形成的作用，花生四烯酸还可在体内转变生成前列腺素、白三烯和血栓素等具有生物活性的物质。

拓展阅读 8-2 营养必需脂肪酸

4. 协助脂溶性维生素吸收 脂溶性维生素的消化吸收均有赖于脂肪的存在，在肠道内溶于脂肪，并随同脂肪消化产物一起被吸收。

（二）类脂的生理功能

1. 维持生物膜的正常结构和功能 类脂具有亲水头部和疏水尾部，是构成所有生物膜如细胞膜、线粒体膜、核膜及内质网膜等的重要组分，构成生物膜脂质双分子层结构的基本骨架，提供镶嵌膜蛋白质的基质，也为细胞提供了通透性屏障，从而维持细胞的正常结构与功能。神经鞘膜具有绝缘等作用，以维持神经冲动的正常传导。

2. 转化为有生理活性的物质 人体内某些重要的生理活性物质的合成以类脂为原料，如胆汁酸、类固醇激素、维生素 D_3 等重要物质均可由胆固醇转变而成。

3. 作为第二信使参与代谢调节 细胞膜上的磷脂如磷脂酰肌醇-4,5-二磷酸（PIP_2）可水解生成三磷酸肌醇（IP_3）和甘油二酯（DAG），两者均可作为细胞内的第二信使传递信息。

第二节　血脂与血浆脂蛋白

一、血脂

血浆中所含的脂类称为血脂，主要包括三酰甘油、磷脂、胆固醇、胆固醇酯及游离脂肪酸(free fatty acid，FFA)。血浆中的脂类含量仅占全身脂类的极少部分，总量为4.0～7.0 g/L，血脂的来源主要为外源性(食物中脂类的消化吸收)和内源性(体内组织合成及脂库动员释放)。经肠吸收的食物中的三酰甘油及由肝合成的三酰甘油，均需通过血液循环运输至组织器官代谢。血脂的去路是不断地被组织摄取后氧化供能、进入脂库储存、构成生物膜和转变成其他物质等。

在正常情况下，血脂的来源和去路处于动态平衡，血脂含量相对恒定，长期摄入高脂高糖饮食后，可导致血脂含量升高，经 3～6 h 趋于正常。因此，临床护理中检测血脂，应禁食 12～14 h 后采血。血脂含量远不如血糖恒定，容易受膳食、年龄、性别、运动、职业、代谢等多种因素影响，波动范围较大。

血脂测定可以反映体内脂类的代谢状况，且广泛应用于高脂血症、动脉粥样硬化(atherosclerosis，AS)和冠心病等诸多临床相关疾病的防治及研究，已成为临床生化检验的常规测定项目。正常人空腹 12～14 h 后血脂的组成和含量如表 8－1 所示。

表 8－1　正常成人空腹血脂组成和含量

组成	血脂含量参考值[mmol/L(mg/dl)]
三酰甘油	0.11～1.69(10～150)
总胆固醇	2.59～6.47(100～250)
胆固醇酯	1.81～5.17(70～200)
游离胆固醇	1.03～1.81(40～70)
磷脂	48.44～80.73(150～250)
游离脂肪酸	0.20～0.78(5～20)

二、血浆脂蛋白

由于脂类物质不溶于水或难溶于水，除游离脂肪酸与清蛋白结合外，其他的都必须与水溶性强的载脂蛋白结合成脂蛋白，才能在血浆中转运，血浆中的脂类与载脂蛋白结合组成的复合体称为血浆脂蛋白。因此，血浆脂蛋白和脂肪酸清蛋白复合物是脂类在血中的两种运输形式，其中血浆脂蛋白是主要的存在形式及代谢形式。

（一）血浆脂蛋白的组成

血浆脂蛋白是由蛋白质和脂类构成。脂类包括三酰甘油、磷脂、胆固醇及其他酯类，血浆脂蛋白（图 8－1）中的蛋白质部分称为载脂蛋白（apolipoprotein，apo）。目前发现十几种载脂蛋白，结构与功能比较清楚的主要有 apoA、apoB、apoC、apoD 及 apoE 五大类，进一步可分为若干亚类，如 apoAⅠ、apoAⅡ、apoAⅣ；apoB100 及 apoB48；apoCⅠ、apoCⅡ、apoCⅢ等。不同的脂蛋白所含的载脂蛋白不同，载脂蛋白是决定脂蛋白结构、功能和代谢的主要因素，不仅构成并稳定血浆脂蛋白的结构，还是脂类的运输载体。另外，可调节脂蛋白关键酶的活性，如 apoAⅠ能激活卵磷脂-胆固醇脂酰基转移酶，促进胆固醇的酯化；apoCⅡ能激活脂蛋白脂肪酶（lipoprotein lipase，LPL），促进 CM 和 VLDL 中的脂肪水解。载脂蛋白还参与脂蛋白受体的识别、结合及其代谢过程。

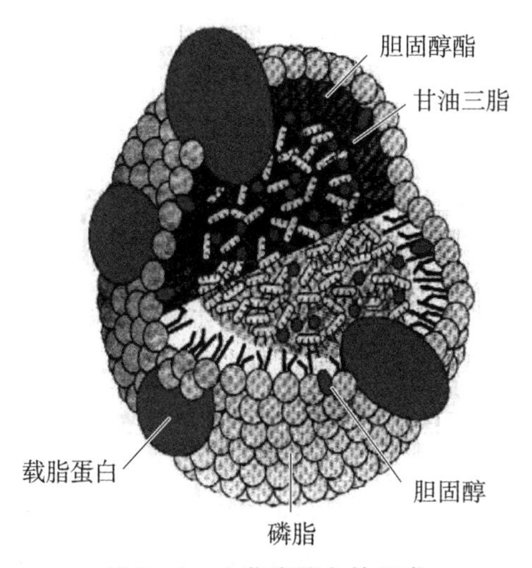

图 8－1　血浆脂蛋白的组成

（二）血浆脂蛋白的分类

云视频 8－1　血脂与血浆脂蛋白

依据血浆脂蛋白分子中所含脂类及载脂蛋白的种类、数量不同，通常用电泳法和超速离心法（密度分离法）可将血浆脂蛋白分成 4 种。

1. *电泳法*　由于组成各种脂蛋白中载脂蛋白的种类不同，其颗粒大小及表面电荷多少也不同，电场中具有不同的电泳迁移率，按电泳迁移率的快慢，可将血浆脂蛋白分为 α-脂蛋白（α-lipoprotein，α－LP）、前 β-脂蛋白（preβ-lipoprotein，preβ－LP）、β-脂蛋白（β-lipoprotein，β－LP）和乳糜微粒（CM）4 种。以 α-脂蛋白中蛋白质含量最高，在电场作用下电荷量大，分子量小，电泳速度最快；其后依次为前 β-脂蛋白、β-脂蛋白；而乳糜微粒的蛋白质含量很低，98％是不带电荷的脂类，特别是三酰甘油含量最高，在电场中几乎不移动，所以停留在原点（图 8－2）。

图 8-2　血浆脂蛋白琼脂糖电泳图

2. *超速离心法(密度分离法)*　由于不同脂蛋白中各种脂类的蛋白质所占的比例不同,故其密度不同。含三酰甘油多而蛋白质少者密度低,含三酰甘油少而蛋白质多者密度高。将血浆置于一定密度的盐溶液中进行超速离心(50 000 转/分),因各种脂蛋白的漂浮或沉降速率不同而分层,可将血浆脂蛋白分为乳糜微粒、极低密度脂蛋白(very low density lipoprotein, VLDL)、低密度脂蛋白(low density lipoprotein, LDL)、高密度脂蛋白(high density lipoprotein, HDL)4 种。除上述 4 种脂蛋白外,还有一种组成及密度介于 VLDL 和 LDL 之间的脂蛋白即中间密度脂蛋白(intermediate density lipoprotein, IDL),是 VLDL 在血浆中的代谢物(图 8-3)。

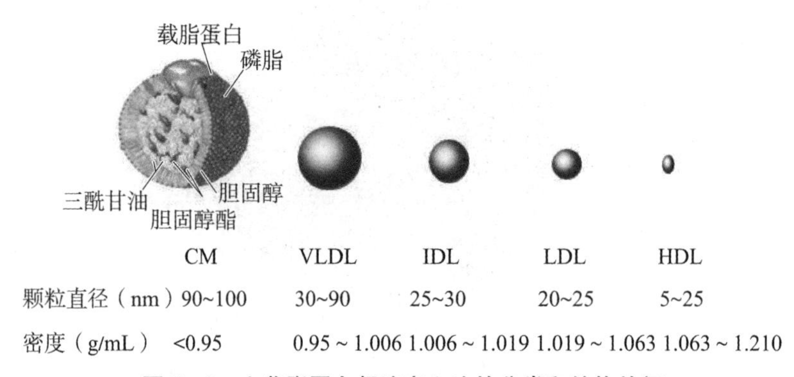

图 8-3　血浆脂蛋白超速离心法的分类和结构特征

各类脂蛋白中的脂类和载脂蛋白的比例、数量、种类及生理功能均不相同(表 8-2)。

表 8-2　血浆脂蛋白的分类、组成特点及生理功能

电泳法分类	CM	前 β-LP	β-LP	α-LP
密度法分类	CM	VLDL	LDL	HDL
密度(g/ml)	<0.95	0.95～1.006	1.006～1.063	1.063～1.210
颗粒直径(nm)	80～500	25～70	19～23	4～10
组成(%)				
蛋白质	0.5～2	5～10	20～25	50
脂类	98～99	90～95	75～80	50
三酰甘油	80～95	50～70	10	5
胆固醇及其酯	4～5	15～19	48～50	20～22

（续表）

电泳法分类	CM	前β-LP	β-LP	α-LP
密度法分类	CM	VLDL	LDL	HDL
磷脂	5～7	15	20	25
载脂蛋白	B_{48}，CⅠ，CⅡ，CⅢ，AI，AⅡ	CⅠ，CⅡ，CⅢ，B_{100}，E	B_{100}	AⅠ，AⅡ，CⅠ，CⅡ，CⅢ，D，E
合成部位	小肠黏膜细胞	肝细胞	血浆	肝，小肠，血浆
生理功能	转运外源性三酰甘油	转运内源性三酰甘油	转运胆固醇至肝外组织	逆向转运肝外胆固醇至肝内

（三）血浆脂蛋白代谢

1. 乳糜微粒（CM）　在小肠黏膜细胞合成，富含三酰甘油（80%～95%）。脂肪消化吸收时，小肠黏膜细胞利用重新酯化的三酰甘油、被吸收的磷脂、胆固醇及胆固醇酯与载脂蛋白 $apoB_{48}$、apoA 等形成新生的 CM，经淋巴管进入血液循环，接受 HDL 转移来的载脂蛋白 apoC 及 apoE，同时将部分 apoA 转移给 HDL 后形成成熟的 CM。成熟的 CM 经毛细血管内皮细胞表面的脂蛋白脂肪酶（LPL，apoCⅡ使其激活）反复作用，其中三酰甘油水解为甘油和脂肪酸，被组织摄取利用，CM 颗粒逐渐变小，最后成为乳糜微粒残余颗粒，因其表面含有 apoE，能够识别肝细胞表面的 apoE 受体并与之结合，最终被肝细胞摄取利用。

由于 CM 颗粒大，能使光线散射而使血浆呈乳浊样外观，因此饭后血浆浑浊。正常人 CM 在血浆中代谢很快，半衰期仅 5～15 min，因此这种浑浊只是暂时的，空腹 12～14 h 后血浆中不再含 CM，这种现象称为脂肪廓清。因此，CM 的生理功能是运输外源性三酰甘油。

2. 极低密度脂蛋白（VLDL）　主要在肝细胞合成，小肠黏膜细胞也能少量合成。肝利用自身合成的三酰甘油、磷脂、胆固醇及其酯、$apoB_{100}$ 及 apoC 等结合形成 VLDL。进入血液循环后，跟 CM 一样，VLDL 从 HDL 处获得 apoC 和 apoE，经 LPL 的作用使 VLDL 的三酰甘油水解，VLDL 颗粒逐渐变小，其组分也不断改变，表面过剩的磷脂、游离胆固醇及 apoC 转移至 HDL 上，由 HDL 提供的胆固醇酯转运给 VLDL 进行交换。此时，VLDL 的胆固醇含量和 $apoB_{100}$ 与 apoE 的含量相对增加，密度逐渐增大，转变成中间密度脂蛋白（IDL），一部分被肝细胞末的 apoE 受体识别后被肝细胞摄取进行代谢，一部分未被肝细胞摄取的 IDL 经肝酯酶（HL）进一步水解，最后转变为富含胆固醇的 LDL，经 LDL 受体代谢。因此，VLDL 的生理功能是运输内源性三酰甘油，在血中的半衰期为 6～12 h。

3. 低密度脂蛋白（LDL）　由血浆中的 VLDL 转变而来，主要脂类是胆固醇及胆固醇酯，载脂蛋白为 $apoB_{100}$。正常人空腹血浆脂蛋白主要是 LDL，约占血浆脂蛋白总量的 2/3，半衰期为 2～4 h。人体各组织细胞表面含有 LDL 受体，能特异性识别 LDL 并与之结合，经过细胞内吞噬作用使其进入细胞内与溶酶体融合，在溶酶体内分解为胆固醇后被利用或被储存。若LDL受体缺陷，可导致血浆LDL水平升高，是动脉粥样硬化发生的重要机制。LDL的主要生理功能是将肝合成的胆固醇运至肝外组织。

4. 高密度脂蛋白(HDL)　主要由肝合成，其次为小肠黏膜细胞。正常人空腹血浆HDL约占脂蛋白总量的1/3。HDL分泌入血后，接受由其他脂蛋白转移而来的载脂蛋白、磷脂、胆固醇。同时，胆固醇在卵磷脂-胆固醇脂酰转移酶的催化下，酯化形成胆固醇酯。HDL是含胆固醇、磷脂含量较多的脂蛋白。HDL可被HDL受体识别，进入肝细胞后，所含的胆固醇酯分解为脂肪酸和胆固醇，后者转变为胆汁酸排出体外。通过此途径，将肝外组织的胆固醇转运至肝内代谢并排出体外，从而防止胆固醇积聚在动脉壁和其他组织中，故血浆HDL含量增高的人群，发生动脉硬化的比率较低，具有抗动脉粥样硬化的作用。HDL的主要生理功能是将肝外组织的胆固醇逆向转运至肝内进行代谢。

三、常见的血浆脂蛋白代谢异常

(一) 高脂血症

血脂高于正常参考值上限的称为高脂血症(hyperlipidemia)。临床上常见的高脂血症主要是高三酰甘油血症和高胆固醇血症。由于血脂在血中以脂蛋白形式运输，所以高脂血症也可认为是高脂蛋白血症。一般以成人空腹12～14 h血浆三酰甘油浓度>2.26 mmol/L(200 mg/dL)，胆固醇浓度>6.21 mmol/L(240 mg/dL)，儿童胆固醇浓度>4.14 mmol/L(160 mg/dL)作为高脂血症的诊断标准。

高脂血症分为原发性和继发性两大类。原发性高脂血症可能与脂蛋白代谢中的关键酶、载脂蛋白和脂蛋白受体的遗传性缺陷有关。如LDL受体先天性缺陷导致LDL不能正常代谢，使得血中胆固醇浓度增高，是家族性高胆固醇血症的主要原因。继发性高脂血症约占40%，继发于其他疾病，如糖尿病、肾病、甲状腺功能减退、肥胖、嗜酒、肝病和某些药物引起的疾病等。

在线案例8-1　高血脂会引发哪些疾病

(二) 脂肪肝

正常人肝中脂类含量约占肝重的5%，其中以磷脂含量最多，约占3%；三酰甘油约占2%。如果肝中脂类含量超过10%，且主要是三酰甘油堆积，组织学证实肝实质细胞脂肪化超过30%时即为脂肪肝。脂肪肝常见的原因如下。①营养过剩：肝细胞内三酰甘油来源过多，如长期食用高脂低糖或高糖高热量饮食。②在肝内合成的磷脂参与脂蛋白的合成，以VLDL的形式将肝内合成的脂肪转运出去。肝细胞内脑磷脂和卵磷脂的合成原料如胆碱、乙醇胺或蛋氨酸等活泼甲基供体前身物质缺乏时，导致VLDL的合成障碍，肝细胞内的三酰甘油不能运出而使其含量升高。③肝功能障碍：可影响VLDL的合成与释放。④长期酗酒造成肝损伤：因大量乙醇脱氢可使$NADH/NAD^+$比值升高，从而减弱脂肪酸氧化，肝中三酰甘油合成增加，也可引起脂肪肝。上述这些原因都可导致肝细胞内三酰甘油堆积而形成脂肪肝。轻度脂肪肝通过科学的生活方式是完全可逆的，若不及时引起重视，重度脂肪肝可导致肝细胞坏死，结缔组织增生造成肝硬化，严重影响肝的正常功能。

(三) 动脉粥样硬化

长期高脂血症引起脂类浸润，沉积在大、中动脉管壁，引起动脉粥样硬化。动脉粥样硬化是中老年最常见的循环系统疾病。若动脉硬化发生在冠状动脉，会导致患者心绞痛、心肌梗死。而脑血管粥样硬化，易导致脑出血或脑血栓，这也是中老年人最常见的死亡原因，且发病率有逐年上升的趋势。

目前发现高脂血症、动脉硬化与血浆胆固醇浓度及 LDL 浓度升高呈正相关，凡能增加动脉壁胆固醇含量和沉积的脂蛋白如 LDL、VLDL、Ox－LDL 等都是致动脉粥样硬化的因素；而与血浆中 HDL 浓度升高呈负相关，它不仅能清除外周组织的胆固醇、降低动脉壁胆固醇含量，而且能抑制 LDL 的氧化作用，保护内膜不受 Ox－LDL 损害。故临床上认为 HDL 是抗动脉粥样硬化的“保护因子”，若患者血中 LDL(β－脂蛋白)含量升高，再伴随 HDL(α－脂蛋白)含量降低，即是动脉粥样硬化最危险的因素。因此，降低 LDL 和 VLDL 的水平，提高 HDL 水平是防治动脉粥样硬化、冠心病的基本原则。

云视频 8－2 动脉粥样硬化

第三节 三酰甘油的代谢

一、三酰甘油的分解代谢

(一) 脂肪的动员

储存在人体脂肪组织的脂肪在脂肪酶的催化下逐步水解为甘油和游离脂肪酸，并释放入血以供其他组织摄取利用的过程称为脂肪的动员。

$$\begin{array}{l}CH_2\text{-}O\text{-}CO\text{-}R_1\\ |\\ CH\text{-}O\text{-}CO\text{-}R_2\\ |\\ CH_2\text{-}O\text{-}CO\text{-}R_2\end{array} \xrightarrow[H_2O\quad R_1\text{-}COOH]{\text{三酰甘油脂肪酶}} \begin{array}{l}CH_2\text{-}OH\\ |\\ CH\text{-}O\text{-}CO\text{-}R_2\\ |\\ CH_2\text{-}O\text{-}CO\text{-}R_2\end{array} \xrightarrow[H_2O\quad R_1\text{-}COOH]{\text{二酰甘油脂肪酶}} \begin{array}{l}CH_2\text{-}OH\\ |\\ CH\text{-}O\text{-}CO\text{-}R_2\\ |\\ CH_2\text{-}OH\end{array} \xrightarrow[H_2O\quad R_2\text{-}COOH]{\text{单酰甘油脂肪酶}} \begin{array}{l}CH_2\text{-}OH\\ |\\ CH\text{-}OH\\ |\\ CH_2\text{-}OH\end{array}$$

三酰甘油　　　　二酰甘油　　　　单酰甘油　　　　甘油

储存在脂肪组织中的三酰甘油先在三酰甘油脂肪酶的催化下水解下 1 分子脂肪酸

转变成二酰甘油，再经二酰甘油脂肪酶水解 1 分子脂肪酸转变成单酰甘油，最终在单酰甘油脂肪酶的作用下将甘油 2 号碳原子上连接的脂肪酸水解生成甘油。因此，脂肪动员的产物是 3 分子脂肪酸及 1 分子甘油，释放入血后，游离脂肪酸与血浆清蛋白结合成复合物运输到全身组织利用，主要由心、肝和骨骼肌等摄取利用。

在此过程中需要三酰甘油脂肪酶、二酰甘油脂肪酶及单酰甘油脂肪酶共同作用，其中三酰甘油脂肪酶是脂肪动员的限速酶。该酶受到多种激素的调节，因此又称为激素敏感性脂肪酶(hormone-sensitive lipase, HSL)。肾上腺素、去甲肾上腺素、胰高血糖素、肾上腺皮质激素等能使三酰甘油脂肪酶的活性增强从而促进脂肪水解，这些激素称为脂解激素，胰高血糖素使血糖升高的其中一个机制就是促进脂肪动员；胰岛素、前列腺素 E_2 使三酰甘油脂肪酶的活性降低从而抑制脂肪水解，所以称为抗脂解激素，胰岛素使血糖降低其中一个机制就是抑制脂肪动员。这两类激素相互协调，使脂肪水解的速度得到有效的调节，从而适应机体的需要。

(二) 甘油的代谢

脂肪动员产生的甘油分子量小、极性大，直接扩散入血，运输至肝、肾等组织被摄取利用。甘油主要在甘油激酶催化下消耗 ATP 磷酸化生成 3-磷酸甘油，甘油激酶主要存在于肝、肾、肠等部位，甘油主要在这些部位被利用，而脂肪组织和骨骼肌因缺乏此酶不能利用甘油。3-磷酸甘油再经磷酸甘油脱氢酶作用脱氢生成磷酸二羟丙酮，此物质是糖酵解的中间产物，可沿糖代谢途径继续氧化分解以供机体利用的能量，也可经糖异生途径转变为葡萄糖或糖原。

$$\begin{array}{c} CH_2—OH \\ | \\ CH—OH \\ | \\ CH_2—OH \\ \text{甘油} \end{array} \xrightarrow[\text{甘油磷酸激酶}]{ATP \quad ADP} \begin{array}{c} CH_2—OH \\ | \\ CH—OH \\ | \\ CH_2—O—Ⓟ \\ \text{3-磷酸甘油} \end{array} \xrightarrow[\text{磷酸甘油脱氢酶}]{NAD^+ \quad NADH+H^+} \begin{array}{c} CH_2—OH \\ | \\ CH—O \\ | \\ CH_2—O—Ⓟ \\ \text{磷酸二羟丙酮} \end{array} \begin{array}{l} \dashrightarrow \text{氧化供能} \\ \dashrightarrow \text{糖异生} \end{array}$$

(三) 脂肪酸的氧化

机体除脑组织和成熟的红细胞外，大多数组织均能氧化脂肪酸，但以肝和肌肉组织最活跃。脂肪酸的氧化发生在细胞的胞质和线粒体中。在氧气供应充足的情况下，脂肪酸在体内最终进入三羧酸循环，生成 CO_2 和 H_2O 并释放大量能量。脂肪酸是机体重要的能源物质。脂肪酸在胞质中活化成脂酰 CoA、以肉碱作为载体转运进入线粒体、在线粒体中脂酰基进行 β-氧化，将脂肪酸链上的碳原子最终都转变成乙酰 CoA，可以说这 3 个阶段均是为第 4 阶段乙酰 CoA 进入三羧酸循环彻底氧化做准备。

1. 脂肪酸的活化

脂肪酸在脂酰 CoA 合成酶的催化下生成脂酰 CoA 的过程，称为脂肪酸的活化。反应在细胞质中进行，需要辅酶 A 和 Mg^{2+} 参与，由 ATP 供能。该反应是脂肪酸分解过程中唯一耗能的反应。在反应过程中生成的焦磷酸(PPi)立即被水解，以防止逆向反应，因此 1 分子脂肪酸的活化实际上消耗了 2 个高能磷酸键的能量。

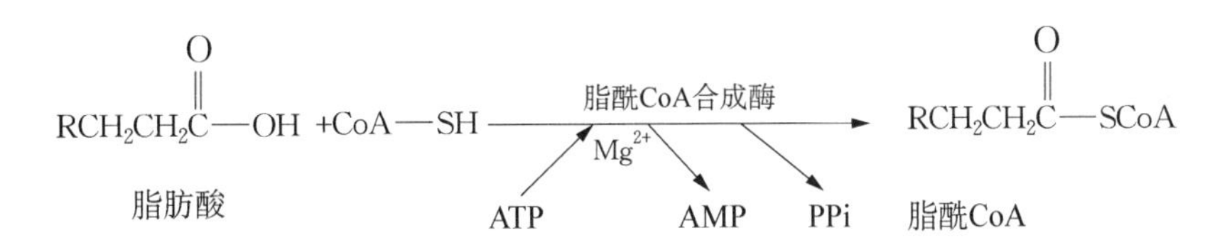

活化生成的脂酰 CoA 分子中不仅含有高能硫酯键，且极性增强，提高了脂肪酸的代谢活性。

2. 脂酰 CoA 进入线粒体转运　氧化脂酰 CoA 的酶系存在于线粒体基质内，而长链脂肪酰 CoA 不能直接通过线粒体内膜进入线粒体基质，必须经线粒体内膜两侧的肉碱脂酰转移酶Ⅰ（carnitine acyl transferase Ⅰ，CATⅠ）、Ⅱ（CATⅡ）催化，由肉碱（carntine）载体携带，才能将脂酰 CoA 的脂肪酰基转运至线粒体基质内进行 β-氧化（图 8-4）。肉碱脂酰转移酶Ⅰ是脂肪酸氧化中的限速酶。位于线粒体内膜外侧的 CATⅠ催化脂酰 CoA 的脂酰基转移至肉碱，生成脂酰肉碱，通过内膜上的载体转运至线粒体基质。位于线粒体内膜内侧的 CATⅡ催化脂酰基转移至基质内的 CoA 分子上，重新生成脂酰 CoA 即可在线粒体基质中进一步氧化分解。

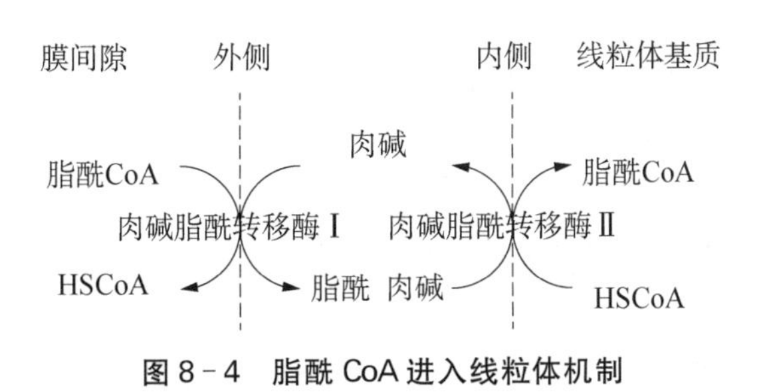

图 8-4　脂酰 CoA 进入线粒体机制

拓展阅读 8-3　“搬砖工”左旋肉碱

3. 脂酰基的 β-氧化　脂酰 CoA 进入线粒体基质后在多种酶的作用下进行氧化，氧化开始于酯酰基的 β-碳原子上，故称 β-氧化。一次 β-氧化经过脱氢、加水、再脱氢、硫解 4 步连续反应，脂酰 CoA(Cn)脱去 2 个碳原子生成 1 分子乙酰 CoA 和少了 2 个碳原子的新的脂酰 CoA(Cn-2)。如此反复循环，直至脂肪酰基完全氧化为乙酰 CoA（图 8-5）。

思政小课堂 8-1　脂肪酸 β-氧化的发现与 Franz Knoop

1）脱氢　脂酰 CoA 在脂酰 CoA 脱氢酶催化下脱氢后生成反式-Δ^2-烯脂酰 CoA，脱下来的氢由 FAD 接受生成 $FADH_2$，进入 $FADH_2$ 呼吸链后经氧化磷酸化生成 1.5 分子 ATP（参见第六章第二节）。

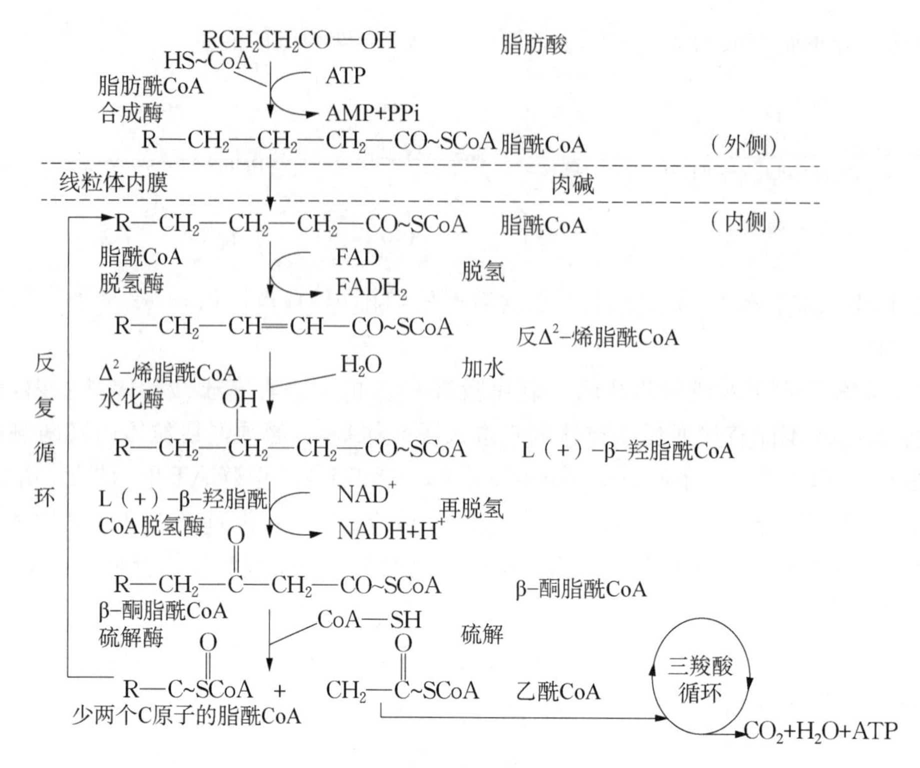

图 8-5　脂肪酸的氧化

2）加水　在 Δ^2-烯脂酰 CoA 水化酶的作用下，反式-Δ^2-烯脂酰 CoA 加 1 分子水生成 L(+)-β-羟脂酰 CoA。

3）再脱氢　在 β-羟脂酰 CoA 脱氢酶催化下，L(+)-β-羟脂酰 CoA 脱去 2 个氢原子，生成 β-酮脂酰 CoA，此次脱氢由 NAD^+ 接受生成 NADH＋H^+，进入 NADH 呼吸链再经氧化磷酸化生成 2.5 分子 ATP(参见第六章第二节)。

4）硫解　在 β-酮脂酰 CoA 硫解酶的催化下，β-酮脂酰 CoA 的 α-与 β-碳原子间断裂，与 1 分子辅酶 A 共同生成 1 分子乙酰 CoA 和少了 2 个碳原子的脂酰 CoA。

每一次 β-氧化生成 1 分子 $FADH_2$ 和 1 分子 NADH＋H^+，进入呼吸链后经氧化磷酸化各生成 1.5 和 2.5 分子 ATP，共 4 分子 ATP。少了 2 个碳原子的脂酰 CoA 再继续进行 β-氧化的脱氢、加水、再脱氢、硫解 4 步反应，如此反复直至将脂酰 CoA 全部氧化成乙酰 CoA。

4. 乙酰 CoA 进入三羧酸循环　脂肪酸 β-氧化所产生的乙酰 CoA 最终经三羧酸循环氧化生成 CO_2 和 H_2O，并产生大量的能量以满足机体的需要。以软脂酸(十六碳酸)为例计算 ATP 的生成量，软脂酸经活化消耗 2 分子 ATP，7 次 β-氧化及 8 分子乙酰 CoA，每一次经 β-氧化生成 4 分子 ATP，1 分子乙酰 CoA 进入三羧酸循环生成 10 分子 ATP。因此，1 分子软脂酸彻底氧化净生成 $7\times4+8\times10-2=106$ 分子 ATP。

(四) 酮体的代谢

在心肌和骨骼肌等组织中的脂肪酸经 β-氧化生成乙酰 CoA，进入三羧酸循环彻底

氧化成 CO_2 和 H_2O。在肝细胞中脂肪酸经β-氧化生成的乙酰CoA除氧化供能外，还可缩合成酮体。酮体是脂肪酸在肝内不彻底氧化的中间产物，包括乙酰乙酸(acetoacetate)、β-羟丁酸(β-hydroxybutyrate)和丙酮(acetone)。

1. 酮体的生成　肝含有活性较高的酮体合成酶系，尤其是HMGCoA合酶。此酶是酮体生成的限速酶，肝是生成酮体的唯一器官。酮体合成的基本过程包括如下3步：

(1) 2分子乙酰CoA在乙酰乙酰CoA硫解酶的催化下，缩合为乙酰乙酰CoA，并释放1分子HSCoA。

(2) 乙酰乙酰CoA在β-羟-β-甲戊二酸单酰辅酶A(β-hydroxy-β-methylglutaryl CoA，HMG-CoA)合成酶催化下再与1分子乙酰CoA缩合生成3-羟基-3-甲基戊二酸单酰CoA(HMGCoA)，此反应是酮体合成的限速步骤。

(3) HMGCoA在裂解酶的催化下，生成乙酰乙酸和乙酰CoA。乙酰乙酸在β-羟丁酸脱氢酶催化下还原为β-羟丁酸，反应所需的氢由NADH+H^+提供；乙酰乙酸也可由乙酰乙酸脱羧酶催化或自发脱羧生成少量的丙酮(图8-6)。

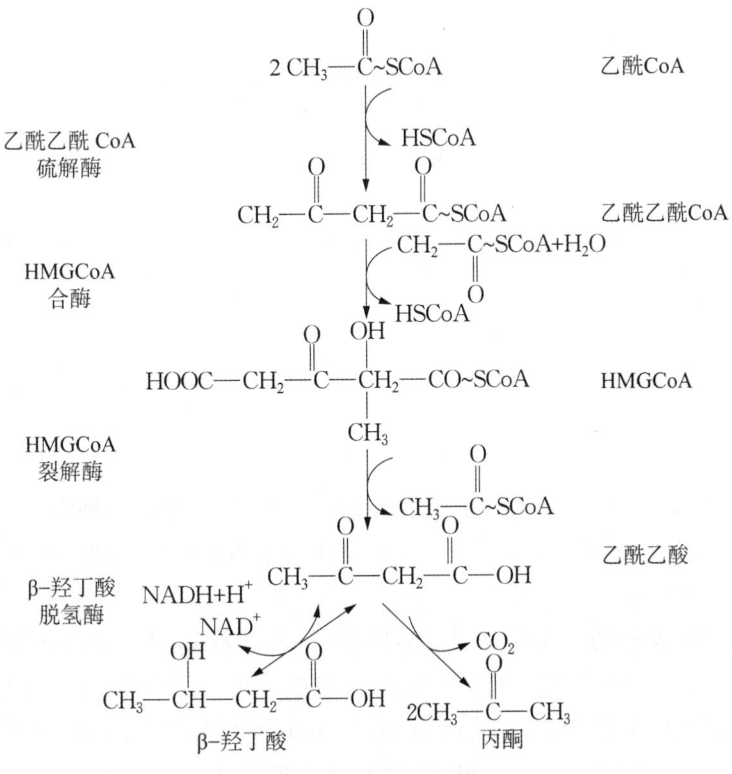

图8-6　酮体的生成

生成酮体是肝特有的功能，但由于肝细胞内缺乏氧化利用酮体的酶，肝生成的酮体必须透出肝细胞膜经血液运输到肝外组织被氧化利用。

2. 酮体的利用　肝外组织特别是心肌、骨骼肌、脑和肾有活性很强的利用酮体的酶，如乙酰乙酸硫激酶、琥珀酰CoA转硫酶及硫解酶。酮体的利用：首先要进行活化，被乙酰乙酸硫激酶或琥珀酰 CoA 转硫酶催化，乙酰乙酸转变为乙酰乙酰 CoA。再被硫解酶作用生成 2 分子乙酰 CoA，后者进入三羧酸循环彻底氧化供能；而 β-羟丁酸经 β-羟丁酸脱氢酶催化生成乙酰乙酸再进入上述途径氧化分解（图 8－7）。丙酮由于量微而在代谢上不占重要地位，主要随尿液排出。

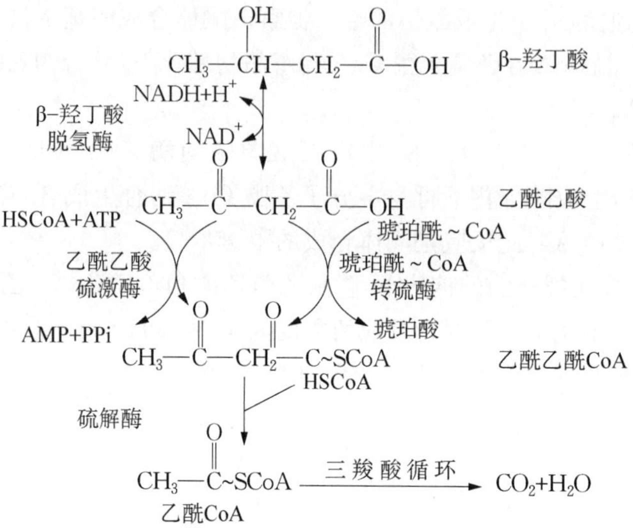

$CH_3—CH(OH)—CH_2—C(=O)—OH$ β-羟丁酸

β-羟丁酸脱氢酶（$NADH+H^+$ / NAD^+）

$CH_3—C(=O)—CH_2—C(=O)—OH$ 乙酰乙酸

$HSCoA+ATP$ → 乙酰乙酸硫激酶 → $AMP+PPi$

琥珀酰～CoA → 琥珀酰～CoA转硫酶 → 琥珀酸

$CH_3—C(=O)—CH_2—C(=O)\sim SCoA$ 乙酰乙酰CoA

硫解酶（HSCoA）

$CH_3—C(=O)\sim SCoA$ —三羧酸循环→ CO_2+H_2O

乙酰CoA

图 8－7 酮体的利用

酮体从肝内运输到肝外组织是由于肝内有生成酮体的酶系，但缺乏利用酮体的酶系，使酮体不能在肝内利用；而肝外组织虽然不能生成酮体，却含有分解利用酮体的酶系，可以利用酮体，因此酮体代谢的特点是“肝内生成肝外利用”。

3. 酮体代谢的生理意义　在正常情况下，肝脏产生的酮体能迅速被肝外组织利用，血中酮体的含量仅为 0.03～0.5 mmol/L，其中 β-羟丁酸约占 70%，乙酰乙酸约占 30%，丙酮含量极微，具有挥发性，可随呼吸挥发。

酮体是乙酰 CoA 在肝脏包装后往肝外输出脂肪类能源的一种形式。酮体易溶于水，分子小，在血液中容易运输，容易透过血脑屏障和肌肉的毛细血管而成为脑和肌肉组织的重要能源物质。

在长期饥饿、高脂低糖饮食及严重糖尿病时，葡萄糖利用率低，酮体将替代葡萄糖成为脑组织的主要能源。脂肪动员加强，使肝内生成过多的酮体，超过肝外组织利用酮体的能力，引起血中酮体升高，称为酮血症。因酮体可随尿液排出而出现酮尿。丙酮含量增多时，随着呼吸挥发，口腔可产生特殊的烂苹果气味。酮体中的乙酰乙酸、β-羟丁酸具有较强的酸性，酮血症时产生过多的乙酰乙酸、β-羟丁酸使血液 pH 值下降，可导致酮症酸中毒。

二、三酰甘油的合成代谢

人体内三酰甘油的合成主要在肝和脂肪组织中进行。肝合成的脂肪以极低密度脂蛋白的形式运出，而在脂肪组织中三酰甘油合成后被储存。三酰甘油合成的原料是 α-磷酸甘油和脂酰 CoA，即是甘油和脂肪酸的活化形式。

（一）α-磷酸甘油的生成

α-磷酸甘油的生成主要来自糖代谢，经磷酸二羟丙酮在磷酸甘油脱氢酶的催化下加氢还原而来，也可以在肝脏经甘油激酶作用使甘油磷酸化。

$$\begin{matrix} CH_2—OH \\ | \\ CH{=}O \\ | \\ CH_2—O—Ⓟ \\ \text{磷酸二羟丙酮} \end{matrix} \xrightarrow[\text{磷酸甘油脱氢酶}]{NADH+H^+ \quad NAD^+} \begin{matrix} CH_2—OH \\ | \\ CH—OH \\ | \\ CH_2—O—Ⓟ \\ \alpha\text{-磷酸甘油} \end{matrix}$$

$$\begin{matrix} CH_2—OH \\ | \\ CH—OH \\ | \\ CH_2—OH \\ \text{甘油} \end{matrix} \xrightarrow[ATP \quad ADP]{\text{甘油激酶（肝、肾）}} \begin{matrix} CH_2—OH \\ | \\ CH—OH \\ | \\ CH_2—O—Ⓟ \\ \alpha\text{-磷酸甘油} \end{matrix}$$

（二）脂肪酸的合成

合成脂肪酸的直接原料是乙酰 CoA，主要来自糖代谢。合成过程中所需的 NADPH 来自糖代谢的磷酸戊糖途径。催化脂肪酸合成的酶系存在于肝、肾、脑、肺、乳腺及脂肪组织等细胞质中，其中在肝中的活性最高。

第一步反应　乙酰 CoA 首先耗能羧化成丙二酸单酰 CoA，乙酰 CoA 羧化酶是脂肪酸合成的限速酶；在脂肪酸的合成中，除了 1 分子乙酰 CoA 直接参与合成反应外，其他的乙酰 CoA 都需要羧化生成丙二酰 CoA 参与脂肪酸的生物合成。

第二步反应　丙二酸单酰 CoA 与 1 分子乙酰 CoA 反应，由 $NADPH+H^+$ 供氢，主要来自磷酸戊糖途径。在脂肪酸合成酶系的催化下，碳链每增加 2 个碳原子，最后经硫酯酶水解释放脂肪酸。软脂酸的合成是一个连续的酶促反应过程，以 7 分子丙二酸单酰 CoA 与 1 分子乙酰 CoA 为原料，经过 7 次循环后合成软脂酸 ACP，最终经硫解酶水解释放软脂酸，其反应式如下：

$$CH_2CO \sim SCoA + HCO_3^- + ATP \xrightarrow[\text{生物素 } Mn^{2+}]{\text{乙酰 CoA 羧化酶}} \begin{matrix} CH_2—CO \sim SCoA \\ | \\ COOH \\ \text{丙二酸单酰 CoA} \end{matrix} + ADP + Pi$$

$$\underset{\text{乙酰 CoA}}{CH_2CO \sim SCoA} + 7\underset{\text{丙二酸单酰 CoA}}{\begin{matrix} CH_2—CO \sim SCoA \\ | \\ COOH \end{matrix}} + 14NADPH + 14H^+ \xrightarrow{\text{脂肪酸合成酶系}}$$

$$CH_3—(CH_2)_{14}—COOH + 7CO_2 + 14NADP^+ + 8HSCoA + 6H_2O$$

软 脂 酸

合成后的软脂酸根据机体的需要，再将碳链延长（由线粒体或内质网内的特殊酶系催化完成）或缩短（在线粒体内通过β-氧化进行），也可脱氢生成不饱和脂肪酸。

（三）三酰甘油的合成

三酰甘油以α-磷酸甘油和脂酰CoA为原料，在细胞的内质网中由脂酰转移酶催化合成，肝和脂肪组织是主要部位，通过二酰甘油途径合成三酰甘油，反应如下：

$$\begin{array}{l} CH_2—OH \\ | \\ CH—OH \\ | \\ CH_2—O—ⓟ \end{array} \xrightarrow[\text{α-磷酸甘油脂酰转移酶}]{2RCO\sim CoA \quad 2HSCoA} \begin{array}{l} CH_2—O—CO—R_1 \\ | \\ CH—O—CO—R_2 \\ | \\ CH_2—O—ⓟ \end{array} \xrightarrow[\text{磷酸脂磷酸酶}]{H_2O \quad Pi} \begin{array}{l} CH_2—O—CO—R_1 \\ | \\ CH—O—CO—R_2 \\ | \\ CH_2—OH \end{array}$$

α-磷酸甘油　　　　磷脂酸　　　　甘油二酯

$$\xrightarrow[\text{脂酰转移酶}]{RCO\sim CoA \quad HSCoA} \begin{array}{l} CH_2—O—CO—R_1 \\ | \\ CH—O—CO—R_2 \\ | \\ CH_2—O—CO—R_3 \end{array}$$

甘油三酯

该途径利用糖代谢生成的α-磷酸甘油，在α-磷酸甘油脂肪酰CoA转移酶的作用下依次加2分子脂肪酰CoA生成磷脂酸；然后在磷酸酶的催化下水解脱去磷酸生成1,2-二酰甘油，最后在脂肪酰CoA转移酶作用下又加上1分子脂肪酰CoA生成三酰甘油。三酰甘油中的3分子脂酰基如果是相同的，合成简单三酰甘油；若是不同的，则合成混合三酰甘油，可以是饱和脂肪酸或不饱和脂肪酸，但第2位碳上的脂肪酸多为不饱和脂肪酸。

三酰甘油也可在小肠黏膜细胞内合成，可利用消化吸收的单酰甘油为起始物，再加上2分子酯酰CoA合成三酰甘油。

第四节　磷脂代谢

一、磷脂

磷脂（phospholipid）是一类含有磷酸的类脂，机体内主要包括甘油磷脂和鞘磷脂，最常见的磷脂是甘油磷脂，也是机体含量最多的磷脂。甘油磷脂以甘油为基本骨架，由甘油、脂肪酸、磷酸及含氮化合物等组成。根据与磷酸相连的取代基团的不同分为五大类，分别为磷脂酰胆碱、磷脂酰乙醇胺、磷脂酰丝氨酸、二磷脂酰甘油（心磷脂）及磷脂酰肌醇。其中最为重要的是磷脂酰胆碱（卵磷脂）和磷脂酰乙醇胺（脑磷脂），是体内含量最多的磷脂，占血液及组织中磷脂的 75% 以上。鞘磷脂以鞘氨醇为基本骨架，分子中不含甘油，分子中的脂肪酸以酰胺键与鞘氨醇相连，按其含磷酸或糖基分为鞘磷脂和鞘糖脂，主要分布于大脑和神经髓鞘中。

磷脂的生理功能如下：

（1）磷脂是生物膜及血浆脂蛋白的重要结构成分。其亲水的头部和疏水的尾部是生物膜脂质双层的结构基础，使磷脂在水合非极性的溶剂中都有很大的溶解度，能同时与极性和非极性的物质结合，作为水溶性蛋白质和非极性脂类的结构桥梁。

（2）磷脂是必需脂肪酸的贮存库。在甘油磷脂分子中第 2 位碳原子上常连接有多个不饱和脂肪酸，其中亚油酸、亚麻酸和花生四烯酸为营养必需脂肪酸。

（3）磷脂酰肌醇（PIP_2）及其衍生物（IP_3 及 DAG）参与细胞信号的转导，在跨膜信息传递过程中发挥重要作用；二软脂酰磷脂酰胆碱（DPPC）是肺泡表面活性物质的主要组分，对维持肺泡膨胀起重要作用；血小板激活因子为血管内皮细胞、血小板、巨噬细胞等合成并释放的一种甘油磷脂，具有极强的生物活性，能引起血小板聚集和 5-羟色胺释放。

（4）磷脂对脂类的吸收及转运等起着重要的作用。

（5）鞘糖脂除作为生物膜的重要组分外，还参与细胞的识别及信息传递、作为 ABO 血型物质。

（6）神经鞘磷脂是神经髓鞘的组分，能组织神经冲动从一条神经纤维向周围神经纤维扩散，保证神经冲动定向传导。

拓展阅读 8-4　二软脂酰卵磷脂

二、甘油磷脂的代谢

（一）甘油磷脂的合成

合成甘油磷脂（glycerophosphatide）的酶存在于全身各组织中，以在肝、肾及小肠等组织中合成最旺盛。合成甘油磷脂的主要原料是甘油、脂肪酸、丝氨酸、肌醇、磷酸盐、乙醇胺、胆碱等（图 8-8）。

二酰甘油的第 2 位碳原子上的脂肪酸多为必需脂肪酸，常为花生四烯酸；乙醇胺和胆碱可由食物供给，也可由丝氨酸脱羧生成乙醇胺，再由甲硫氨酸提供甲基生成胆碱。乙醇胺和胆碱消耗 ATP，再经 CTP 作为载体活化成 CDP-乙醇胺和 CDP-胆碱。也可以由 CDP-乙醇胺接受甲硫氨酸提供的甲基直接转变成 CDP-胆碱。

磷脂参与合成极低密度脂蛋白（VLDL），后者的主要生理功能是将肝内合成的三酰甘油转运出去。体内合成磷脂的原料缺乏时，磷脂合成减少，导致 VLDL 合成障碍，

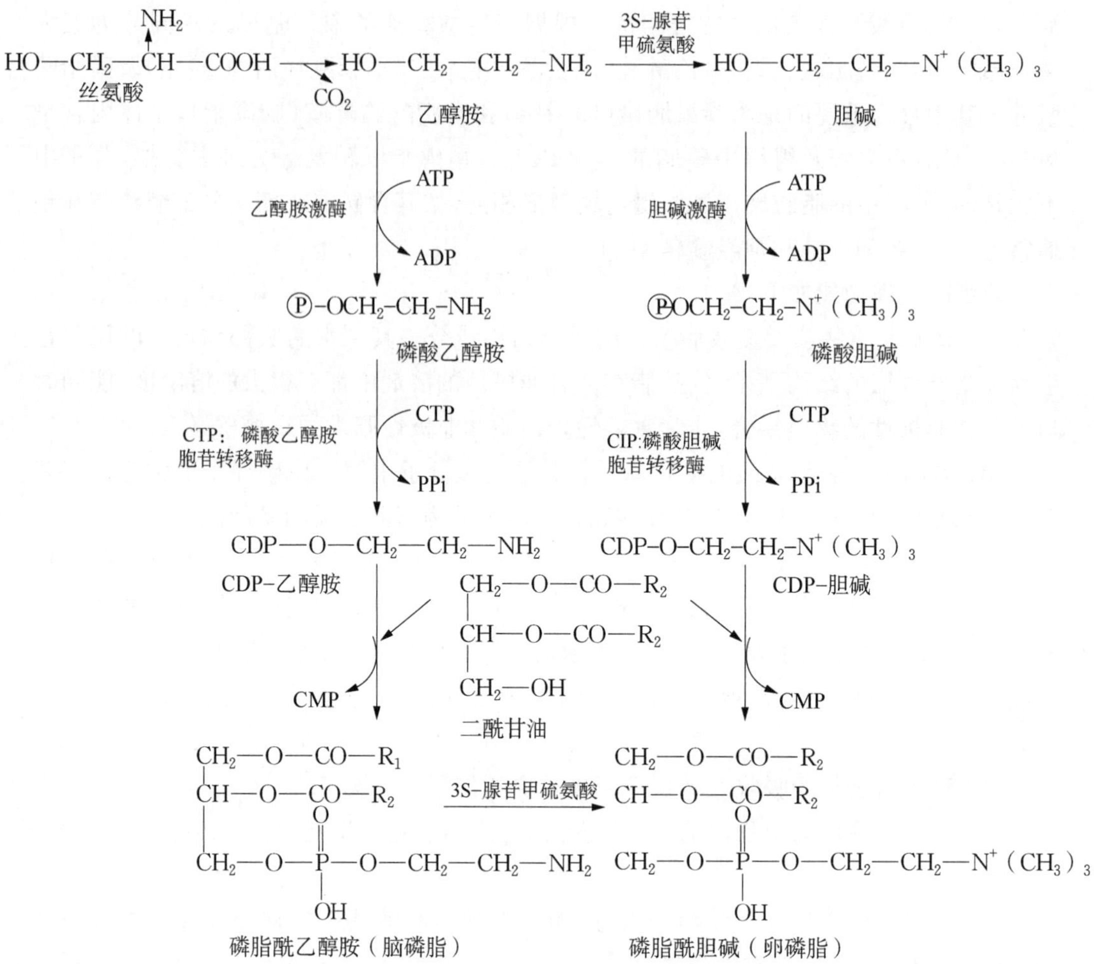

$HO—CH_2—CH(NH_2)—COOH$（丝氨酸）→（$-CO_2$）$HO—CH_2—CH_2—NH_2$（乙醇胺）→（3S-腺苷甲硫氨酸）$HO—CH_2—CH_2—N^+(CH_3)_3$（胆碱）

乙醇胺 →（乙醇胺激酶；ATP→ADP）Ⓟ$-OCH_2-CH_2-NH_2$（磷酸乙醇胺）→（CTP：磷酸乙醇胺胞苷转移酶；CTP→PPi）$CDP—O—CH_2—CH_2—NH_2$（CDP-乙醇胺）

胆碱 →（胆碱激酶；ATP→ADP）Ⓟ$-OCH_2-CH_2-N^+(CH_3)_3$（磷酸胆碱）→（CIP:磷酸胆碱胞苷转移酶；CTP→PPi）$CDP-O-CH_2-CH_2-N^+(CH_3)_3$（CDP-胆碱）

二酰甘油：$CH_2—O—CO—R_2$ / $CH—O—CO—R_2$ / $CH_2—OH$

CDP-乙醇胺 + 二酰甘油 →（CMP）磷脂酰乙醇胺（脑磷脂）：$CH_2—O—CO—R_1$ / $CH—O—CO—R_2$ / $CH_2—O—P(=O)(OH)—O—CH_2—CH_2—NH_2$

CDP-胆碱 + 二酰甘油 →（CMP）磷脂酰胆碱（卵磷脂）：$CH_2—O—CO—R_2$ / $CH—O—CO—R_2$ / $CH_2—O—P(=O)(OH)—O—CH_2—CH_2—N^+(CH_3)_3$

磷脂酰乙醇胺 →（3S-腺苷甲硫氨酸）磷脂酰胆碱

图8-8 磷脂酰胆碱和磷脂酰乙醇胺的合成

肝内的三酰甘油不能顺利转运出去而造成堆积，从而导致脂肪肝。临床上常用磷脂或合成磷脂的原料（丝氨酸、甲硫氨酸、胆碱、胆胺）来防治脂肪肝，合成磷脂的相关辅助因子 ATP、CTP、叶酸、维生素 B_{12} 可以增强疗效。

（二）甘油磷脂的分解

机体内存在多种磷脂酶，包括磷脂酶 A_1、磷脂酶 A_2、磷脂酶 B、磷脂酶 C 和磷脂酶 D。甘油磷脂的分解主要在多种磷脂酶的催化下完成，它们分别作用于甘油磷脂的不同酯键，使其逐步水解生成脂肪酸、甘油、磷酸及含氮化合物如胆碱、乙醇胺、丝氨酸和肌醇等。

某些蛇毒、蜂毒中含有磷脂酶 A_2，人被咬伤或蜇伤后产生大量溶血磷脂，溶血磷脂是一种较强的表面活性物质，能使红细胞膜破坏而引起溶血并出现中毒症状。急性胰腺炎的发生也与胰腺组织细胞膜中的磷脂酶 A_2 提前激活而使胰腺细胞受损有关。

在线案例 8-2 先天性鞘磷脂酶缺乏症

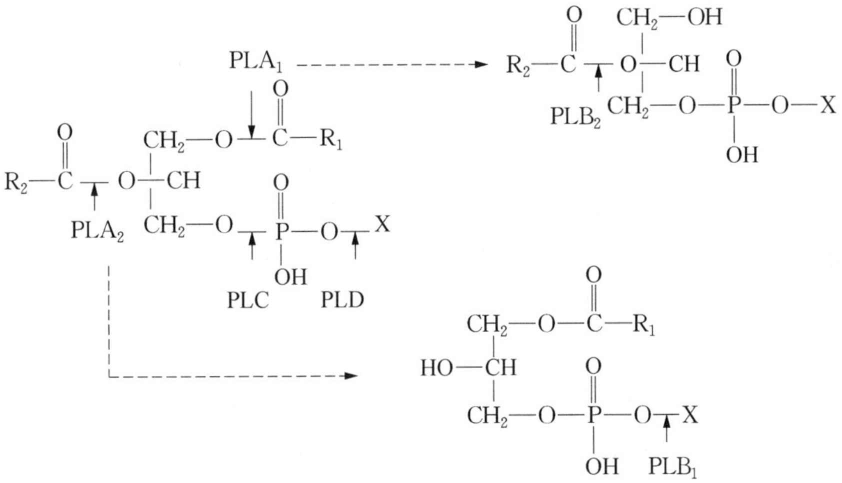

第五节 胆固醇代谢

胆固醇(cholesterol, Ch)是具有环戊烷多氢菲烃核及一个羟基的甾醇衍生物，最早是从动物胆石中分离得到的。人体内的胆固醇以游离胆固醇和胆固醇酯的形式存在，未与脂肪酸结合的称为游离胆固醇(free cholesterol, FC)，它的第3位碳原子上的羟基结合脂肪酸形成胆固醇酯(cholesterol ester, CE)，广泛存在于组织和血浆脂蛋白中，其结构如下：

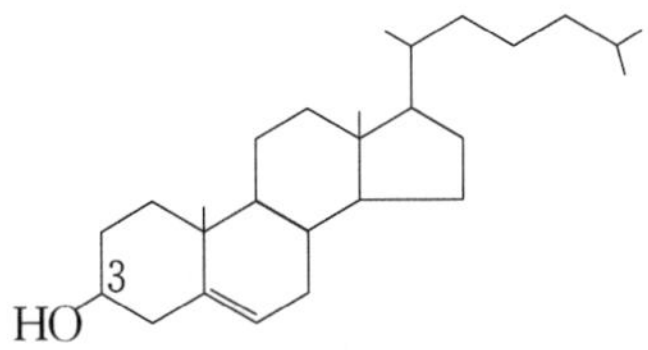

胆固醇 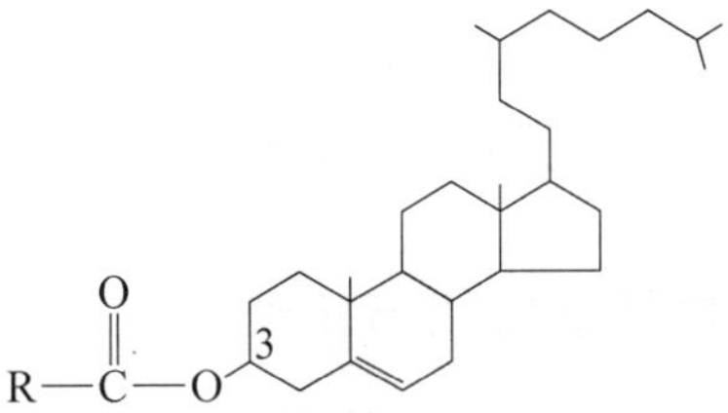　　　　胆固醇酯

正常成人体内约含胆固醇140 g，但分布极不均一，其中25%左右分布在脑及神经组织中，在肾上腺、卵巢等合成类固醇激素的内分泌腺中胆固醇的含量较高，其次是肝、肾、肠等内脏以及皮肤、脂肪组织，而肌组织中的胆固醇含量较低。

一、胆固醇的生物合成

体内胆固醇主要由机体自身合成，即内源性胆固醇，正常人50%以上的胆固醇来自机体合成。少量来自食物，如动物内脏、肉类、脑、皮肤以及蛋黄、奶油等，主要是动物性食物。

(一) 合成部位

机体每天可合成胆固醇1～1.5 g，成年人除脑组织及红细胞外，几乎全身各组织均能合成胆固醇，肝是合成胆固醇最多的器官，占总合成量的 70%～80%；其次是小肠，约合成 10%。胆固醇合成酶系存在于胞质及滑面内质网。

(二) 合成原料

胆固醇合成以乙酰 CoA 为主要原料，$NADPH+H^+$ 供氢，ATP 供能。乙酰 CoA 来自葡萄糖、脂肪酸和某些氨基酸的分解代谢，即主要来自糖代谢；$NADPH+H^+$ 来自糖的磷酸戊糖途径，ATP 主要来自糖的有氧氧化。因此，糖是胆固醇合成原料的主要来源，高糖饮食的人可出现血浆胆固醇增高。

(三) 合成过程

胆固醇合成过程较为复杂，全过程大致分为三个阶段，有近 30 步化学反应。

1. 合成 MVA　在胞质中，由 2 分子乙酰 CoA 在硫解酶的催化下缩合成乙酰乙酰 CoA，然后在 HMGCoA 合酶催化下，再与 1 分子乙酰 CoA 缩合成 HMGCoA，此过程与酮体生成类似，HMGCoA 是合成酮体和胆固醇的重要中间产物。在肝细胞线粒体中裂解成酮体，而在胞质中由 HMGCoA 还原酶催化，$NADPH+H^+$ 供氢还原生成甲基二羟戊酸(mevalonic acid, MVA)。

2. 合成鲨烯　甲基二羟戊酸由 ATP 提供能量先磷酸化、再脱羧、脱羟基生成活泼的 5 碳焦磷酸化合物，然后 3 分子 5 碳焦磷酸化合物相互缩合生成 15 碳的焦磷酸法尼酯，使碳链增长，再由 2 分子 15 碳的焦磷酸法尼酯缩合，还原生成 30 碳的多烯烃化合物——鲨烯。

3. 合成胆固醇　鲨烯通过载体蛋白携带从胞质进入滑面内质网，在滑面内质网中由加单氧酶、环化酶催化先环化成羊毛脂固醇，再经氧化、脱羧和还原等反应脱去 3 分子 CO_2，最后转变成 27 碳的胆固醇(图 8-9)。

拓展阅读 8-5　胆固醇合成的调节

二、胆固醇的转化与排泄

胆固醇的母核-环戊烷多氢菲在体内不能被降解，不能氧化成 CO_2 和 H_2O，但其侧链可以被氧化、还原或转化成某些重要的活性物质。因此，胆固醇的代谢去路主要是转变成具有重要生理活性的物质或直接从粪便中排泄。

(一) 胆固醇的转化

1. 转化为胆汁酸　胆固醇在肝内转化为胆汁酸是胆固醇在体内的主要代谢去路。正常人在体内合成的胆固醇有 40%在肝内转变为胆汁酸，胆汁酸盐能降低油水两相间的表面张力，在脂类的消化、吸收过程中起重要的作用。

2. 转化成类固醇激素　胆固醇在肾上腺皮质、睾丸、卵巢中可分别合成醛固酮、皮质醇和性激素，在体内物质代谢中有着重要的生理功能。

3. 转化成维生素 D_3　人体皮肤细胞内的胆固醇经脱氢生成 7-脱氢胆固醇，经紫

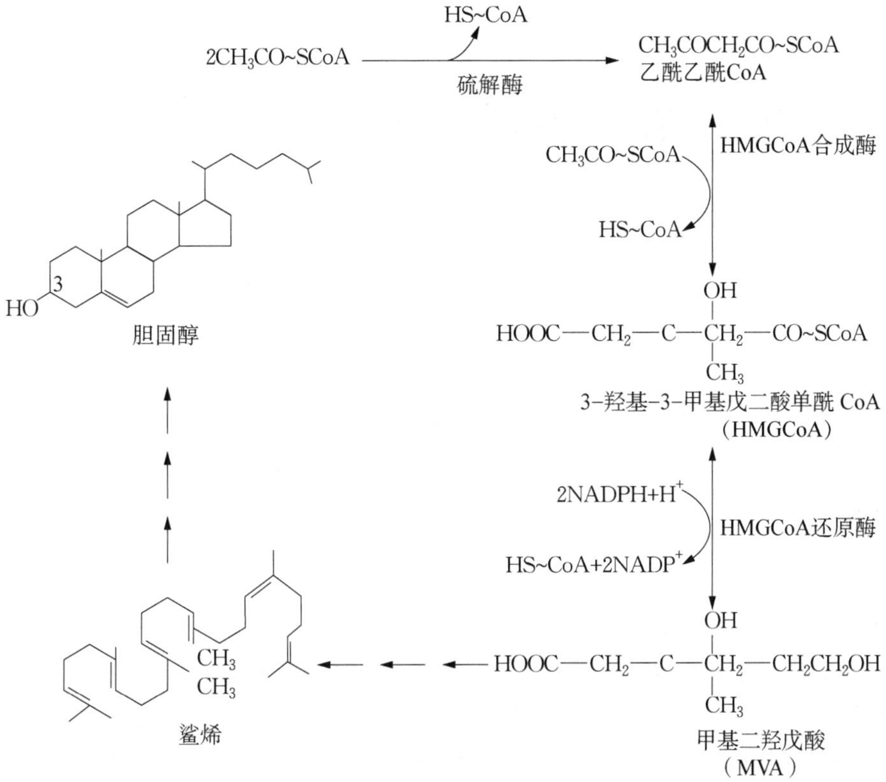

图 8-9　胆固醇的合成

外线照射后转变成维生素 D_3，维生素 D_3 在肝脏经 25-羟化酶催化生成 25-羟维生素 D_3，随血液运输至肾，再经 1α-羟化酶催化成具有活性形式的 1,25-二羟维生素 D_3，即 1,25-$(OH)_2D_3$。1,25-$(OH)_2D_3$ 具有调节钙磷代谢的作用。

（二）胆固醇的排泄

胆固醇的主要去路是在肝脏转变成胆汁酸盐，随胆汁排泄至肠道，少量胆固醇也可直接排入肠道。肠道中的胆固醇一部分经肠肝循环被吸收入血，另一部分受肠道细菌还原成粪固醇随粪便排出。

拓展阅读 8-6　降低胆固醇的方法

（钟奕奕）

数字课程学习

○教学 PPT　○导入案例解析　○复习与自测　○更多内容……

第九章　氨基酸与核苷酸代谢

章前引言

生命活动的最高级表现形式是蛋白质。蛋白质是生命遗传信息的表达者，是体现生命特征最重要的物质基础。体内的蛋白质处于不断更新之中，氨基酸是组成蛋白质的基本单位。蛋白质在体内首先分解为氨基酸，而后进一步分解代谢或合成代谢。因此，蛋白质代谢实际上是以氨基酸代谢为中心的。

核苷酸是组成核酸的基本单位。食物中的核酸大多以核蛋白的形式存在，核蛋白在胃酸作用下分解为核酸和蛋白质。核酸进入小肠后，受胰液和肠液中各种水解酶的作用逐步水解，最终生成磷酸、戊糖和碱基。其中，戊糖被吸收并参与体内戊糖代谢，碱基主要被机体分解并排出体外。

学习目标

1. 准确说出必需氨基酸的种类，并指导饮食。
2. 根据血氨的来源与去路，解释高血氨症与肝性脑病的发病机制。
3. 根据芳香族氨基酸的代谢，解释苯丙酮酸尿症、白化病、尿黑酸症的发病原因。
4. 知道机体核苷酸代谢的方式及合成过程。
5. 理解糖、脂肪、蛋白质物质代谢之间的联系。

思维导图

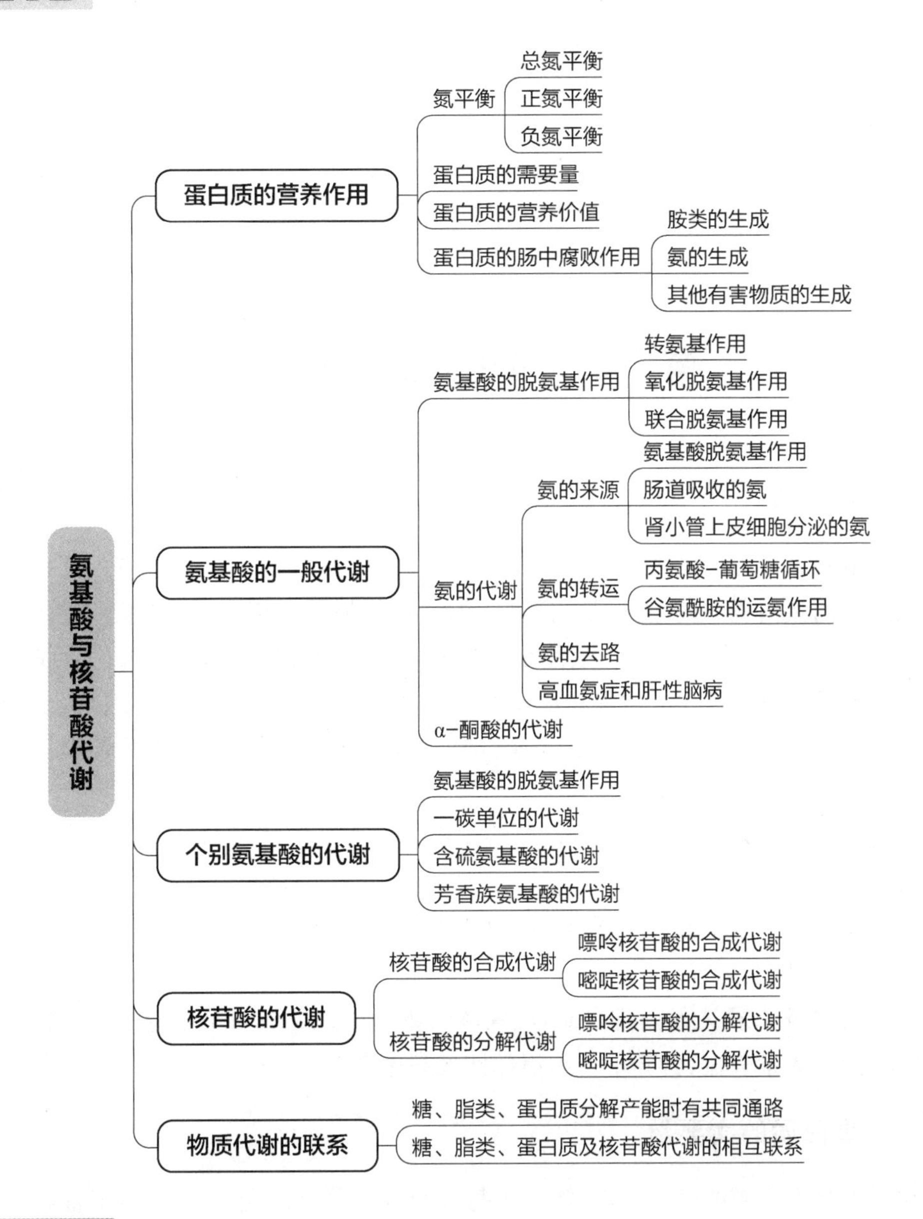

案例导入

患者，男，56 岁，有乙肝病史多年，双下肢水肿、腹胀、腹水、皮肤黏膜出血 2 年。一周前出现夜间失眠，白天昏睡。入院前一天食用鸡蛋后出现言语含糊、答非所问。

体检：体温 36 ℃，心率 80 次/分，呼吸 18 次/分，血压 100/70 mmHg，嗜睡，

对答不切题，注意力及计算力减退，定向力差。消瘦，慢性肝病面容，巩膜黄染，扑翼样震颤(+)，腹肌可见静脉曲张，脾肋下 2 cm，腹部移动性浊音(+)，双下肢可见瘀斑。初步诊断为：肝硬化、肝性脑病。

问题：

1. 肝硬化与肝性脑病有什么关系？
2. 肝性脑病患者的护理重点是什么？

第一节　蛋白质的营养作用

一、氮平衡

机体摄入氮与排出氮之间的平衡关系称为氮平衡(nitrogen balance)。氮平衡实验可反映机体内蛋白质的代谢概况。食物中的含氮物质绝大部分为蛋白质，且蛋白质的含氮量基本恒定(平均为 16%)，故测定食物的含氮量即可估算出蛋白质的含量。蛋白质在体内分解代谢所产生的含氮物质主要由尿液、粪便排出。因此，测定摄入食物的含氮量(摄入氮)及尿液与粪便中的含氮量(排出氮)可分析机体蛋白质的代谢概况。

氮平衡有以下三种情况：

1. 总氮平衡　摄入氮=排出氮，反映体内蛋白质的合成量与分解量相当。常见于正常成年人。

2. 正氮平衡　摄入氮>排出氮，反映体内蛋白质的合成量大于分解量。常见于儿童、孕妇和康复期的患者。

3. 负氮平衡　摄入氮<排出氮，反映体内蛋白质的合成量小于分解量。常见于饥饿、严重烧伤、大量失血、营养不良和消耗性疾病患者。

二、蛋白质的需要量

在不进食蛋白质的情况下，正常成人每日至少分解 20 g 蛋白质。由于食物中的蛋白质与人体蛋白质的组成存在差异，食物中的蛋白质不可能完全被机体吸收利用，所以正常成人每日至少需要补充 30～50 g 蛋白质。为了确保机体长期保持总氮平衡，中国营养学会推荐成人蛋白质的日需要量为 80 g。

三、蛋白质的营养价值

人体不但需要摄入足量的蛋白质，还应考虑蛋白质的营养价值(nutrition value)。蛋白质的营养价值是指食物中的蛋白质在体内的利用率，与所含的必需氨基酸密切相关。组成人体蛋白质的21种氨基酸中，有8种氨基酸是人体不能合成的，必须由食物供给，营养学上称为必需氨基酸。它们分别是赖氨酸、色氨酸、亮氨酸、异亮氨酸、苏氨酸、缬氨酸、苯丙氨酸和甲硫氨酸（蛋氨酸）。其余13种氨基酸均可在体内合成，营养学上称为非必需氨基酸。值得注意的是：组氨酸和精氨酸虽然在人体内可以合成，但合成量不足以满足机体需要，因此也有人将这两种氨基酸归为必需氨基酸。

蛋白质营养价值的高低，一方面取决于必需氨基酸的种类是否齐全，另一方面取决于各种氨基酸的组成、数量和比例是否与人体蛋白质接近。食物蛋白质中必需氨基酸的种类和比例越接近人体蛋白质，人体对其的利用率越高，其营养价值也就越高。一般来说，动物蛋白质的营养价值高于植物蛋白质。

将几种营养价值较低的蛋白质混合食用，可使必需氨基酸相互补充，从而提高其营养价值，称为蛋白质的互补作用。例如，谷类中的蛋白质含赖氨酸较少而含色氨酸较多，豆类中的蛋白质含赖氨酸较多而色氨酸较少，两者混合食用可提高营养价值。

临床上，维持危重患者或营养不良者体内的总氮平衡，应保证营养所需的必需氨基酸的供给，必要时可进行混合氨基酸输液。

四、蛋白质的肠中腐败作用

蛋白质的腐败作用是指肠道细菌对部分未被消化的蛋白质及部分未被吸收的短肽和氨基酸进行分解的过程。实际上，腐败作用是细菌的代谢过程，以无氧分解为主。腐败作用的大多数产物对机体有害，如胺类、氨、苯酚、吲哚、甲基吲哚和硫化氢等；也有少量产物可被机体利用，如脂肪酸、维生素等。下面介绍几种有害物质的生成过程。

（一）胺类的生成

未被消化的蛋白质在肠道细菌蛋白酶的催化下水解为氨基酸，再经肠道细菌氨基酸脱羧酶作用生成胺类（amines）。如组氨酸脱羧生成组胺，精氨酸和鸟氨酸脱羧生成腐胺，赖氨酸脱羧生成尸胺，酪氨酸脱羧生成酪胺，色氨酸脱羧生成5-羟色胺，苯丙氨酸脱羧生成苯乙胺等。其中组胺、腐胺和尸胺都具有降低血压的作用，而酪胺和5-羟色胺则都具有升高血压的作用。酪胺和苯乙胺若不经肝脏分解而进入脑组织，则会分别经β-羟化生成β-羟酪胺和苯乙醇胺。它们的化学结构与神经递质儿茶酚胺相似，称为假神经递质。假神经递质增多，干扰正常神经递质作用，可使大脑发生异常抑制甚至昏迷，这可能与肝性昏迷有关。大多数胺类对人体是有毒的。

（二）氨的生成

肠道中的氨主要有两个来源：一是未被吸收的氨基酸在肠道细菌的作用下脱氨基而生成的氨；二是血液中尿素渗入肠道，受肠道细菌尿素酶水解而生成的氨。氨具有毒性，脑组织对氨尤其敏感，血液中1%的氨就会引起中枢神经系统中毒。在正常情况下，这些氨大部分被吸收入血并在肝脏中合成尿素。降低肠道pH值，可减少氨的吸收。

(三) 其他有害物质的生成

除了胺类和氨外，经腐败作用还可生成其他有害物质，如苯酚、吲哚、甲基吲哚和硫化氢等。在正常情况下，上述这些有害物质大部分随粪便排出，只有小部分被肠道吸收，经肝脏代谢后以无毒的形式排出，故正常机体不会出现中毒现象。但肠梗阻或肝功能障碍的患者，由于肠道吸收腐败产物增多，会出现头晕、头痛、血压波动等中毒症状。

第二节　氨基酸的一般代谢

体内各种来源的氨基酸，通过血液循环在各组织中参与代谢，称为氨基酸代谢池或氨基酸代谢库(图 9－1)。在正常情况下，氨基酸的来源和去路保持动态平衡。

氨基酸的来源：①食物蛋白质消化吸收进入体内的氨基酸；②体内组织蛋白分解产生的氨基酸；③体内合成的氨基酸。

氨基酸的主要去路：①通过脱氨基作用或脱羧基反应进行分解代谢；②合成蛋白质；③转变为其他含氮化合物，如嘌呤、嘧啶、肾上腺素、甲状腺素等。

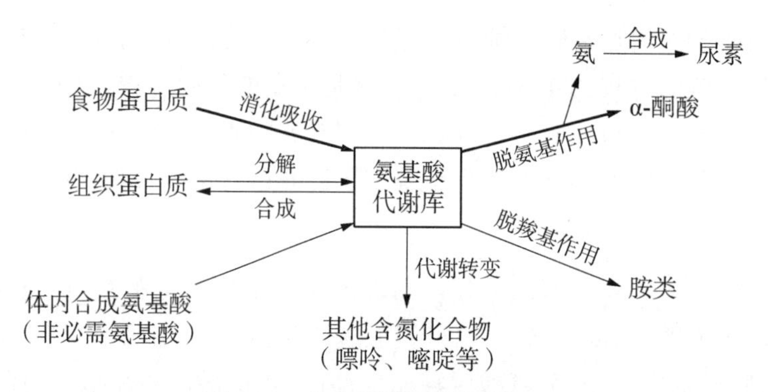

图 9－1　体内氨基酸的代谢概况

一、氨基酸的脱氨基作用

氨基酸的脱氨基作用是指氨基酸在酶的催化下脱去氨基生成 α－酮酸的过程，是体内氨基酸分解代谢的主要途径，在体内大多数组织中均可进行。氨基酸可通过多种方式脱去氨基，包括转氨基作用、氧化脱氨基作用和联合脱氨基作用，其中以联合脱氨基作用最重要。

(一) 转氨基作用

转氨基作用是指在转氨酶的催化下，α－氨基酸分子中的氨基转移到 α－酮酸分子中的酮基上，进而生成新的 α－酮酸和 α－氨基酸的过程。反应式如下。

除甘氨酸、苏氨酸、赖氨酸、脯氨酸和羟脯氨酸外，体内大多数氨基酸均能进行转氨

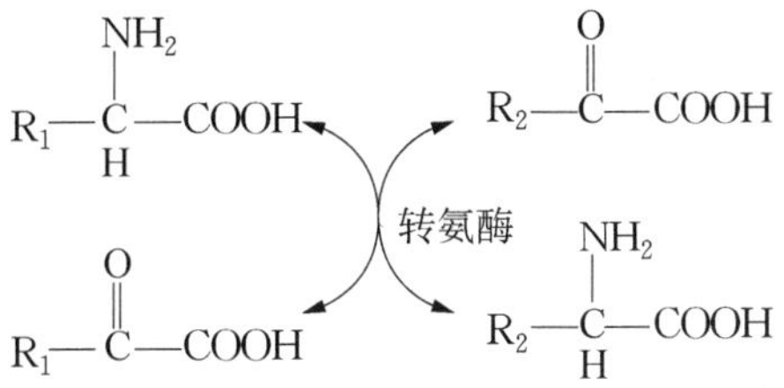

基作用。转氨基作用只发生氨基转移，无游离氨生成。此过程是可逆的，它既是体内氨基酸分解代谢的途径，也是体内合成非必需氨基酸的重要途径。

转氨酶也称为氨基转移酶，其辅酶是磷酸吡哆醛和磷酸吡哆胺，在转氨基过程中两者相互转换，起传递氨基的作用。

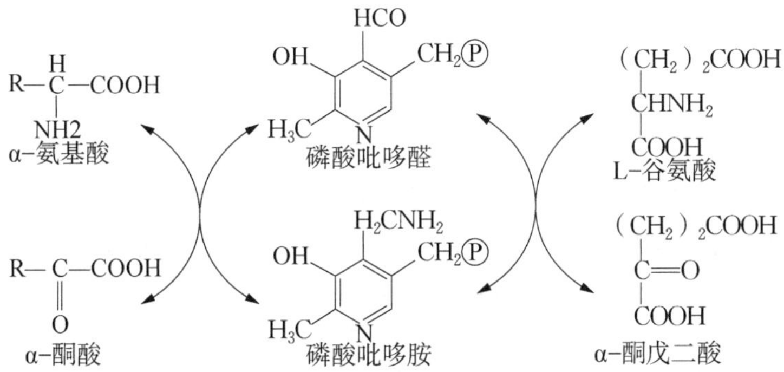

体内转氨酶种类多、分布广。催化活性最强的是丙氨酸转氨酶（alanine aminotransferase，ALT）和天冬氨酸转氨酶（aspartate aminotransferase，AST）。它们催化的反应式分别为

$$丙氨酸 + \alpha\text{-}酮戊二酸 \xrightleftharpoons{ALT} 丙酮酸 + 谷氨酸$$

$$天冬氨酸 + \alpha\text{-}酮戊二酸 \xrightleftharpoons{AST} 草酰乙酸 + 谷氨酸$$

表 9 - 1 所示为正常成人组织中 AST 和 ALT 的活性。

表 9 - 1　正常成人组织中 AST 及 ALT 的活性

组织	AST（U/g 湿组织）	ALT（U/g 湿组织）
心	156 000	7 100
肝	142 000	44 000
骨骼肌	99 000	4 800
肾	91 000	19 000
胰腺	28 000	2 000
脾	14 000	1 200

（续表）

组织	AST(U/g湿组织)	ALT(U/g湿组织)
肺	10000	700
血清	20	16

ALT和AST为细胞内酶，在血清中的含量很低。在正常情况下，ALT在肝细胞中的含量最高，AST在心肌细胞中的含量最高。当某种原因使细胞膜通透性增加或组织细胞受损破裂时，转氨酶可大量从细胞内释放入血，造成血清中转氨酶活性明显增高。如急性肝炎患者血清ALT活性明显升高，心肌梗死患者血清AST活性明显升高。临床以此作为急性肝炎、心肌梗死的辅助性诊断和预后参考指标之一。

（二）氧化脱氨基作用

氧化脱氨基作用是指在酶的催化下，氨基酸在氧化脱氢的同时伴随着脱氨基的过程。组织中有多种催化氨基酸氧化脱氨基的酶，以L-谷氨酸脱氢酶最重要。L-谷氨酸脱氢酶是以NAD^+或$NADP^+$为辅酶的不需氧脱氢酶，主要分布在肝、肾、脑等组织中，具有活性高、专一性强的特点。L-谷氨酸脱氢酶只可催化L-谷氨酸脱氢生成亚谷氨酸，亚谷氨酸再水解脱氨基生成α-酮戊二酸和氨。此反应为可逆反应，其逆过程是细胞内合成谷氨酸的主要途径，反应过程如下。

$$\begin{matrix} COOH \\ | \\ CH_2 \\ | \\ CH_2 \\ | \\ H_2NHC \\ | \\ COOH \\ \text{L-谷氨酸} \end{matrix} \underset{NAD^+ \;\to\; NADH+H^+}{\overset{\text{L-谷氨酸脱氢酶}}{\rightleftharpoons}} \begin{matrix} COOH \\ | \\ CH_2 \\ | \\ CH_2 \\ | \\ C{=}NH \\ | \\ COOH \\ \text{亚谷氨酸} \end{matrix} \underset{NAD+ \;\to\; NADH+H^+}{\overset{+H_2O}{\underset{-H_2O}{\rightleftharpoons}}} \begin{matrix} COOH \\ | \\ CH_2 \\ | \\ CH_2 + NH_3 \\ | \\ C{=}O \\ | \\ COOH \\ \alpha\text{-酮戊二酸} \end{matrix}$$

L-谷氨酸脱氢酶是一种变构酶。GDP和ADP是L-谷氨酸脱氢酶的变构激活剂，GTP和ATP是L-谷氨酸脱氢酶的变构抑制剂。因此，当体内GTP和ATP不足时，L-谷氨酸加速氧化脱氢，这对于氨基酸氧化供能起着十分重要的调节作用。

（三）联合脱氨基作用

联合脱氨基作用是指转氨基作用和氧化脱氨基作用相偶联，使氨基酸脱去α-氨基并产生氨的过程。联合脱氨基作用是体内氨基酸脱氨基最主要的方式，主要有以下2条反应途径。

1. *转氨酶和L-谷氨酸脱氢酶联合催化的脱氨基作用*　在转氨酶的催化下，α-氨基酸与α-酮戊二酸反应生成α-酮酸和谷氨酸。谷氨酸在谷氨酸脱氢酶的催化下水解脱氨生成α-酮戊二酸和NH_3。此联合脱氨基作用主要在肝、肾等组织中进行(图9-2)。

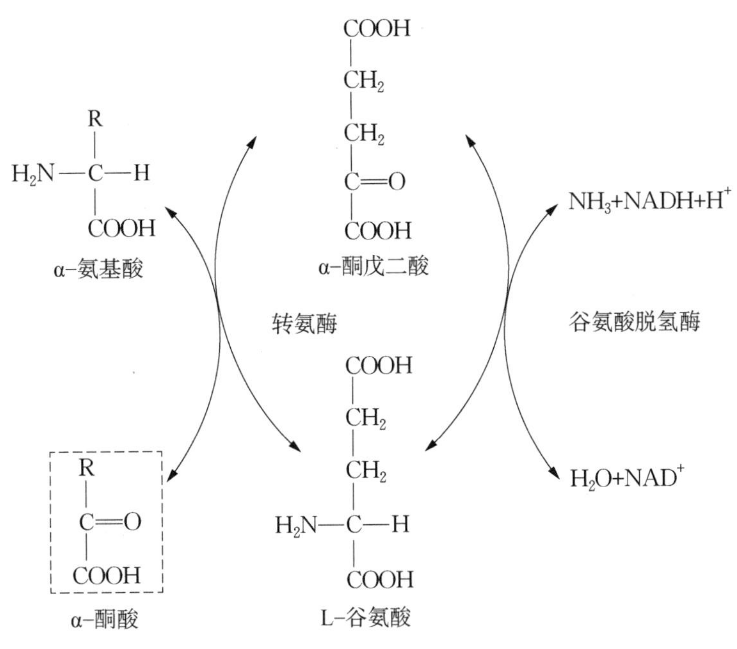

图 9-2　氨基酸的联合脱氨基作用

该反应过程是可逆的，其逆过程是体内合成非必需氨基酸的主要途径。

2. 嘌呤核苷酸循环　骨骼肌和心肌组织中谷氨酸脱氢酶的活性很低，难以通过上述联合脱氨基方式脱氨。但在肌肉组织中存在另一种特殊的联合脱氨基方式，即嘌呤核苷酸循环（purine nucleotide cycle）。

嘌呤核苷酸循环的具体途径：氨基酸通过连续的转氨基作用将氨基转移给草酰乙酸，生成天冬氨酸；在腺苷酸代琥珀酸合成酶的催化下，天冬氨酸与次黄嘌呤核苷酸（IMP）反应生成腺苷酸代琥珀酸；腺苷酸代琥珀酸在腺苷代琥珀酸裂解酶的催化下生成延胡索酸和腺嘌呤核苷酸（AMP）；AMP 在腺苷酸脱氨酶的催化下脱去氨基生成 IMP 和氨（图 9-3）。

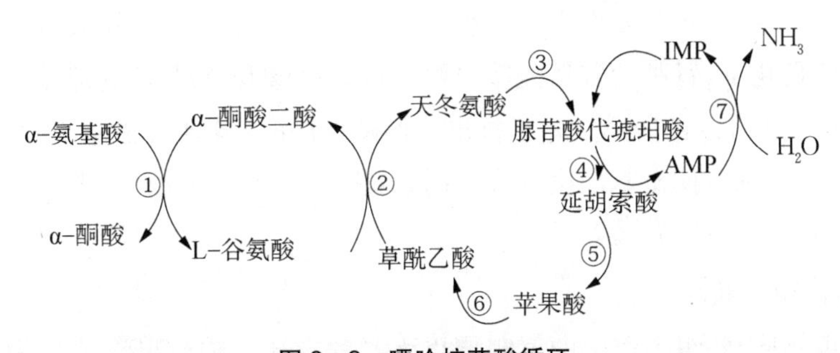

图 9-3　嘌呤核苷酸循环

注　①转氨酶；②谷草转氨酶；③腺苷酸代琥珀酸合成酶；④腺苷酸代琥珀酸裂解酶；⑤延胡索酸酶；⑥苹果酸脱氢酶；⑦腺苷酸脱氨酶

由此可见，嘌呤核苷酸循环是联系氨基酸代谢和核苷酸代谢的重要途径。

二、氨的代谢

体内氨基酸分解代谢产生的氨和由肠道吸收的氨进入血液，形成血氨。氨具有强烈的神经毒性，能透过细胞膜与血脑屏障，对中枢神经系统的毒害作用尤为明显，可引起脑功能紊乱。在正常情况下，氨主要经肝脏合成尿素而解毒，故正常人的血氨浓度很低，一般不超过 0.06 mmol/L(图 9-4)。

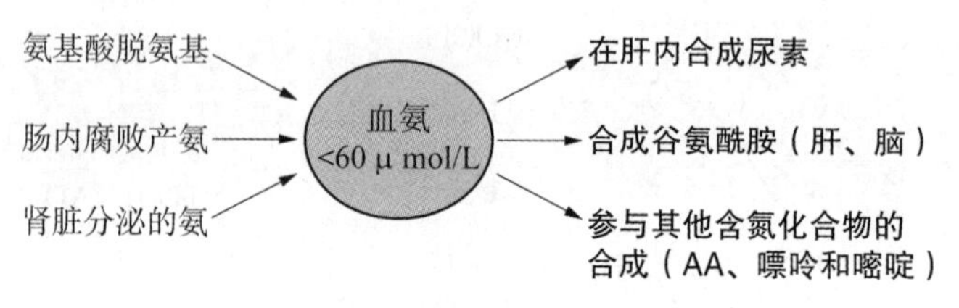

图 9-4 血氨的来源与去路

(一) 体内氨的来源

1. *氨基酸脱氨基作用及胺的分解产生的氨* 体内各组织中的氨基酸经脱氨基作用产生的氨是体内氨的主要来源，胺类的分解也可以产生氨。

$$RCH_2NH_2 \xrightarrow{\text{胺氧化酶}} RCHO + NH_3$$

2. *肠道吸收的氨* 自肠道吸收的氨是体内血氨的重要来源，平均每天约为 4 g。肠道吸收的氨有两个来源：一是食物蛋白质经肠道腐败作用产生的氨；二是从体液渗入肠道的尿素，经肠道细菌水解产生的氨。两者均可在肠道被吸收。

当肠道 pH 值较低时，NH_3 与 H^+ 形成 NH_4^+ 不易被吸收，从粪便排出；若肠道 pH 值偏高时，氨的吸收增强。临床上对高血氨患者采用弱酸性透析液做结肠透析，而禁用碱性肥皂水灌肠，目的就是减少氨的吸收。

3. *肾小管上皮细胞分泌的氨* 肾小管上皮细胞分泌的氨主要来自谷氨酰胺。在谷氨酰胺酶的催化下，肾脏的谷氨酰胺水解生成谷氨酸和 NH_3。这部分氨主要与尿中的 H^+ 结合成 NH_4^+，以铵盐形式随尿排出。但碱性尿时，氨则可被重吸收进入血液，成为血氨的另一个来源，使血氨浓度升高。因此，临床上对肝硬化产生腹水的患者不宜使用碱性利尿药，以防血氨升高。

(二) 体内氨的转运

氨是有毒物质，各组织产生的氨需要以无毒的方式运输到肝合成尿素或运送到肾以铵盐形式随尿排出。氨在血液中的运输主要以丙氨酸和谷氨酰胺两种形式进行。

1. *丙氨酸-葡萄糖循环* 肌肉组织中的氨基酸与丙酮酸经转氨基作用生成丙氨酸，然后随血液运输到肝脏。在肝脏内，丙氨酸通过联合脱氨基作用生成氨和丙酮酸，其中氨可用于合成尿素，丙酮酸则可经过糖异生作用生成葡萄糖。葡萄糖经血液运输到肌肉组织再分解为丙酮酸，丙酮酸再接受氨基生成丙氨酸（图 9－5）。丙氨酸和葡萄糖在肌肉组织和肝脏之间反复进行氨的转运，将此途径称为丙氨酸-葡萄糖循环。

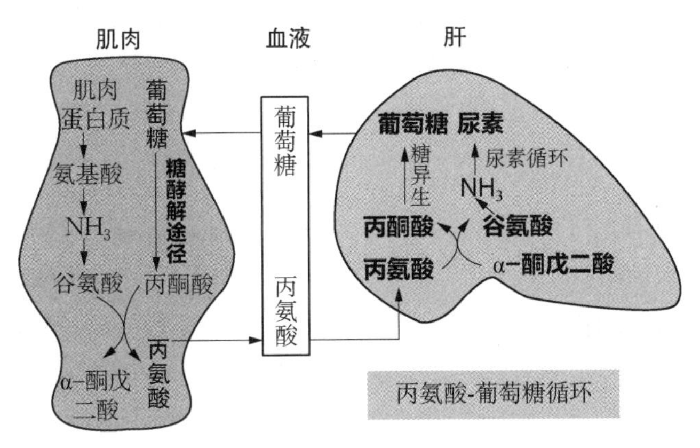

图 9－5　丙氨酸-葡萄糖循环

丙氨酸-葡萄糖循环不仅能使肌肉组织中的氨以丙氨酸的形式运输到肝脏中进行代谢，而且又为肌肉组织提供了糖异生的原料。

2. *谷氨酰胺的运氨作用*　在脑、肌肉等组织中，氨和谷氨酸在谷氨酰胺合成酶的催化下生成谷氨酰胺，该反应需要 ATP 参与。谷氨酰胺由血液运输到肝脏或肾脏，再经谷氨酰胺酶水解生成谷氨酸和氨。谷氨酰胺的合成与分解是由不同的酶所催化的不可逆反应。

$$\text{谷氨酸} + NH_3 + ATP \xrightarrow{\text{谷氨酰胺合成酶}} \text{谷氨酰胺} + ADP + Pi$$

$$\text{谷氨酰胺} + H_2O \xrightarrow{\text{谷氨酰胺酶}} \text{谷氨酸} + NH_3$$

在肝脏中，氨合成尿素经肾脏随尿液排出体外；在肾脏中，氨与 H^+ 结合生成铵盐后随尿液排出体外。可见，谷氨酰胺既是氨的解毒形式，也是氨的贮存和运输形式。

（三）体内氨的去路

合成尿素是氨的主要去路，也是体内解氨毒的主要方式，占排出氮的 80%以上。一部分氨可以合成谷氨酰胺等非必需氨基酸，也可参与合成其他含氮化合物；少量的氨以铵盐的形式随尿液排出体外。

1. *合成尿素*　在正常情况下，体内氨的主要去路是在肝脏内合成无毒的尿素并由肾脏排出。此外，肾脏和脑等其他组织也能合成尿素，但合成量甚微。尿素的合成是以 NH_3 和 CO_2 为原料，通过鸟氨酸循环（ornithine cycle）完成的。

鸟氨酸循环在肝细胞的线粒体和胞质中进行，分 4 步进行。

1）氨基甲酰磷酸的合成　在肝细胞线粒体内，NH_3 和 CO_2 在氨基甲酰磷酸合成酶 I（CSP－I）的催化下生成氨基甲酰磷酸。CSP－I 的辅助因子有 Mg^{2+}、ATP 和 N－乙酰谷氨酸。此反应为不可逆反应，消耗 2 分子 ATP。

$$NH_3 + CO_2 + H_2O + 2ATP \xrightarrow[Mg^{2+}, N\text{-乙酰谷氨酸}]{\text{氨基甲酰磷酸合成酶 I}} H_2N—COO \sim PO_3H_2 + 2ADP + Pi$$

2）瓜氨酸的合成　在鸟氨酸氨基甲酰转移酶的催化下，氨基甲酰磷酸与鸟氨酸缩合生成瓜氨酸。此反应不可逆，在线粒体中进行。

$$\underset{\text{鸟氨酸}}{NH_2—(CH_2)_3—CHNH_2—COOH} + H_2N—COO\sim ⓟ \xrightarrow{\text{鸟氨酸氨基甲酰转移酶}} \underset{\text{瓜氨酸}}{NH_2—C(=O)—NH—(CH_2)_3—CHNH_2—COOH}$$

3）精氨酸的合成　瓜氨酸合成后由线粒体内膜通过载体转运至胞质，在精氨酸代琥珀酸合成酶的催化下，由 ATP 供能，与天冬氨酸作用生成精氨酸代琥珀酸。精氨酸代琥珀酸在精氨酸代琥珀酸裂解酶的催化下裂解为精氨酸和延胡索酸。

$$\underset{\text{瓜氨酸}}{NH_2—C(=O)—NH—(CH_2)_3—CHNH_2—COOH} + \underset{\text{天冬氨酸}}{COOH—CHNH_2—CH_2—COOH} \xrightarrow[ATP\ \ AMP+PPi\ \ H_2O]{\text{精氨酸代琥珀酸合成酶, } Mg^{2+}} \underset{\text{精氨酸代琥珀酸}}{NH_2—C(=N—CH(COOH)—CH_2—COOH)—NH—(CH_2)_3—CHNH_2—COOH} \xrightarrow{\text{精氨酸代琥珀酸裂解酶}} \underset{\text{精氨酸}}{NH_2—C(=NH)—NH—(CH_2)_3—CHNH_2—COOH} + \underset{\text{延胡索酸}}{COOH—CH=CH—COOH}$$

4）尿素的生成　在胞质中，精氨酸在精氨酸酶的作用下，水解生成尿素和鸟氨酸。鸟氨酸通过载体转运进入线粒体再参与瓜氨酸的合成，如此循环合成尿素（图 9－6）。

$$\underset{\text{精氨酸}}{H_2N—C(=NH)—NH—(CH_2)_3—CHNH_2—COOH} \xrightarrow[H_2O]{\text{精氨酸酶}} \underset{\text{尿素}}{NH_2—C(=O)—NH_2} + \underset{\text{鸟氨酸}}{NH_2—(CH_2)_3—CHNH_2—COOH}$$

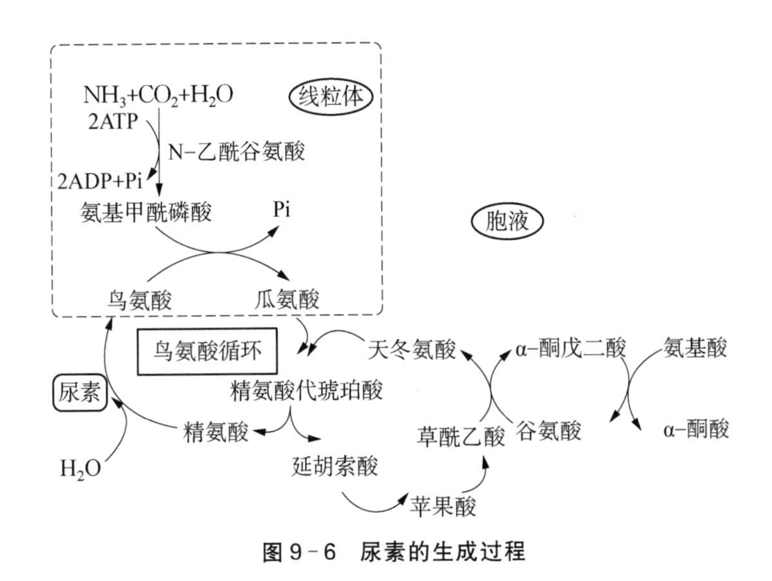

图 9-6　尿素的生成过程

尿素生成的总反应式为：

$$2NH_3+CO_2+3H_2O+3ATP+Asp \longrightarrow CO(NH_2)_2+2ADP+2Pi+PPi+\text{延胡索酸}$$

综上所述，鸟氨酸循环的特点和生理意义总结如下。

(1) 鸟氨酸循环的特点：①合成部位主要在肝脏的线粒体和胞液中；②尿素分子中的 2 个氮原子，一个来自 NH_3，另一个来自天冬氨酸；③合成 1 分子尿素，需要消耗 4 个高能磷酸键；④精氨酸代琥珀酸合成酶是尿素合成的关键酶。

(2) 鸟氨酸循环的生理意义：①体内大部分氨参与鸟氨酸循环合成尿素，随尿液排出体外，以解除氨的毒性作用。②鸟氨酸循环中每一种酶的先天性缺陷所产生的疾病，都会导致氨在体内堆积，产生氨毒性。例如，氨基甲酰磷酸合成酶或鸟氨酸氨基甲酰转移酶缺陷引起先天性高血氨症，可导致新生儿呕吐、昏睡及惊厥等氨中毒症状。

2. 合成谷氨酰胺　在脑、肌肉等组织中，由 ATP 供能，氨与谷氨酸在谷氨酰胺合成酶的催化下合成无毒的谷氨酰胺。

3. 合成其他含氮化合物　氨与 α-酮戊二酸经转氨基作用生成相应的 α-酮酸和谷氨酸，谷氨酸再与其他 α-酮酸经转氨基作用的逆过程合成非必需氨基酸。氨还可提供氮源，参与嘌呤碱基、嘧啶碱基等含氮化合物的合成。

(四) 高血氨症与肝性脑病

在正常生理情况下，血氨的来源和去路保持动态平衡，肝合成尿素是维持平衡的关键。当肝功能严重受损时，尿素合成障碍，血氨浓度升高，引起高血氨症。

血氨增高时，NH_3 进入脑组织与 α-酮戊二酸结合生成谷氨酸，NH_3 可进一步与谷氨酸结合生成谷氨酰胺。这两步反应需消耗 $NADH+H^+$ 和 ATP，并使脑细胞的 α-酮戊二酸减少，导致三羧酸循环和氧化磷酸化作用减弱，脑组织 ATP 生成减少，引起大脑功能障碍，严重时可导致昏迷，称为肝性脑病（图 9－7）。严重肝病患者控制食物中蛋白质的摄入，是防治肝性脑病的重要措施之一。

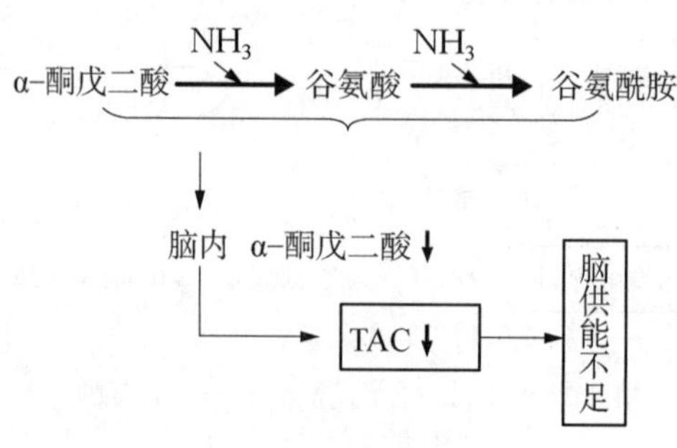

图 9－7 氨中毒的可能机制

拓展阅读 9－1 肝性脑病与饮食护理

三、α-酮酸的代谢

氨基酸经脱氨基作用生成的 α-酮酸主要有以下 3 条代谢途径。

（一）合成非必需氨基酸

α-酮酸经转氨基作用或联合脱氨基作用的逆反应，合成相应的非必需氨基酸。

（二）转变成糖或脂类

α-酮酸可以转变为糖或脂肪。大多数氨基酸在体内能生成糖，这些氨基酸称为生糖氨基酸。少数几种氨基酸如苯丙氨酸、酪氨酸等在体内能生成糖和酮体，这些氨基酸称为生糖兼生酮氨基酸。亮氨酸和赖氨酸在体内只能生成酮体，称为生酮氨基酸（表 9－2）。

表 9－2 氨基酸生糖及生酮性质的分类

分类	氨基酸
生糖氨基酸	丙氨酸、精氨酸、天冬氨酸、天冬酰胺、半胱氨酸、谷氨酸、谷氨酰胺、甘氨酸、脯氨酸、甲硫氨酸、丝氨酸、组氨酸、缬氨酸、硒代半胱氨酸
生糖兼生酮氨基酸	苯丙氨酸、酪氨酸、色氨酸、苏氨酸、异亮氨酸
生酮氨基酸	赖氨酸、亮氨酸

（三）氧化供能

α-酮酸在体内能够通过三羧酸循环彻底氧化生成 CO_2 和 H_2O，同时释放能量供机体利用。

第三节　个别氨基酸的代谢

一、氨基酸的脱羧基作用

某些氨基酸在体内可以通过脱羧基作用生成 CO_2 和相应的胺类。催化脱羧基作用的酶是氨基酸脱羧酶，其辅酶是磷酸吡哆醛。在正常情况下，虽然胺在体内的含量不高，但具有重要的生理功能。

$$\underset{\text{氨基酸}}{R-\underset{NH_2}{\underset{|}{\overset{H}{C}}}-COOH} \xrightarrow[\text{磷酸吡哆醛}]{\text{氨基酸脱羧酶}} \underset{\text{胺}}{R-\underset{NH_2}{\underset{|}{CH_2}}} + CO_2$$

(一) γ-氨基丁酸

谷氨酸在谷氨酸脱羧酶的作用下，脱去羧基生成 γ-氨基丁酸（γ-aminobutyric，GABA）。谷氨酸脱羧酶在脑、肾组织中活性很高，所以脑中 GABA 的含量较多。

$$\underset{\text{L-谷氨酸}}{COOH-(CH_2)_2-CHNH_2-COOH} \xrightarrow{\text{L-谷氨酸脱羧酶}} \underset{\text{γ-氨基丁酸}}{COOH-(CH_2)_2-CH_2NH_2} + CO_2$$

γ-氨基丁酸是抑制性神经递质，对中枢神经有抑制作用。临床上用维生素 B_6 治疗妊娠呕吐及小儿抽搐，其机制是磷酸吡哆醛是氨基酸脱羧酶的辅酶，可使体内 GABA 浓度增高。

(二) 组胺

组氨酸在组氨酸脱羧酶的催化下，脱去羧基生成组胺（histamine）。组胺主要由肥大细胞产生并储存，当肥大细胞破坏时，可释放大量的组胺，造成过敏反应。

$$\underset{\text{组氨酸}}{\text{咪唑基}-CH_2-\underset{NH_2}{\underset{|}{\overset{H}{C}}}-COOH} \xrightarrow{\text{组氨酸脱羧酶}} \underset{\text{组胺}}{\text{咪唑基}-CH_2-\underset{NH_2}{\underset{|}{CH_2}}} + CO_2$$

组胺是一种强烈的血管扩张剂，可引起局部水肿、血压下降，还可使毛细血管通透性增加，严重时可引起休克。此外，组胺还可刺激胃黏膜细胞分泌蛋白酶和胃酸。

(三) 5-羟色胺

色氨酸在色氨酸羟化酶的作用下生成 5-羟色氨酸，再经 5-羟色氨酸脱羧酶催化，生成 5 -羟色胺(5-hydroxytryptamine，5 - HT)。

5 -羟色胺广泛分布于神经组织、胃肠、血小板及乳腺细胞中。脑内的 5 -羟色胺可作为抑制性神经递质,与睡眠、疼痛和体温调节有关。在外周组织中,5 -羟色胺有收缩血管升高血压的作用。

色氨酸 —(色氨酸羟化酶)→ 5-羟色氨酸 —(5-羟色氨酸脱羧酶, $-CO_2$)→ 5-羟色胺

色氨酸: $CH_2CHCOOH$ (NH$_2$), N—H

5-羟色氨酸: HO, $CH_2CHCOOH$ (NH$_2$), N—H

5-羟色胺: HO, $CH_2CH_2-NH_2$, N—H

(四) 多胺

多胺主要有精脒和精胺,两者均为鸟氨酸脱羧作用的产物。精脒和精胺能促进核酸和蛋白质的生物合成,故其最重要的生理功能与细胞增殖、生长有关。凡生长旺盛的组织,如胚胎、再生肝、肿瘤等组织中多胺含量均增高。临床上常以测定血液或尿液中多胺含量,作为肿瘤的辅助诊断及观察病情变化的指标之一。

鸟氨酸 $NH_2-(CH_2)_3-CHNH_2-COOH$ —(鸟氨酸脱羧酶, $-CO_2$)→ 腐胺 $NH_2-(CH_2)_4-NH_2$ —(丙胺转移酶; S-腺苷蛋氨酸 → 甲硫腺苷, CO_2)→ 精脒 $NH_2-(CH_2)_3-HN-(CH_2)_4-NH_2$

精脒 —(S-腺苷蛋氨酸 → 甲硫腺苷, CO_2)→ 精胺 $HN-(H_2C)_3-NH_2$ / $(CH_2)_4$ / $HN-(H_2C)_3-NH_2$

二、一碳单位的代谢

某些氨基酸在分解代谢过程中可以产生含有 1 个碳原子的有机基团，称为一碳单位（one carbon unit）。体内的一碳单位有甲基（$—CH_3$）、甲烯基（$—CH_2—$）、甲炔基（═CH—）、甲酰基（—CHO）及亚氨甲基（—CH ═NH）等。凡涉及 1 个碳原子有机基团的转移和代谢的反应，通称为一碳单位的代谢。

（一）一碳单位的载体

一碳单位在体内不能游离存在，常与四氢叶酸（FH_4）结合运转和参与代谢，因此 FH_4 是一碳单位的载体。FH_4 的分子结构式如下：

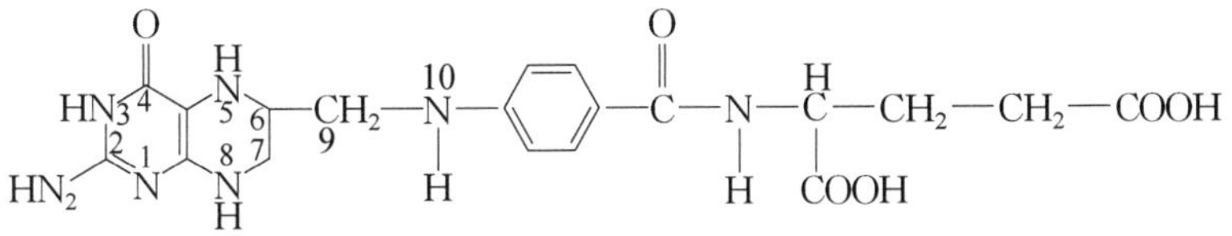

一碳单位常结合在四氢叶酸的 N^5、N^{10} 位置上，通常在 FH_4 的前面加以 N^5、N^{10} 字样，以表示一碳单位的位置。携带一碳单位的位点如表 9－3 所示。

表 9－3　FH_4 携带一碳单位的位点

一碳单位	与 FH_4 结合的位点
甲基（$—CH_3$）	N^5
甲烯基（$—CH_2—$）	N^5 和 N^{10}
甲炔基（—CH ═）	N^5 和 N^{10}
甲酰基（—CHO）	N^5 或 N^{10}
亚氨甲基（—CH ═NH）	N^5

（二）一碳单位的来源与相互转化

一碳单位主要来自丝氨酸、甘氨酸、组氨酸及色氨酸的分解代谢。其中丝氨酸是最主要的来源。不同的氨基酸代谢产生一碳单位与 FH_4 结合后，在相关酶的催化下通过氧化还原反应能相互转化。N^5 -甲基四氢叶酸的生成过程基本上是不可逆的（图 9－8）。

（三）一碳单位的生理功能

（1）一碳单位是合成嘌呤和嘧啶的原料，直接参与核酸的生物合成。一碳单位是氨基酸分解代谢的产物，所以一碳单位是联系氨基酸代谢和核酸代谢的枢纽。

（2）提供甲基：一碳单位直接参与 S-腺苷蛋氨酸的合成，为激素、核酸、磷脂等合成提供甲基。

（3）与新药设计密切相关：一碳单位的代谢以 FH_4 为辅酶，如能影响叶酸的合成或

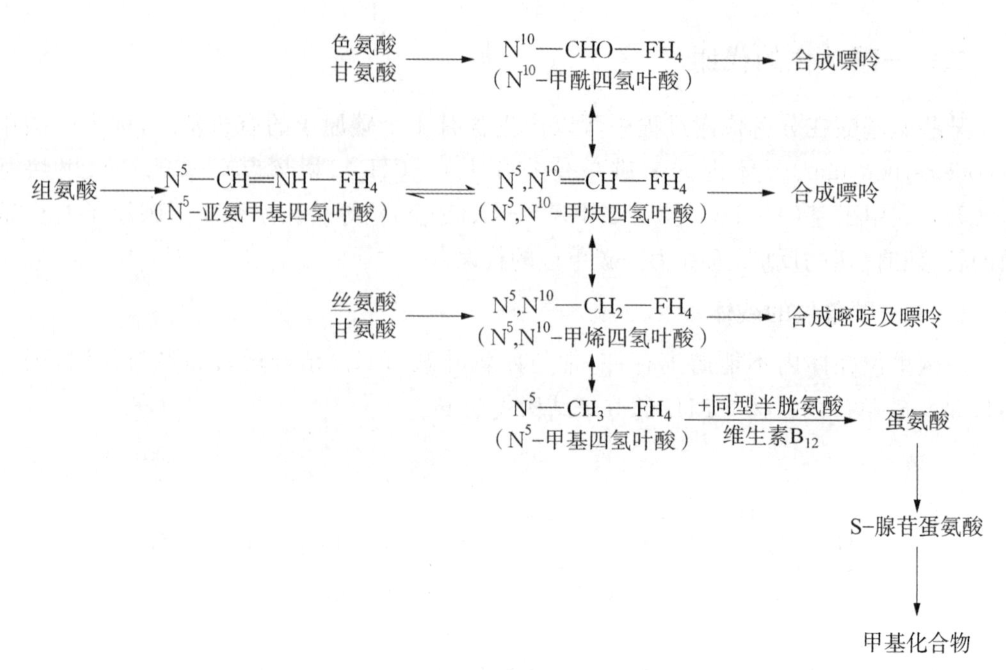

图 9-8 一碳单位的来源及相互转化

影响叶酸转变为 FH_4，都可导致一碳单位代谢紊乱，影响正常的生命活动。临床上应用磺胺药抑菌及甲氨蝶呤抗肿瘤，就是通过影响一碳单位的代谢，进而干扰核酸合成而发挥作用的。

思政小课堂 9-1 科研精神

三、含硫氨基酸的代谢

体内含硫氨基酸包括蛋氨酸、半胱氨酸、硒代半胱氨酸和胱氨酸 4 种。半胱氨酸和胱氨酸可以相互转变。蛋氨酸可转变为半胱氨酸，蛋氨酸为必需氨基酸，故半胱氨酸充足时可减少蛋氨酸的消耗。

（一）蛋氨酸代谢

1. *蛋氨酸与转甲基作用* 蛋氨酸与 ATP 作用生成 S-腺苷蛋氨酸（SAM），SAM 为活性蛋氨酸，所含甲基为活性甲基。其在转甲基酶的催化下，可为机体提供许多重要的化合物，如肾上腺素、肌酸、肉毒碱等合成时需要的甲基。

2. *蛋氨酸循环* 蛋氨酸活化后，生成 S-腺苷蛋氨酸。SAM 在甲基转移酶催化下，将甲基转移给甲基受体（RH）后，转变成 S-腺苷同型半胱氨酸，然后脱去腺苷成为同型半胱氨酸；从 N^5—CH_3—FH_4 上再获得甲基，可重新生成蛋氨酸。此循环过程称为蛋氨酸循环（图 9-9）。

通过蛋氨酸循环，N^5—CH_3—FH_4 可间接为机体提供所需的甲基，进行甲基化反应。循环中的甲基转移酶的辅酶是维生素 B_{12}。因此，B_{12} 缺乏时一碳单位的利用会受

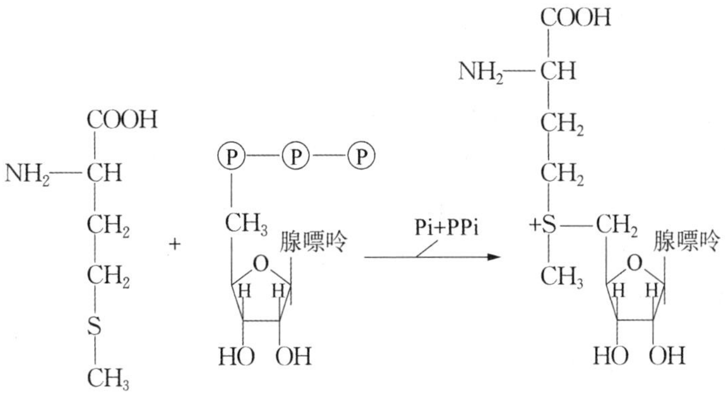

蛋氨酸　+　ATP　$\xrightarrow{\text{Pi+PPi}}$　S-腺苷蛋氨酸

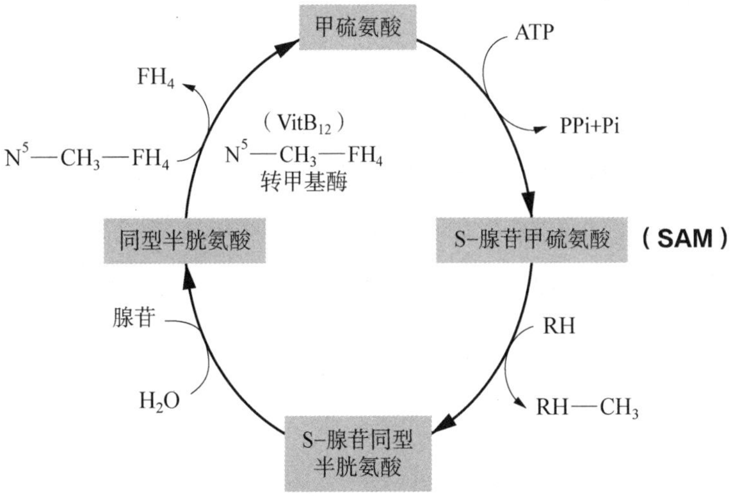

图 9-9　蛋氨酸循环

到影响，核酸合成产生障碍，使骨髓造血功能受损导致巨幼红细胞性贫血。

（二）半胱氨酸和胱氨酸的代谢

1. 半胱氨酸和胱氨酸的互变　半胱氨酸含有巯基（—SH），胱氨酸含有二硫键，两者可以相互转变。

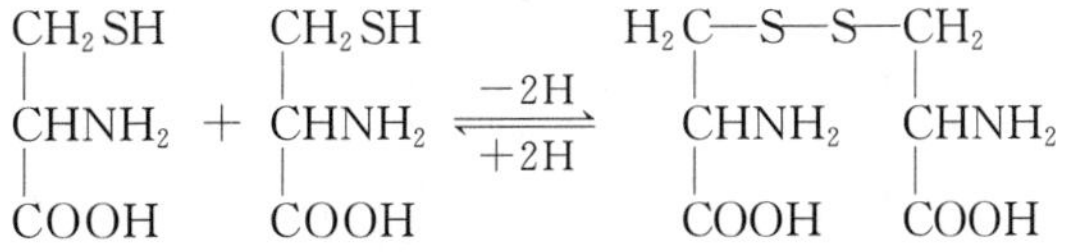

$$\underset{\text{半胱氨酸}}{\begin{matrix}CH_2SH\\|\\CHNH_2\\|\\COOH\end{matrix}} + \underset{\text{半胱氨酸}}{\begin{matrix}CH_2SH\\|\\CHNH_2\\|\\COOH\end{matrix}} \underset{+2H}{\overset{-2H}{\rightleftharpoons}} \underset{\text{胱氨酸}}{\begin{matrix}H_2C-S-S-CH_2\\|\qquad\qquad|\\CHNH_2\quad CHNH_2\\|\qquad\qquad|\\COOH\quad COOH\end{matrix}}$$

许多酶的活性与其半胱氨酸上的—SH 有重要关系，这些酶称为巯基酶。例如，琥珀酸脱氢酶、乳酸脱氢酶等。还原型谷胱甘肽能保护酶分子上的巯基，若巯基被破坏，酶就失去活性。蛋白质分子中 2 个半胱氨酸残基之间形成二硫键，对维持蛋白质的空间结构具有重要的作用。

2. 合成牛磺酸　半胱氨酸经氧化、脱羧生成牛磺酸，成为结合胆汁酸的重要组成部分。

3. 硫酸根的代谢　半胱氨酸有多种代谢途径，其巯基的主要去路是生成硫酸根（SO_4^{2-}）。体内的硫酸根一部分以无机盐的形式随尿液排出；另一部分经 ATP 活化生成活性硫酸根，即 3′-磷酸腺苷-5′-磷酸硫酸（3′-phospho-adenosine-5′-phosph-sulfate，PAPS）。PAPS 化学性质活泼，参与蛋白质、糖和脂类的硫酸化反应，与固醇类、酚类及胆红素等结合增加极性，利于从尿液中排出。

$$ATP + SO_4^{2-} \xrightarrow{\nearrow PPi} AMP\text{-}SO^{3-} + ATP \longrightarrow \underset{PAPS}{3'\text{-}PO_3H_2\text{-}AMP\text{-}SO_3} + ADP$$

四、芳香族氨基酸的代谢

云视频 9-1　芳香族氨基酸的代谢

芳香族氨基酸主要包括苯丙氨酸、酪氨酸和色氨酸。苯丙氨酸与酪氨酸结构相似，机体内的苯丙氨酸一般转变为酪氨酸进行代谢（图 9-10）。

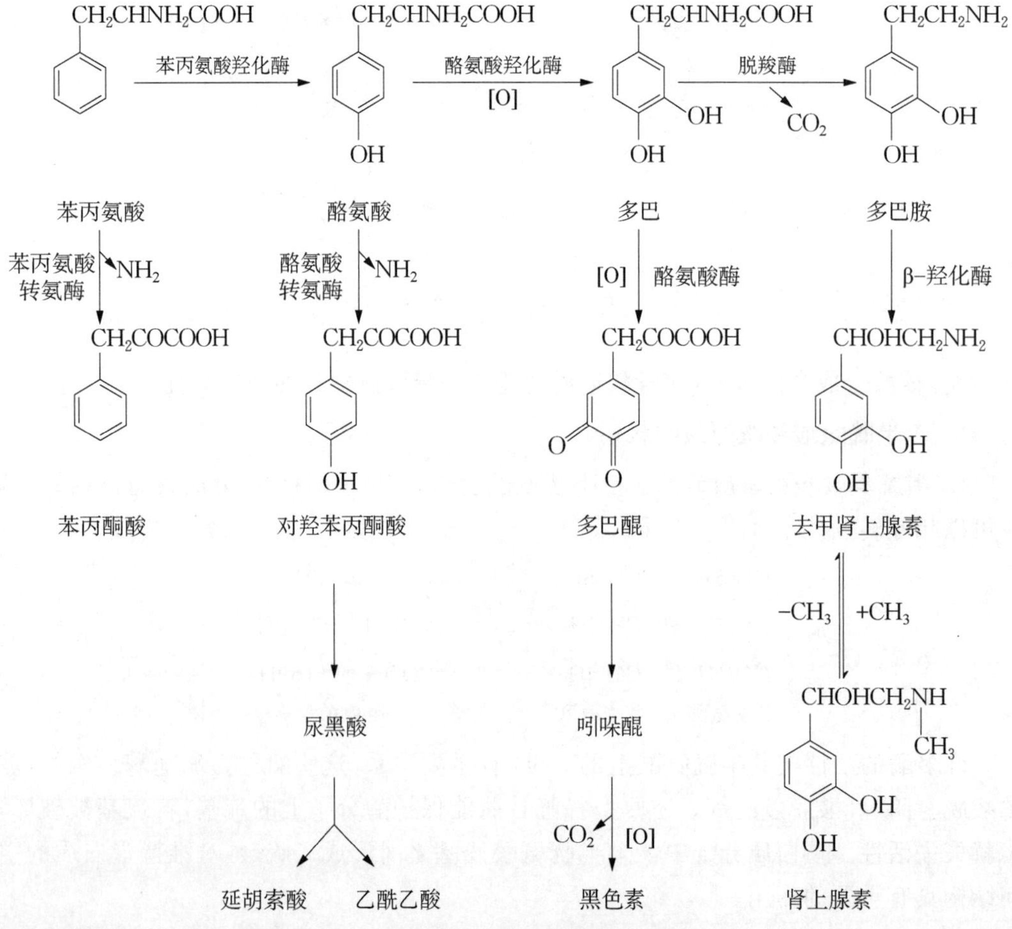

图 9-10　苯丙氨酸与酪氨酸的代谢

（一）苯丙氨酸的代谢

苯丙氨酸在苯丙氨酸羟化酶的催化下羟化生成酪氨酸，这是苯丙氨酸的主要代谢途径。当苯丙氨酸羟化酶缺乏时，苯丙氨酸不能正常地转变为酪氨酸，则经转氨基作用生成苯丙酮酸，使尿中出现大量的苯丙酮酸，称为苯丙酮酸尿症。这是一种先天性代谢缺陷病，患者以儿童居多。因苯丙酮酸堆积，对中枢神经系统有毒性，造成患儿智力发育障碍。对此病的防治，宜早期发现并控制膳食中的苯丙氨酸含量。

在线案例 9-1　苯丙酮酸尿症

（二）酪氨酸的代谢

酪氨酸是合成神经递质、激素（肾上腺素、去甲肾上腺素、甲状腺素）及黑色素等的原料。

1．转变为儿茶酚胺　酪氨酸经酪氨酸羟化酶作用生成多巴，多巴脱羧形成多巴胺，再经羟化可生成去甲肾上腺素，后者甲基化转变为肾上腺素。多巴、多巴胺、去甲肾上腺素、肾上腺素统称为儿茶酚胺，这些物质属于神经递质或激素，具有重要的生理功能。

2．转变为黑色素　多巴经酪氨酸酶催化，氧化脱羧生成黑色素。如果人体缺乏酪氨酸酶，则黑色素生成障碍，表现为皮肤、毛发等发白，称为白化病。

在线案例 9-2　白化病

3．酪氨酸的分解代谢　酪氨酸在酪氨酸转氨酶的催化下，生成对羟苯丙酮酸，后者经尿黑酸等中间产物进一步转变成延胡索酸和乙酰乙酸，两者分别参与糖和脂肪酸的代谢。如果尿黑酸氧化酶缺乏，则尿黑酸不能氧化分解而由尿液排出，尿液与空气接触后使尿液呈黑色，称尿黑酸症。

COOH | CHNH$_2$ | CH$_2$ | (苯环) | OH —酪氨酸转氨酶→ COOH | C=O | CH$_2$ | (苯环) | OH → OH, CH$_2$COOH (苯环) OH → → COOH | CH = CH | HOOC + CH$_3$ | C=O | CH$_2$ | COOH

酪氨酸　　对羟苯丙酮酸　　尿黑酸　　延胡索酸　　乙酰乙酸

（三）色氨酸的代谢

色氨酸是生糖兼生酮氨基酸，在体内代谢后可生成 5-羟色胺、一碳单位、丙酮酸、乙酰乙酰 CoA。此外，色氨酸分解还可产生烟酸，但生成量很少，不能满足机体正常生理活动的需要。

第四节　核苷酸代谢

一、核苷酸的合成代谢

体内的核苷酸(nucleotide)主要来自机体自身合成，机体合成核苷酸的方式有2种：从头合成和补救合成。从头合成是指机体利用5-磷酸核糖、氨基酸、CO_2、一碳单位等小分子物质为原料，经过一系列反应合成嘌呤核苷酸和嘧啶核苷酸，它是机体获得核苷酸的主要途径。补救合成是指机体利用现有的碱基或核苷为原料合成嘌呤核苷酸和嘧啶核苷酸的过程。

(一) 嘌呤核苷酸的合成代谢

嘌呤核苷酸的合成途径有从头合成和补救合成2条途径，其中从头合成是主要的合成途径。

1. 嘌呤核苷酸的从头合成途径

1) 从头合成的原料　同位素标记实验证明，嘌呤核苷酸从头合成的原料为5-磷酸核糖、谷氨酰胺、天冬氨酸、甘氨酸、CO_2 和一碳单位(图9-11)。

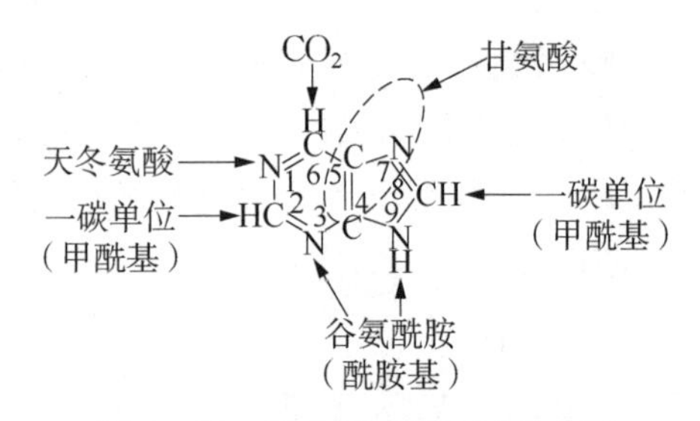

图9-11　嘌呤环上各原子的来源

2) 从头合成的场所　主要是肝脏，其次是小肠黏膜和胸腺。合成过程是在细胞质中进行的。

3) 从头合成的过程　嘌呤核苷酸从头合成的过程比较复杂，大致可以分为2个阶段：第1阶段，合成次黄嘌呤核苷酸(IMP)；第2阶段，IMP转变为腺苷一磷酸(AMP)和鸟苷一磷酸(GMP)。

(1) IMP的合成：首先，由磷酸戊糖途径产生的5-磷酸核糖(R-5-P)与ATP在磷酸核糖焦磷酸激酶作用下反应生成1-焦磷酸-5-磷酸核糖(PRPP)。其次，PRPP先脱去焦磷酸，以核糖的第一位碳原子与谷氨酰胺的氨基($—NH_2$)相结合；然后，依次将甘氨酸、一碳单位、CO_2 和天冬氨酸等基团连接上去，经过10步反应，最终生成次黄嘌呤核苷酸(IMP)，如图9-12所示。

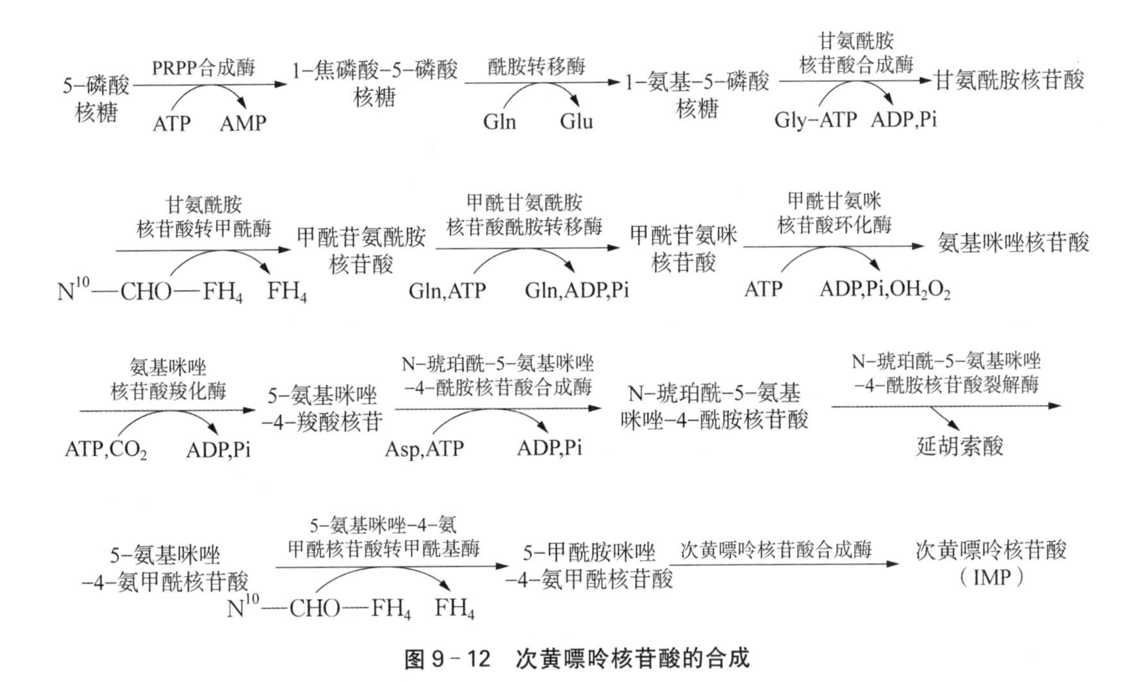

图 9－12　次黄嘌呤核苷酸的合成

（2）AMP 和 GMP 的生成：IMP 是合成 AMP 和 GMP 的共同前体。IMP 在腺苷酸代琥珀酸合成酶的作用下由 GTP 提供能量与天冬氨酸反应生成腺苷代琥珀酸，然后腺苷代琥珀酸在腺苷酸代琥珀酸裂解酶的作用下脱掉延胡索酸生成 AMP。IMP 在次黄嘌呤脱氢酶的作用下与 H_2O 反应生成黄嘌呤核苷酸（XMP），XMP 在 GMP 合成酶的作用下由 ATP 提供能量与谷氨酰胺反应生成 GMP（图 9－13）。

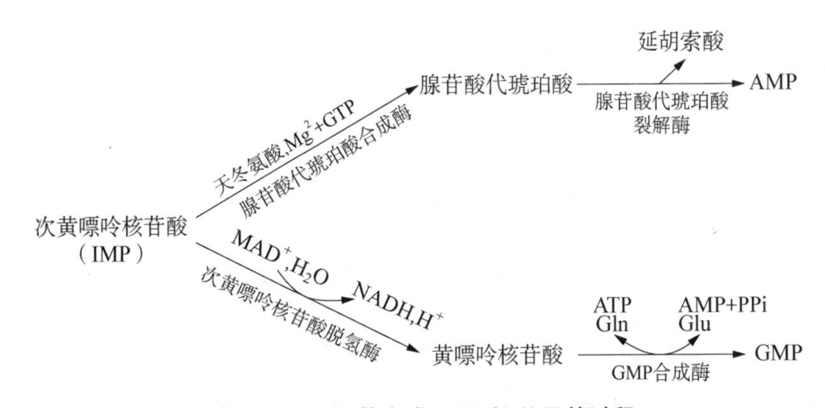

图 9－13　IMP 转变成 AMP 和 GMP 的过程

嘌呤核苷酸的合成：先合成 AMP 和 GMP，AMP 和 GMP 再磷酸化转变为 ADP、ATP 和 GDP、GTP。脱氧嘌呤核苷酸是由嘌呤核苷酸经核糖核苷酸还原酶还原而来，还原反应在二磷酸核苷水平上进行。

$$ADP(GDP) \xrightarrow[NADPH+H^+ \quad NADP^+ + H_2O]{核糖核苷酸还原酶} dADP(dGDP)$$

2. 嘌呤核苷酸的补救合成途径　从头合成途径是机体获得嘌呤核苷酸的主要途径,但哺乳动物的某些组织细胞(如脑组织和脊髓)并不存在从头合成途径所需要的酶,所以这些组织细胞只有通过补救合成途径获得嘌呤核苷酸。补救合成途径比从头合成途径简单得多,消耗的ATP和氨基酸也比从头合成途径少很多。补救合成途径有以下2种方式。

(1) 以嘌呤碱基和PRPP为原料合成嘌呤核苷酸。在人体内,催化嘌呤碱基合成嘌呤核苷酸的酶有2种,即腺嘌呤磷酸核糖转移酶(adenine phosphoribosyl transferase, APRT)和次黄嘌呤-鸟嘌呤磷酸核糖转移酶(hypoxanthine-guanine phosphoribosyl transferase, HGPRT),APRT催化腺嘌呤核苷酸生成,HGPRT催化次黄嘌呤和鸟嘌呤核苷酸合成。

$$腺嘌呤 + PRPP \xrightarrow{APRT} AMP + PPi$$

$$次黄嘌呤 + PRPP \xrightarrow{HGPRT} IMP + PPi$$

$$鸟嘌呤 + PRPP \xrightarrow{HGPRT} GMP + PPi$$

有一种遗传性疾病称自毁容貌症,是由于HGPRT遗传缺陷引起的。缺乏该酶使得次黄嘌呤和鸟嘌呤不能转换为IMP和GMP,而是降解为尿酸。患者表现为血尿酸增高及神经异常,如脑发育不全、智力低下、攻击性和破坏性行为。该病属于X性染色体遗传性疾病,多为男性发病。

(2) 以嘌呤核苷和ATP为原料在相应的激化酶催化下合成嘌呤核苷酸。

$$腺嘌呤核苷 \xrightarrow[ATP \quad ADP]{腺苷激酶} AMP$$

$$鸟嘌呤核苷 \xrightarrow[ATP \quad ADP]{鸟苷激酶} GMP$$

3. 嘌呤核苷酸合成代谢的抗代谢物　某些嘌呤、氨基酸及叶酸类似物可作为竞争性抑制剂,通过抑制肿瘤细胞中嘌呤核苷酸合成过程中某些酶的活性,从而抑制嘌呤核苷酸合成,进而抑制肿瘤细胞核酸和蛋白质的合成以达到抗肿瘤的目的,这些类似物被称为抗代谢物(表9-4)。

表9-4　影响嘌呤核苷酸合成的抗代谢物及其作用机制

抗代谢物	作用机制
嘌呤类似物	
6-巯基嘌呤(6-MP)	1. 阻碍IMP转变为AMP和GMP,抑制嘌呤核苷酸的从头合成途径。 2. 竞争性抑制APRT和HGPRT,抑制嘌呤核苷酸的补救合成途径
氨基酸类似物	
氮杂色氨酸 6-重氮-5-氧正亮氨酸	与谷氨酰胺结构相似,干扰谷氨酰胺在核苷酸合成中的作用,抑制嘌呤核苷酸的从头合成途径
叶酸类似物	
氨蝶呤、甲氨蝶呤(MTX)	结构与叶酸相似,竞争性抑制二氢叶酸还原酶,阻碍FH_4生成,影响一碳单位代谢,从而抑制嘌呤核苷酸的从头合成途径。

(二) 嘧啶核苷酸的合成代谢

与嘌呤核苷酸的合成代谢一样,嘧啶核苷酸的合成代谢途径也分为从头合成和补救合成2条途径。从头合成途径仍然是合成嘧啶核苷酸的主要途径。

1. 嘧啶核苷酸的从头合成途径

1) 从头合成的原料　同位素标记实验证明,嘧啶核苷酸从头合成的原料为5-磷酸核糖、谷氨酰胺、天冬氨酸和CO_2(图9-14)。

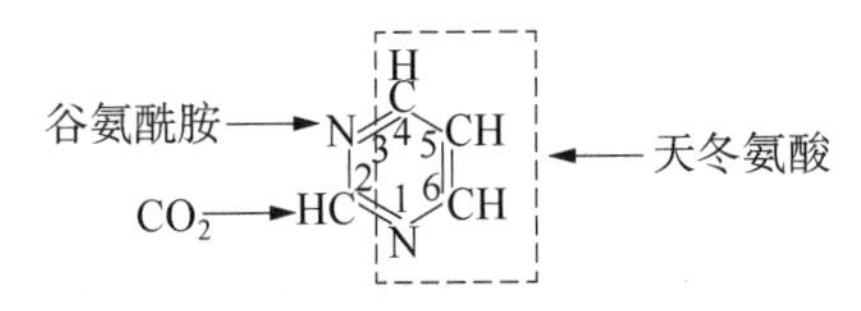

图9-14　嘧啶环上各原子的来源

2) 从头合成的场所　主要在肝脏的细胞液中进行。

3) 从头合成的过程　嘧啶核苷酸从头合成与嘌呤核苷酸从头合成的不同之处是先合成嘧啶环,再与PRPP相连,并以尿苷一磷酸(UMP)为嘧啶核苷酸从头合成的共同前体。

(1) UMP的合成:整个合成过程分6步完成。①在氨基甲酰磷酸合成酶Ⅱ的作用下,由ATP提供能量和磷酸,谷氨酰胺的氨基和CO_2,反应生成氨基甲酰磷酸;②氨基甲酰磷酸的氨甲酰基与天冬氨酸在天冬氨酸氨基甲酰转移酶的作用下生成N-氨基甲酰天冬氨酸;③N-氨基甲酰天冬氨酸在二氢乳清酸酶的作用下脱水、环化生成二氢乳清酸;④二氢乳清酸在二氧乳清酸脱氢酶的作用下脱氨氧化为乳清酸;⑤乳清酸与PRPP在磷酸核糖转移酶的作用下生成乳清酸核苷酸;⑥乳清酸核苷酸在乳清酸核苷酸脱羧酶的作用下脱羧生成UMP。

(2) CMP的合成:CMP是以UMP为基础生成的。首先,UMP在激酶的作用下经过两次磷酸化生成UTP;其次,UTP在CTP合成酶的作用下接受谷氨酰胺提供的氨基生成 CTP。

(3) 脱氧嘧啶核苷酸 dCMP 和 dTMP 的生成：脱氧嘧啶核苷酸的合成还原反应仍然是在二磷酸核苷的水平上进行，即由相应的还原酶催化 CDP，UDP 还原为 dCDP、dUDP。

脱氧胸腺嘧啶核苷酸 dTMP 由 dUMP 经过甲基化生成。反应由胸腺嘧啶核苷酸合酶催化，甲基由 N^5，N^{10}—CH_2—FH_4 提供，N^{10}—CH_2—FH_4 给出甲基后变成 FH_2，FH_2 可被二氢叶酸还原酶催化为 FH_4，FH_4 又可重新用来携带一碳单位(图 9－15)。

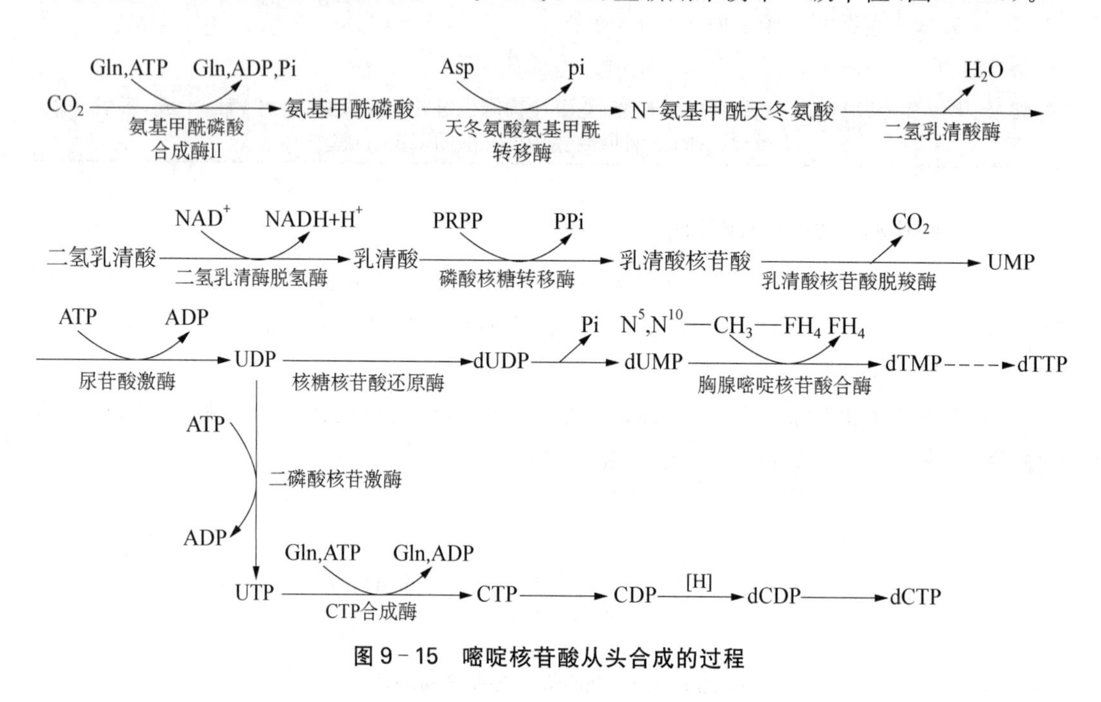

图 9－15 嘧啶核苷酸从头合成的过程

拓展阅读 9－2 乳清酸尿症

2. 嘧啶核苷酸的补救合成途径　嘧啶核苷酸的补救合成途径主要在肝细胞中进行，也有 2 种合成方式。

(1) 以嘧啶碱基和 PRPP 为原料合成嘧啶核苷酸　胞嘧啶和尿嘧啶碱基均可与 PRPP 在相应的磷酸核糖转移酶催化下生成相应的嘧啶核苷酸。

$$\text{T} + \text{PRPP} \xrightarrow{\text{胸腺嘧啶磷酸核糖转移酶}} \text{TMP} + \text{PPi}$$

$$\text{U} + \text{PRPP} \xrightarrow{\text{尿嘧啶磷酸核糖转移酶}} \text{UMP} + \text{PPi}$$

(2) 以嘧啶核苷和 ATP 为原料在相应激酶催化下合成嘧啶核苷酸。

$$\text{胞嘧啶核苷} \xrightarrow[\text{ATP} \rightarrow \text{ADP}]{\text{胞苷激酶}} \text{CMP}$$

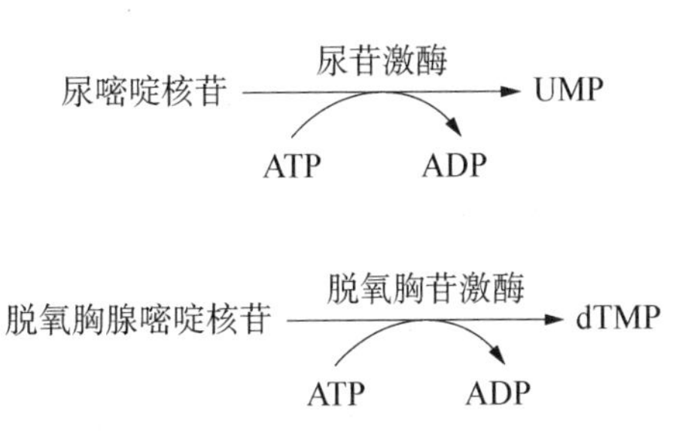

在正常情况下，肝细胞中脱氧胸苷激酶的活性很低，再生肝及肝恶性肿瘤时肝中此酶的活性明显升高。因此，脱氧胸苷激酶可用作评估肿瘤恶性程度的标志物。

3. 嘧啶核苷酸合成代谢的抗代谢物　某些嘧啶、氨基酸及核苷类似物可以竞争性地抑制嘧啶核苷酸合成，从而抑制肿癌细胞核酸和蛋白质的合成，达到抗肿瘤的目的，作用机制如表 9 - 5 所示。

表 9 - 5　影响嘧啶核苷酸合成的抗代谢物及其作用机制

抗代谢物	作用机制
嘧啶类似物	
5 -氟尿嘧啶(5 - Fu)	1. 与尿嘧啶结构相似，形成三磷酸氟尿核苷(FUTP)，以 FUTP 的形式参与到 RNA 分子中，破坏 RNA 的结构和功能 2. 阻碍 dTMP 的生成，从而阻碍 DNA 的合成。
氨基酸类似物	
氮杂色氨酸 6 -重氮- 5 -氧正亮氨酸	与谷氨酰胺结构相似，干扰谷氨酰胺在核苷酸合成中的作用，抑制嘧啶核苷酸从头合成途径
核苷类似物	
阿糖胞苷	与胞苷结构相似，阻碍 CMP、dCDP 生成，破坏 RNA 的结构与功能，抑制 DNA 合成

二、核苷酸的分解代谢

云视频 9 - 2　核苷酸的分解代谢

(一) 嘌呤核苷酸的分解代谢

嘌呤核苷酸的分解主要在肝脏、小肠及肾脏中进行。细胞中的嘌呤核苷酸在核苷酸酶的作用下水解生成磷酸和嘌呤核苷。嘌呤核苷在核苷磷酸化酶的作用下生成 1 -磷酸核糖和游离的嘌呤碱基。1 -磷酸核糖可参与磷酸戊糖途径氧化分解，又可转变为 5 -磷酸核糖作为 PRPP 的原料，用于合成新的核苷酸。嘌呤碱基可以参与补救合成途径，还可继续分解。在人体内，嘌呤碱基最终分解为尿酸。尿酸进入血液形成血尿酸，然后经血液运输到肾脏，由肾脏随尿液排出。

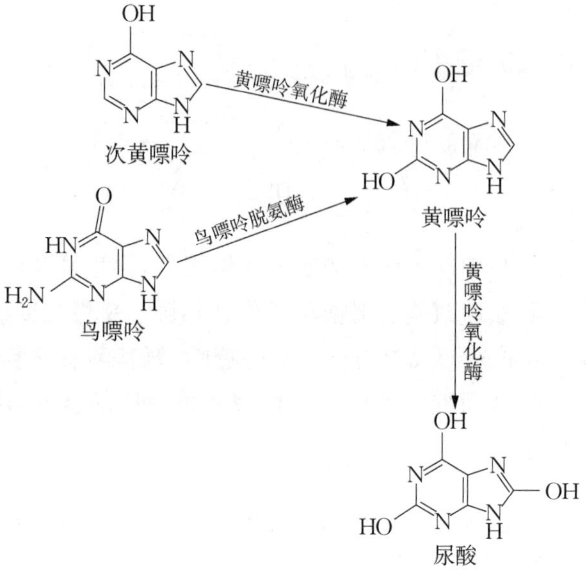

次黄嘌呤 —黄嘌呤氧化酶→ 黄嘌呤

鸟嘌呤 —鸟嘌呤脱氨酶→ 黄嘌呤

黄嘌呤 —黄嘌呤氧化酶→ 尿酸

正常人血液中尿酸浓度为0.12～0.36 mmol/L，男性略高于女性，平均0.27 mmol/L，女性平均为0.21 mmol/L，当血尿酸含量超过0.48 mmol/L时，尿酸就会以盐的形式结晶析出，沉积在关节、软组织、软骨及肾脏等处，引起痛风症。临床上常用别嘌呤醇治疗原发性痛风症，因为别嘌呤醇和次黄嘌呤结构相似，可以竞争性抑制黄嘌呤氧化酶，阻止次黄嘌呤和黄嘌呤氧化为尿酸，从而降低血尿酸的含量。

次黄嘌呤　　别嘌呤醇

在线案例9-3　痛风症

（二）嘧啶核苷酸的分解代谢

嘧啶核苷酸在核苷酸酶及核苷磷酸化酶的作用下脱去磷酸和戊糖，剩下的嘧啶碱除了参与嘧啶核苷酸的补救合成途径之外，还可以继续分解。嘧啶碱的分解主要在肝脏中进行，和嘌呤碱分解不同的是嘧啶碱分解要开环，其分解代谢的最终产物为NH_3、CO_2和β-氨基酸。其中胞嘧啶和尿嘧啶分解代谢的最终产物为NH_3、CO_2和β-丙氨酸，胸腺嘧啶分解代谢的最终产物为NH_3、CO_2和β-氨基异丁酸，分解生成的NH_3和CO_2可以运往肝脏合成尿素，然后由肾脏随尿液排出；β-氨基酸可参与氨基酸的分解代谢，也可随尿液排出。尿中β-氨基异丁酸的排出量可反映细胞及DNA的破坏程度，肿瘤患者经放疗或化疗后，由于DNA大量破坏降解，尿中β-氨基异丁酸的含量可明显增多。

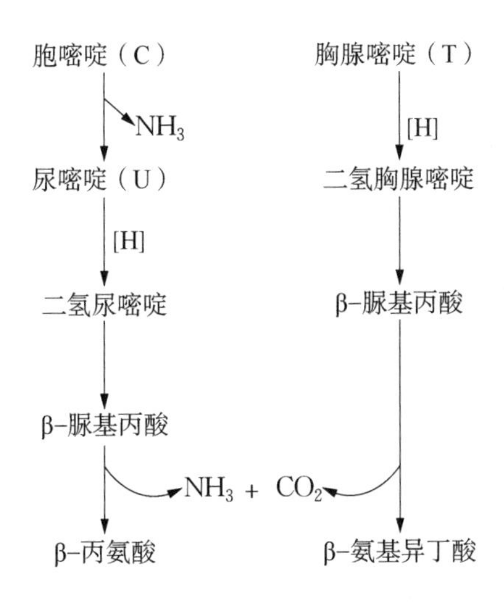

第五节　物质代谢的联系

一、糖、脂类与蛋白质分解产能时有共同通路

糖、脂肪和蛋白质均可在体内氧化分解供能。虽然它们在体内氧化分解的途径各不相同，但有共同的代谢规律。乙酰CoA是三大营养物质共同的中间代谢物，三羧酸循环是糖、脂肪和蛋白质最后分解的共同代谢途径，释放的能量均以ATP形式储存。

三大营养物质的分解大致可分为以下3个阶段(图9-16)。第1阶段是大分子物质分解为小分子物质，即糖、脂肪、蛋白质等分解为各自的基本组成单位，此阶段释放的能量极少，不足营养物质所蕴含能量的1%，且不能贮存，直接以热能的形式散失。第2阶段是营养物质产生的基本组成单位葡萄糖、甘油、脂肪酸、氨基酸分别循着各自的代谢途径氧化分解，产生共同的中间产物乙酰CoA。此阶段释放的能量约占总蕴含能量的1/3。第3阶段是乙酰CoA进入三羧酸循环，彻底氧化成CO_2和H_2O，这一阶段释放的能量约占总能量的2/3。第二、三阶段释放的能量约40%储存于ATP等高能化合物分子中，其余以热能的形式散发，维持体温。

从能量供应的角度看，这三大营养物质可以相互替代、相互制约。一般情况下，机体供能以糖及脂肪为主，并尽量节约蛋白质的消耗。这不仅因为人摄入的食物中以糖类为最多，占总热量50%～70%，脂肪摄入量虽占10%～40%，但它是机体储能的主要形式，储存量可达体重的20%甚至更多(肥胖者可达30%～40%)；而且因为体内的蛋

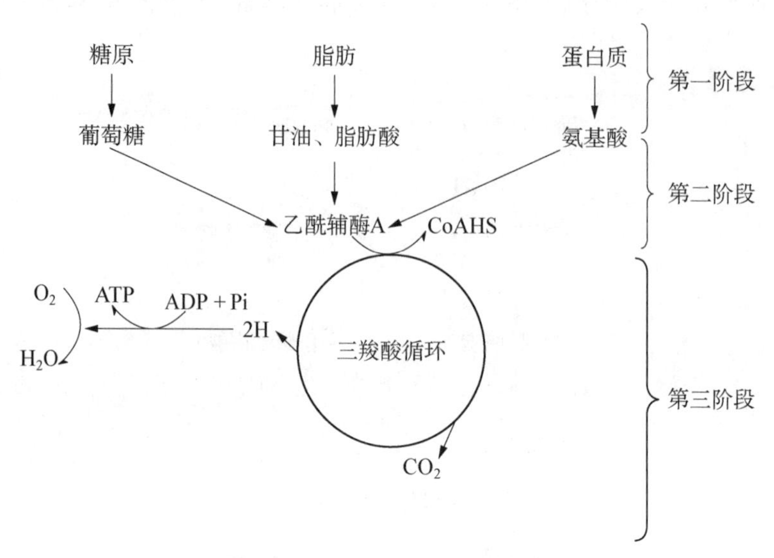

图 9-16 三大物质的分解阶段

白质是组成细胞的重要成分，通常无多余储存。由于糖、脂肪、蛋白质分解有一段共同的代谢通路，所以，任何一种供能物质的代谢增强，常抑制其他供能物质的降解。例如：给予高糖食物，脂肪酸的氧化即可减少，这是由于脂肪的分解被高血糖和高胰岛素浓度所抑制；脂肪分解增强时，ATP 生成增多，可抑制糖分解代谢中 6-磷酸果糖激酶的活性，从而抑制糖的分解代谢。相反，倘若脂肪分解减少，体内 ATP 匮乏，通过机体调节可加速糖的分解，以满足体内的能量供应。当因病不能进食或无食物供给时，体内储存的肝糖原和肌糖原不能维持饥饿的能量需要，为保证大脑葡萄糖供应、血糖供应及血糖浓度恒定，则肝脏糖异生作用加强，蛋白质分解增多。若饥饿持续 3～4 周，机体通过调节由蛋白质大量分解转为以保存蛋白质为主，此时体内多数组织以氧化脂肪及酮体为主，蛋白质的分解明显降低。

二、糖、脂类、蛋白质及核酸代谢的相互联系

糖、脂肪、蛋白质在代谢过程中通过其共同的中间产物而相互联系。三羧酸循环是三大营养物质代谢相互联系的重要枢纽，乙酰 CoA 是三大营养物质代谢极其重要的联络点。三者之间可以相互转变，当一种物质代谢发生障碍时，可引起其他物质代谢紊乱。如糖尿病患者因糖代谢紊乱，可引起脂类、蛋白质代谢甚至水盐代谢的紊乱。

（一）糖代谢与脂类代谢的相互联系

人过多摄入以糖为主的食物会发胖，原因在于糖转变成脂肪。当摄入的糖量超过体内能量消耗时，除合成少量的糖原储存在肝脏和肌肉外，氧化生成的柠檬酸和 ATP 可变构激活乙酰 CoA 羧化酶，使由糖分解代谢而来的乙酰 CoA 羧化生成丙二酸单酰

CoA，进而合成为脂肪酸和脂肪，储存在脂肪组织中。此外，糖代谢的某些产物还是磷脂、胆固醇合成的原料。

绝大部分脂肪在体内不能转变为糖，这是因为丙酮酸脱氢酶催化反应是不可逆反应，当脂肪酸分解生成乙酰 CoA 后，乙酰 CoA 无法转变成丙酮酸。尽管脂肪分解产物之一甘油可以在肝、肾、肠等组织中经甘油磷酸激酶作用活化为磷酸甘油，进而异生成葡萄糖，这是饥饿时葡萄糖的重要来源，但其量与大量脂肪酸分解产生的乙酰 CoA 相比是微不足道的。

此外，脂肪分解代谢的强度有赖于糖代谢的正常进行。当饥饿、糖供应不足或糖代谢障碍时，脂肪大量动员，脂肪酸进入肝细胞内氧化生成酮体增加，但由于糖含量不足，致使草酰乙酸相对不足，酮体不能及时进入三羧酸循环氧化，造成血中酮体蓄积升高，产生酮血症。

（二）糖代谢与氨基酸代谢的相互联系

构成蛋白质的 21 种氨基酸，除生酮氨基酸（亮氨酸、赖氨酸）外，都可通过脱氨基作用生成相应的 α-酮酸，沿糖异生途径转变为糖。如甘氨酸、丙氨酸、半胱氨酸、丝氨酸、苏氨酸都可代谢成丙酮酸，组氨酸、精氨酸和脯氨酸都可转变成谷氨酸，然后形成 α-酮戊二酸，天冬酰胺、天冬氨酸转变为草酰乙酸，α-酮戊二酸经草酰乙酸转变成磷酸烯醇式丙酮酸，然后异生成糖。

糖代谢的中间产物丙酮酸、α-酮戊二酸、草酰乙酸等都可转变成丙氨酸、谷氨酸、谷氨酰胺、天冬酰胺、天冬氨酸等非必需氨基酸。但必需氨基酸却不能由糖转变，必须由食物供应。这也是为什么食物中的蛋白质不能被糖、脂替代，而蛋白质却能替代糖、脂肪供能的原因。

（三）脂类代谢与氨基酸代谢的相互联系

无论生糖氨基酸、生酮氨基酸或生糖兼生酮氨基酸分解后均生成乙酰 CoA，后者经还原缩合反应可合成脂肪酸，进而合成脂肪，即蛋白质可转变成脂肪。生成的乙酰 CoA 也是合成胆固醇的原料。此外，丝氨酸脱羧成乙醇胺，经甲基化变为胆碱。丝氨酸、乙醇胺、胆碱都是合成磷脂的原料。因此，氨基酸可转变为类脂。但一般来说，将氨基酸转变为脂肪不是一个主导的过程。即使是食肉动物，在摄入高蛋白食物的同时也摄入了高脂肪，它抑制了脂肪的生成。

脂类不能转变为氨基酸。仅脂肪中的甘油可通过生成磷酸甘油醛，沿糖酵解途径转变为糖，然后再转变为某些非必需氨基酸。

糖、脂、氨基酸代谢途径之间的联系如图 9-17 所示。

总之，在正常情况下，体内各种物质在调节机制的协调下，相互联系、相互制约、井然有序地进行着代谢，并不断地变化，以保持机体内环境的相对稳定和动态平衡。

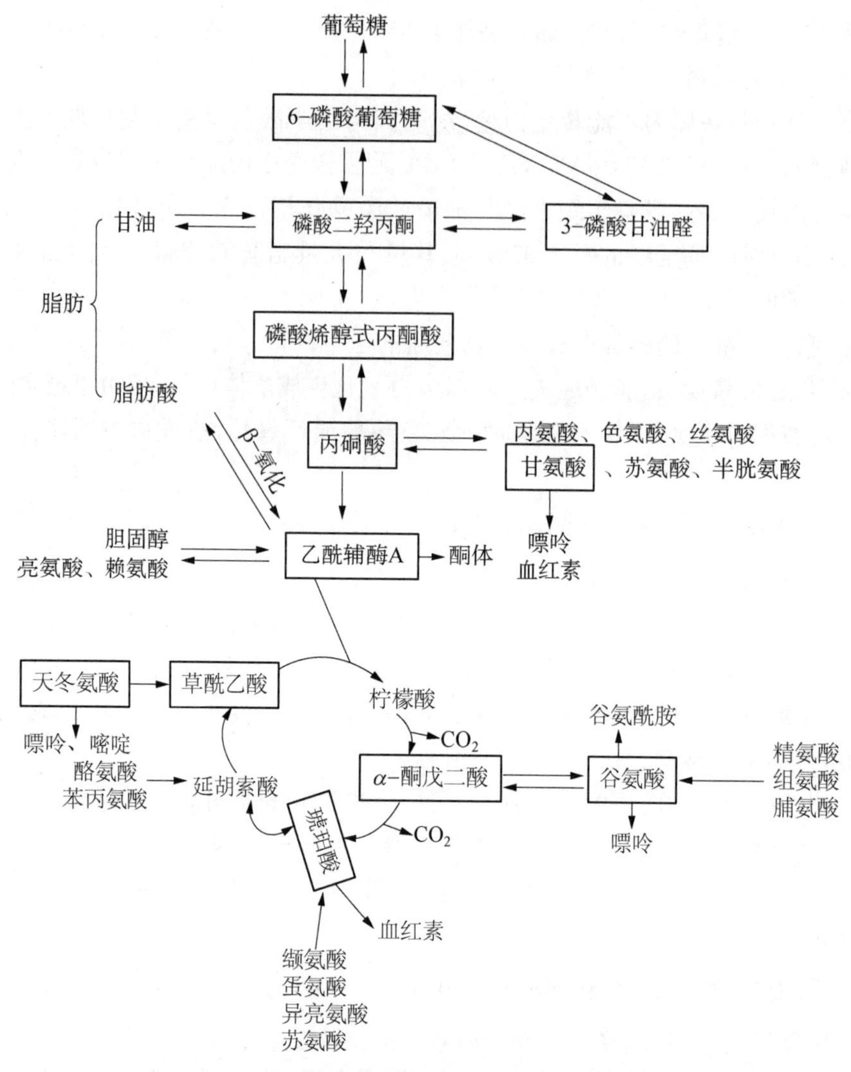

图 9-17　糖、脂、氨基酸代谢途径之间的联系

注　□中为枢纽性中间代谢产物

（陶艳阳）

数字课程学习

○教学 PPT　○导入案例解析　○复习与自测　○更多内容……

第十章　遗传信息的传递

章前引言

生物遗传信息的功能单位为基因(gene)，其载体是DNA或RNA。基因编码的生物活性产物主要是蛋白质和各种RNA。生物通过复制(replication)、转录(transcription)和翻译(translation)将亲代的遗传信息准确地传递给子代并合成具有各种生理功能的蛋白质。遗传信息通过这种方式传递的规律，称为中心法则(central dogma)。某些病毒的RNA能携带遗传信息，以其亲代RNA为模板合成DNA，此过程与转录方向相反，称为逆转录。逆转录的发现是对中心法则的补充和修正。

学习目标

1. 理解并记忆DNA复制和RNA转录的特点以及逆转录和遗传密码的概念。
2. 比较DNA复制体系、RNA转录体系和蛋白质合成体系的异同。
3. 描述DNA的损伤与修复；逆转录的意义。

思维导图

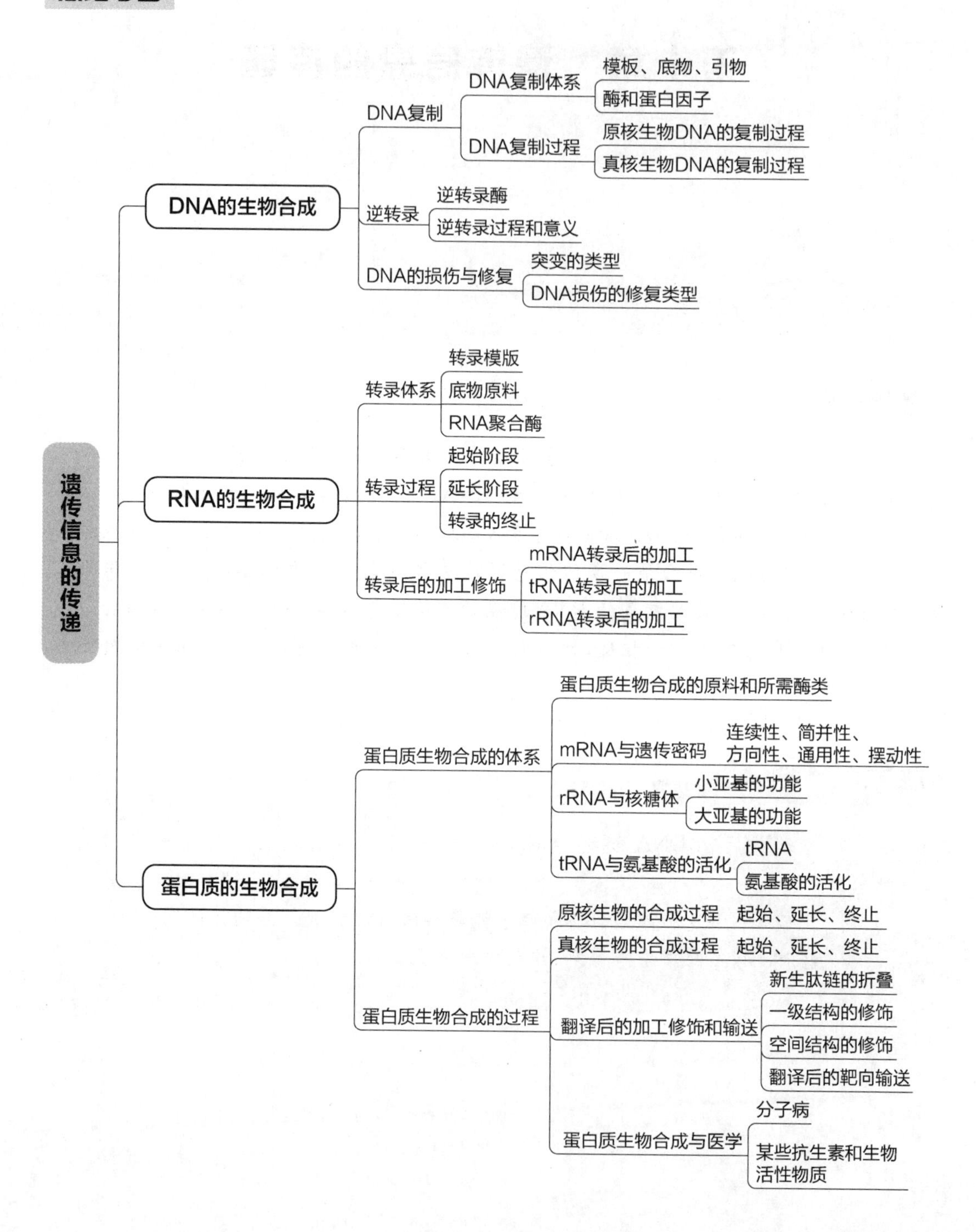
遗传信息的传递
DNA的生物合成
DNA复制
DNA复制体系
模板、底物、引物
酶和蛋白因子
DNA复制过程
原核生物DNA的复制过程
真核生物DNA的复制过程
逆转录
逆转录酶
逆转录过程和意义
DNA的损伤与修复
突变的类型
DNA损伤的修复类型
RNA的生物合成
转录体系
转录模版
底物原料
RNA聚合酶
转录过程
起始阶段
延长阶段
转录的终止
转录后的加工修饰
mRNA转录后的加工
tRNA转录后的加工
rRNA转录后的加工
蛋白质的生物合成
蛋白质生物合成的体系
蛋白质生物合成的原料和所需酶类
mRNA与遗传密码
连续性、简并性、
方向性、通用性、摆动性
rRNA与核糖体
小亚基的功能
大亚基的功能
tRNA与氨基酸的活化
tRNA
氨基酸的活化
蛋白质生物合成的过程
原核生物的合成过程
起始、延长、终止
真核生物的合成过程
起始、延长、终止
翻译后的加工修饰和输送
新生肽链的折叠
一级结构的修饰
空间结构的修饰
翻译后的靶向输送
蛋白质生物合成与医学
分子病
某些抗生素和生物
活性物质

案例导入

19世纪40年代，英国亚历山德丽娜·维多利亚女王生下了4男5女，共9个孩子，其中有3个男孩患有血友病，好在5个女孩都健康。而5个女儿嫁到欧洲的其他王室后，她们的小王子中却有很多人患上了血友病。

问题：

血友病是怎样从维多利亚女王传给她的儿子以及外孙的？

拓展阅读10-1　基因的认识与发展

第一节　DNA的生物合成

DNA的生物合成有复制和逆转录两种方式。复制是生物体DNA合成的主要形式，逆转录是逆转录病毒在宿主细胞内完成的。

一、DNA复制

以亲代DNA的2条单链为模板合成与其完全相同的子代DNA的过程称为复制。

(一) DNA复制体系

1. 模板　以亲代双链DNA解开后的2条单链作为模板，按照碱基配对的原则逐一在新链中加入底物。

2. 底物　包括dATP、dTTP、dCTP、dGTP，总称dNTP。

3. 引物　以DNA为模板在引物酶的催化下合成一小段RNA，提供3′-OH末端使dNTP依次聚合。

4. 复制的方式——半保留复制　以亲代DNA打开的2条单链分别为模板合成与其互补的子链，复制出2个与亲代完全相同的子代DNA，子代中的一条链来自亲代，另一条链是新合成的，这种复制方式称为半保留复制(图10-1)。半保留复制的意义是将DNA中储存的遗传信息准确地传递给子代，体现了遗传的保守性，是物种稳定的分子基础。

5. 酶和蛋白因子：

1) DNA拓扑异构酶(DNA topoisomerase)　其作用是既能水解又能连接磷酸二酯键，改变和理顺DNA超螺旋状态的酶。拓扑酶分为Ⅰ型和Ⅱ型。拓扑酶Ⅰ在不消耗ATP的情况下，切断DNA双链中的一股链，使DNA解旋时不致打结；在适当时候又将切口封闭，使DNA变为负超螺旋。拓扑酶Ⅱ能切断DNA双链，并使DNA分子中其余

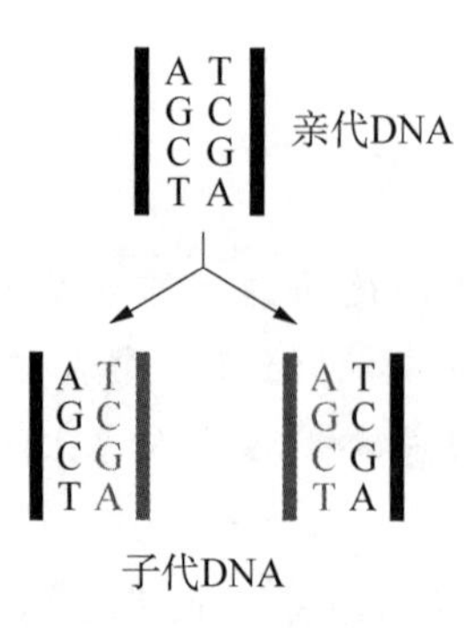

图 10-1 半保留复制

部分通过缺口，利用 ATP 提供的能量连接恢复双链缺口。

2）解螺旋酶（helicase） 也称解链酶。它的作用是利用 ATP 供能使 DNA 双螺旋的 2 条互补链的氢键解开，形成 2 条单链。

3）单链 DNA 结合蛋白（single strand binding protein，SSB） 能分别与解开的 2 条 DNA 单链结合，维持单链状态，保护它们不受核酸酶水解。SSB 不断地与模板结合、脱离，反复发挥作用。

4）引物酶 是复制起始时催化生成 RNA 引物的酶。在复制起始部位催化与模板碱基互补的游离 NTP 聚合，形成短片段的 RNA 作为引物可提供 3′-OH 末端，供 dNTP 加入和延伸。

5）DNA 聚合酶 又称 DNA 指导的 DNA 聚合酶（DNA-dependent DNA polymerase，DDDP）。它是催化底物 dNTP 聚合为新链 DNA 的酶，聚合时需要 DNA 为模板。DNA 复制的化学反应：由 DNA 聚合酶催化，使核苷酸之间形成 3′,5′-磷酸二酯键的过程，反应底物是 dNTP，而加入子链的是 dNMP。以亲链 DNA 为模板，在引物的 3′-OH 末端上以形成 3′,5′-磷酸二酯键的方式逐个添加 dNMP，因此 DNA 复制具有 5′→3′的方向性。

原核生物大肠杆菌（*E. coli*）有至少 3 种 DNA 聚合酶：DNA-pol Ⅰ、Ⅱ及Ⅲ（表 10-1）。DNA 聚合酶Ⅰ是一种多功能酶，具有 3 种酶活性，即 5′→3′聚合酶活性、3′→5′外切酶活性和 5′→3′外切酶活性，主要功能是对复制中的错误进行校对，对复制和修复中出现的空隙进行填补。DNA 聚合酶Ⅱ在 DNA 损伤时被激活，该酶兼有 3′→5′外切酶活性和 5′→3′聚合酶活性，主要参与 DNA 损伤的应急状态修复。DNA 聚合酶Ⅲ是原核生物在复制过程中真正起催化作用的酶，由 10 种亚基组成不对称异源二聚体，其中 α、ε 和 θ 三种亚基构成核心酶，具有 5′→3′的聚合酶活性和 3′→5′的核酸外切酶活性。

表 10-1 *E. coli* 中的 3 种 DNA 聚合酶

DNA 聚合酶	DNA 聚合酶Ⅰ	DNA 聚合酶Ⅱ	DNA 聚合酶Ⅲ
相对分子质量	109 000	120 000	250 000
聚合速度（核苷酸数/分）	1 000	50	150 000

（续表）

DNA 聚合酶	DNA 聚合酶Ⅰ	DNA 聚合酶Ⅱ	DNA 聚合酶Ⅲ
功能			
5′→3′聚合酶活性	+	+	+
3′→5′外切酶活性	+	+	+
5′→3′外切酶活性	+	−	−
生物学功能	切除引物 校读作用 DNA 损伤修复	DNA 损伤修复	DNA 复制 校读作用

已发现真核生物的 DNA 聚合酶有 15 种，常见的 DNA 聚合酶有 α、β、γ、δ 和 ε 5 种。DNA 聚合酶 α 催化引物 RNA 和 DNA 的合成。DNA 聚合酶 δ 的主要作用是催化子链的延长，同时还具有解螺旋酶的活性。DNA 聚合酶 ε 主要参与切除修复、填补引物空隙和重组。DNA 聚合酶 β 与 DNA 损伤的应急修复有关。DNA 聚合酶 γ 是线粒体 DNA 复制的酶。

6）DNA 连接酶　连接 DNA 片段的 3′- OH 末端和另一 DNA 片段的 5′- P 末端脱水形成磷酸二酯键，2 个相邻的 DNA 片段连接成完整的链。此过程是耗能反应（图 10 - 2）。

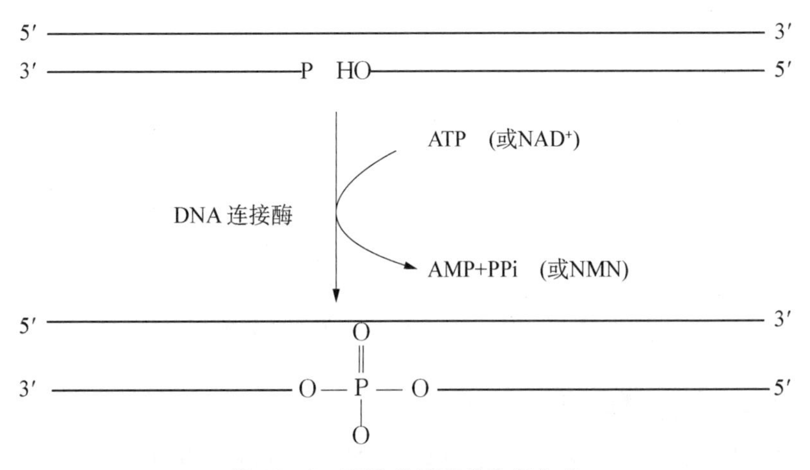

图 10 - 2　DNA 连接酶的作用方式

7）端粒酶　真核生物的 DNA 复制终止后，2 条新链 5′-末端切除引物后留下的空缺，由端粒酶催化 dNTPs 间聚合补上。端粒酶是 RNA 和蛋白质构成的复合体，具有逆转录酶的活性，其中的 RNA 起逆转录模板的作用。

（二）DNA 复制过程

DNA 的复制过程包括起始、延长和终止 3 个阶段。

1. 原核生物DNA的复制过程　如图10－3所示。

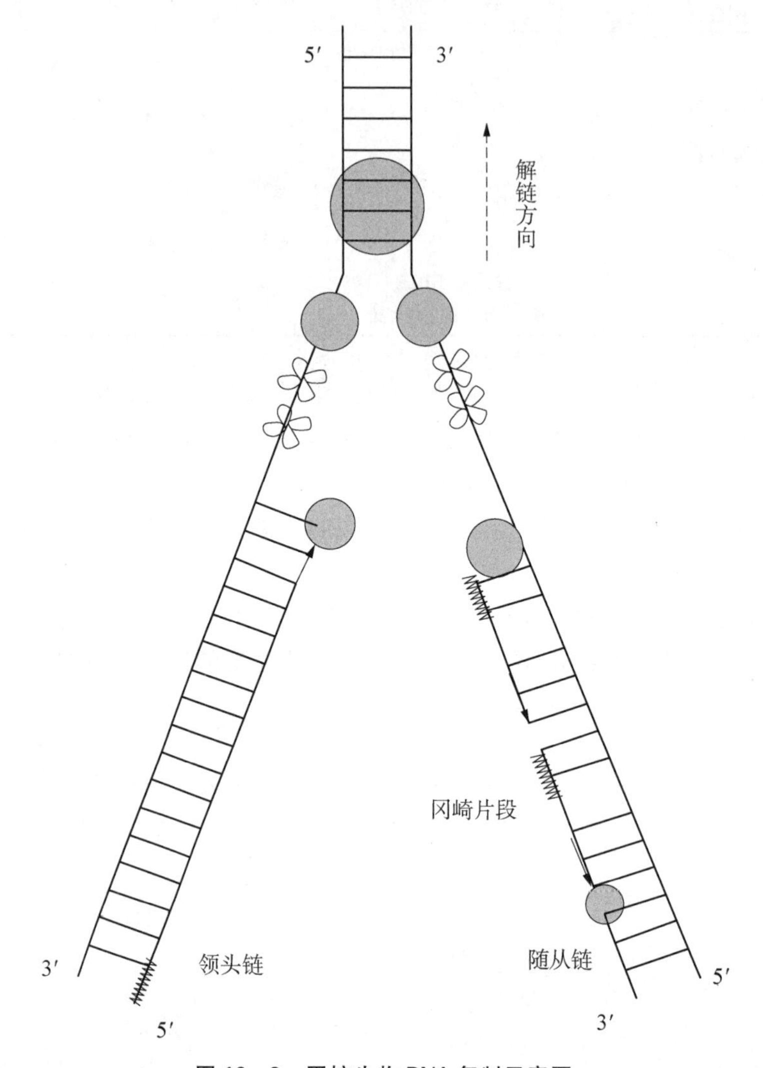

图10－3　原核生物DNA复制示意图

云视频10－1　DNA半不连续复制

1）复制的起始阶段　是在起始点处，将DNA双链解开成复制叉，形成引发体，合成引物。原核生物有一个固定的复制起始位点，具有特殊的重复序列，*E. coli* 的DnaA蛋白识别起始点中的重复序列并结合，DNA局部双链打开。DnaB蛋白（解螺旋酶）在DnaC蛋白的协助下，与模板结合，并置换出DnaA蛋白，由ATP供能。然后在解螺旋酶DnaB蛋白的作用下，解链范围逐渐扩大，SSB与DNA单链的结合起稳定和保护DNA单链的作用。此时，引物酶参与进来，引物酶（DnaG蛋白）与DnaB蛋白、DnaC蛋白及DNA模板起始复制区域结合，形成一个复合结构，称为引发体。在引发体中，引物酶催化引物合成，为避免解链产生的高速反向旋转导致的下游打结现象，拓扑异构酶发挥其切断、旋转和再连接作用，将 DNA 的正超螺旋变为负超螺旋，利于发挥 DNA 的模板作用。随着 RNA 引物的合成和 DNA 聚合酶的加入，复制起始点两侧形成 2 个复制叉，进入延长阶段。

2）复制的延长阶段　是指 RNA 引物生成后，在 DNA－polⅠ的催化下，dNTP 以 dNMP 方式逐个加入引物或在延长中子链的 3′－OH 上形成新链的过程，其化学本质是 3′，5′-磷酸二酯键生成，延长方向是 5′→3′，并遵守碱基互补原则。

由于 DNA 聚合酶只能从 5′→3′方向合成子链，双模板链方向相反，导致 2 条新链的合成方向也相反。合成方向与复制叉解链方向相同并可连续合成的子链称为领头链（leading strand）；与复制叉解链方向相反并且是不连续合成的子链称为随从链（lagging strand），这种不连续合成的 DNA 片段称为冈崎片段（Okazaki fragment）。随从链的复制必须等待模板链解开至一定的长度，才能按 5′→3′方向合成引物并延长子链，原核生物的冈崎片段长度为 1 000～2 000 个核苷酸。

3）复制的终止阶段　是指当新链复制即将完成时，DNA 聚合酶Ⅰ切除引物并填补空隙，DNA 连接酶连接缺口生成子代 DNA。当复制延长到有特定碱基序列的复制终止区时，在 DNA 聚合酶Ⅰ的作用下，以 5′→3′外切酶的活性作用切除领头链和随从链的 RNA 引物，并以 5′→3′方向延长 DNA 以填补引物切除后留下的空隙。冈崎片段之间的缺口由 DNA 连接酶连接生成完整的 DNA 子链。领头链也有引物水解后的空隙，在环状 DNA 最后复制的 3′－OH 末端复制继续进行并延长，即可填补该空隙及连接。至此，随从链和领头链被复制成完整的长链。

2. *真核生物 DNA 的复制过程*　在细胞周期的 S 期进行，与原核生物 DNA 的复制存在差异。真核生物有多个起始点，是多复制子复制。各复制子复制的起始是以分组激活方式进行的。复制起始点的起始序列较短，参与的蛋白质较多。延长阶段是以真核生物的聚合酶 δ 催化子链的延长，并有校正功能；引物和冈崎片段（约 200 bp）都比较短；单个复制子复制的速度虽然较慢，但由于是多复制子复制，总的复制速度并不慢。终止阶段表现在真核生物是线性 DNA，除相邻的 2 个复制叉相遇并汇合外，还需端粒酶参与端粒中 DNA 模板链 3′－OH 的延伸，以保证 DNA 复制的完整性。

二、逆转录

逆转录是指以 RNA 为模板合成 DNA 的过程。催化此过程的酶是逆转录酶或反转录酶。此过程完成了遗传信息从 RNA 到 DNA 的传递，也是 DNA 合成的另一条途径。

拓展阅读 10－2　逆转录的发现

（一）逆转录酶

逆转录酶，是 RNA 指导的 DNA 聚合酶。此酶主要存在于 RNA 病毒中，在人的正常细胞和胚胎细胞中也有存在。该酶没有 3′→5′外切酶的活性，所以没有校对功能，导致逆转录的错配率较高。

(二) 逆转录过程和意义

1. 逆转录过程

1) 合成 RNA-DNA 杂化双链　当逆转录病毒颗粒感染宿主细胞后，在细胞中脱去外壳，逆转录酶以病毒 RNA 为模板，dNTP 为原料，合成与模板 RNA 互补的 DNA 新链(cDNA)，形成 RNA-DNA 杂化双链。

2) 合成 DNA 双链　在被感染细胞内的核糖核酸酶(ribonuclease, RNase)的作用下，杂化双链中 RNA 被水解，以剩下的单链 DNA 为模板合成与之互补的另一条 DNA 新链，形成双链 DNA。

3) 新合成双链 DNA　称为前病毒，其分子中带有 RNA 病毒基因组的全部遗传信息。在某种条件下，可整合到宿主细胞的 DNA 中(图 10-4)，并随宿主细胞基因一起复制和表达，可使宿主细胞发生病变。存在于正常细胞和胚胎细胞中的逆转录酶可能与细胞的分裂及胚胎的发育有关。

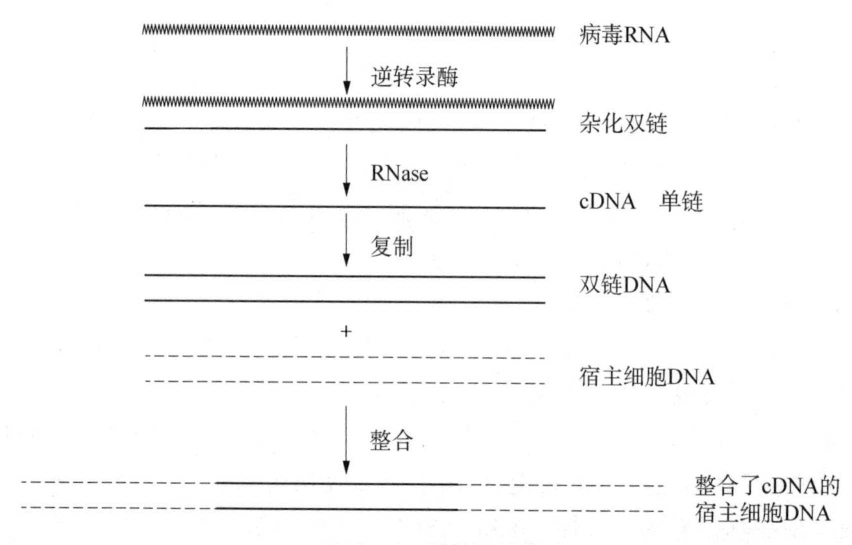

图 10-4　逆转录过程

2. 逆转录的意义　逆转录酶和逆转录现象是分子生物学研究中的重大发现。它修正和补充了中心法则(图 10-5)，对遗传信息的流向有了新的认识；导致“癌基因”的发现，如在人类一些癌细胞(膀胱癌、小细胞肺癌)中也分离出与病毒癌基因相同的碱基序列，称原癌基因，并使致癌的分子机制研究有了重大进展；有助于基因工程的实施，在基因工程中，可将 mRNA 反向转录形成 DNA 用以获得目的基因。

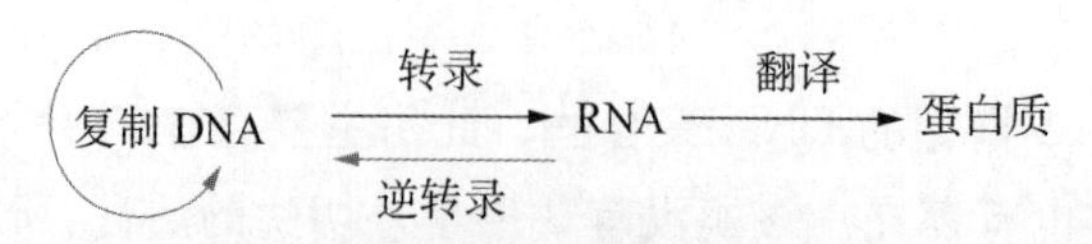

图 10-5　遗传信息传递的中心法则

三、DNA 的损伤与修复

(一) DNA 的损伤——突变

环境中的化学或物理因素易造成细胞 DNA 损伤，导致碱基丢失、改变、插入、重排，使 DNA 分子中碱基序列改变，称为 DNA 损伤(DNA damage)或突变(mutation)。

识别和纠正 DNA 分子中碱基序列突变的过程，称为 DNA 损伤的修复。化学因素多为致癌物的诱变剂。

在线案例 10－1　Leber 疾病

(二) 突变的类型

DNA 分子突变分为错配、缺失(deletion)、插入(insertion)和重排(rearrangement)等类型。错配又称点突变(point mutation)，为 DNA 分子上某一碱基被另一碱基置换。缺失是指 DNA 分子中一个碱基或一段核苷酸链丢失。插入是指 DNA 分子中原来没有的一个碱基或一段核苷酸链的增加。若缺失或插入的核苷酸数目不是 3 的倍数，可导致遗传信息的框移突变。重排是指 DNA 分子内发生核苷酸片段的交换或序列颠倒，也就是 DNA 分子内部的重组。

(三) DNA 损伤的修复类型

根据 DNA 修复的机制不同，将 DNA 损伤的修复分为直接修复、切除修复、重组修复和 SOS 修复等。光修复是直接修复中最常见的一种，可见光激活细胞内的光修复酶，将 DNA 中因紫外线照射而形成的嘧啶二聚体分解为天然的非聚合状态，使 DNA 恢复正常。切除修复是细胞内最重要和有效的修复机制，其过程包括切除损伤的 DNA 片段、填补空隙和连接。重组修复又称复制后修复，当 DNA 损伤面较大又不能及时修复时，重组修复就发挥作用；通过 DNA 的不断复制，将亲代 DNA 中的损伤分配到子代 DNA 中，使子代 DNA 中的损伤比例越来越低，损伤被稀释，达到修复的目的。当 DNA 损伤广泛，难以继续复制而诱发一系列复杂反应时，可通过 SOS 修复，使复制得以进行，细胞能够生存，但付出的代价是产生广泛的突变。

拓展阅读 10－3　DNA 损伤修复与乳腺癌

第二节　RNA 的生物合成

DNA 分子中的遗传信息按照碱基互补配对的原则转化为单链 RNA 分子的过程称为转录。其模板是以一段 DNA 单链为模板，原料为 4 种 NTP，在依赖 DNA 的 RNA 聚合酶的催化下合成相应的 RNA。转录生成的初级产物需经加工修饰，变成具有生物活性的成熟 RNA 才能发挥功能。

转录与DNA复制相比，有很多相同或相似之处，但又有区别，具体如表10－2所示。

表10－2　复制和转录的区别

	复制	转录
模板	DNA中的2条链	DNA中的模板链
原料	4种dNTP	4种NTP
聚合酶	DNA聚合酶	RNA聚合酶
碱基配对	A－T，G－C	A－U，A－T，G－C
引物	需要，RNA引物	不需要
产物	子代双链DNA	mRNA，tRNA，rRNA
方式	半保留复制	不对称转录

一、转录体系

（一）转录模板

转录的模板是DNA单链。在基因组的DNA链上，能转录出RNA的DNA片段称为结构基因（structural gene）。结构基因与转录起始部位、终止部位的特殊序列共同组成转录单位。在原核生物中，一个转录单位是连续的，而真核生物的结构基因是断续的，由若干个编码区与非编码区相互间隔而又连续镶嵌组成，称为断裂基因。结构基因中具有表达活性的编码序列称为外显子，无表达活性的称为内含子。

在结构基因的DNA双链中，只有一条链可以作为RNA合成的模板，此链称为模板链；与其互补的另一条链则称为编码链。在包含多个基因的DNA双链中，各个基因的模板链并不总在同一条链上，某个基因节段以其中某一条链为模板，而在另一个基因节段上可反过来以其对应单链为模板。转录的这种选择性称为不对称转录（asymmetric transcription）如图10－6所示。

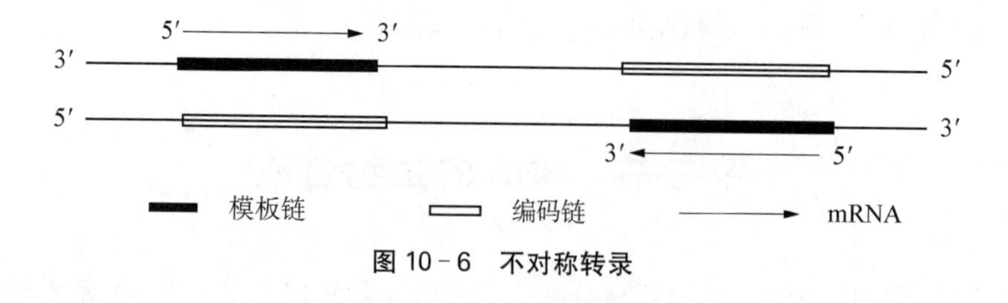

图10－6　不对称转录

（二）底物原料

底物原料包括4种核糖核苷酸，分别为ATP、GTP、CTP和UTP。

（三）RNA聚合酶和蛋白因子

1. RNA聚合酶　又称依赖DNA的RNA聚合酶，广泛存在于原核细胞和真核细胞中。在原核生物中，对大肠杆菌RNA聚合酶研究比较清楚，它的相对分子质量为480000，由4种5个亚基α、β、β′、σ组成五聚体（$\alpha_2\beta\beta'\sigma$）的蛋白质（表10-3）。$\alpha_2\beta\beta'$亚基合称为核心酶，σ亚基加上核心酶称为全酶。因为σ亚基能够识别不同基因的启动序列，所以活细胞的转录起始阶段需要全酶，而延长阶段则只需要核心酶。

拓展阅读10-4　RNA聚合酶的发现

表10-3　大肠杆菌(*E. coli*)RNA聚合酶组分及功能

亚基	数目	功能
α	2	延伸RNA链
β	1	
β′	1	
σ	1	识别转录起始点

2. ρ因子　存在于大肠杆菌和一些噬菌体中，它能与转录生成的RNA结合，使转录终止。

二、转录过程

RNA的转录过程包括转录起始、延长和终止三个阶段。真核生物和原核生物因RNA聚合酶种类不同，除延长过程相似外，转录过程存在较多的不同，下面以原核生物为例，介绍其转录过程。

（一）起始阶段

转录起始于RNA聚合酶结合在被转录的DNA特定区段上，位于结构基因上游，转录起始点之前有一些特殊的核苷酸序列，称为启动子，它是20～200个碱基的特定序列，是RNA聚合酶识别、结合并启动转录的部位。首先由RNA聚合酶的σ亚基辨认启动子，并以RNA聚合酶全酶的形式与启动子结合，形成转录起始复合物；同时，RNA聚合酶发挥解螺旋酶的功能，使DNA局部构象变化解链，双链暂时打开约17个碱基对，形成单链区。依照DNA模板链的碱基序列，按碱基互补配对原则从转录起始点由5′→3′端方向转录。转录起始生成RNA的第一位核苷酸总是GTP或ATP，以GTP更为常见，转录不需要引物，合成的RNA第一个核苷酸常是pppA或pppG。延伸部位再填进另一个核苷酸，聚合生成磷酸二酯键，这时σ亚基从全酶上脱落下来，完成转录起始并开始延长。

（二）延长阶段

当转录起始步骤完成后，σ亚基离开聚合酶，形成的核心酶更牢固地结合于模板上，开始转录的延长。延长是在含有核心酶、DNA 和新生 RNA 的一个区域——转录空泡里进行，在“泡”里新合成的 RNA 与模板 DNA 链形成杂交的双螺旋。此段双螺旋长约 12 bp，相当于 A 型 DNA 螺旋的一转。杂交链中 RNA 的 3′-羟基对进来的核糖核苷三磷酸能进行结合合成反应，使链不断延长，新生成的 RNA 单链伸出 DNA 双链(图 10 - 7)。除此之外，在“泡”里核心酶始终与 DNA 的另一条链(编码链)结合，使 DNA 中约有 17 个 bp 被解开。延长速率大约是每秒钟 50 个核苷酸，转录空泡移动 170 nm 的距离。在 RNA 聚合酶沿着 DNA 模板移动的整个过程中形成 RNA - DNA 杂交链的长度及 DNA 未解开的区域长度均保持不变。每加入 1 个核苷酸时，RNA - DNA 杂交双链就旋转一个角度，以便 RNA 的 3′- OH 始终停留在催化部位。而且杂交双链 12 bp 的长度恰好短于双螺旋完整的 1 转，当形成完整的 1 转前，RNA 因弯曲很厉害(即离开了 DNA 模板)，防止了 RNA5′-末端与 DNA 相互缠绕打结。RNA 链的合成也是从 5′→3′方向。

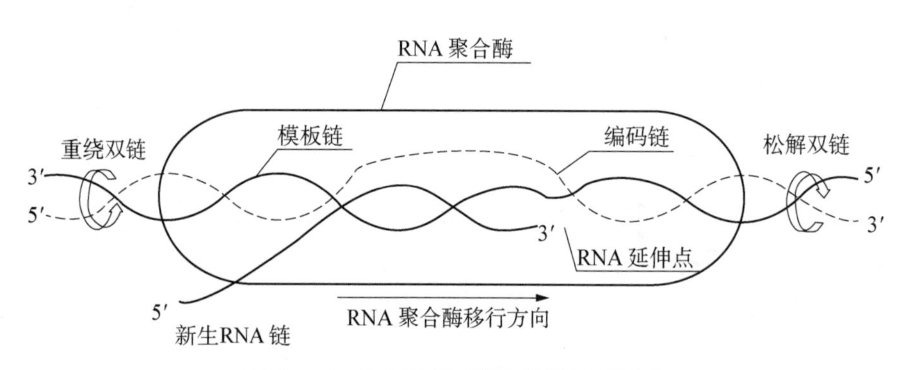

图 10 - 7 RNA 延伸过程中的“转录空泡”

(三) 转录的终止

转录终止出现在 DNA 分子内特定的碱基序列上。当核心酶沿 3′→5′方向滑行到 DNA 模板的转录终止部位时，停止滑动，转录产物 RNA 链停止延长并从转录复合物上脱落，转录终止。

原核生物的转录终止分为依赖 ρ 因子与非依赖 ρ 因子两大类。

1. 依赖 ρ 因子的转录终止 *E. coli* 中有一种能控制转录终止的蛋白质，即 ρ 因子。它协助 RNA 聚合酶识别新生 RNA 链的终止信号，以停止转录，故又称终止因子。ρ 因子有 ATP 酶活性和解螺旋酶活性，可水解 ATP 获得能量，沿新生的 RNA 链移动，在终止点与转录产物结合，结合后 ρ 因子和 RNA 聚合酶发生结构变化，使 RNA - DNA 双螺旋解开，释放 RNA，并和 RNA 聚合酶一起从模板上脱落。

2. 非依赖 ρ 因子的转录终止 在 RNA 延长过程中，当 RNA 聚合酶进行到转录终止部位时，DNA 模板上有 GC 富集区组成的反向重复序列和一连串的 T 结构，称为终止子。该部位转录生成的 RNA 产物可形成特殊的发夹结构。发夹结构可以阻止 RNA 聚合酶继续沿 DNA 模板前移，新生成的 RNA 链从 DNA 上脱落，核心酶与 DNA 双链随后解离而终止转录。此终止信号可被 RNA 聚合酶本身直接识别，无需 ρ 因子的参与

(图 10-8)。

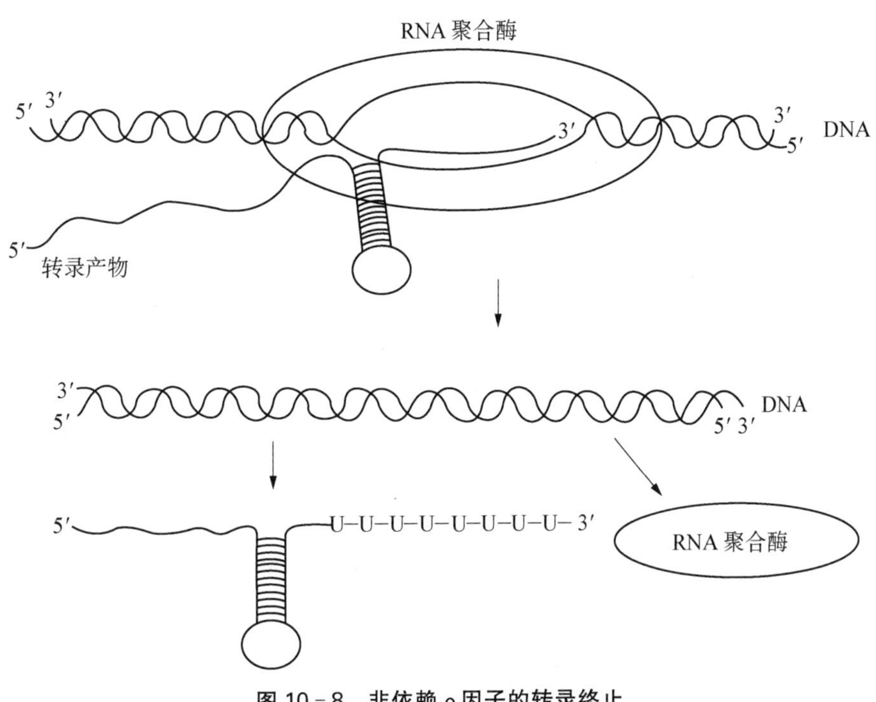

图 10-8 非依赖 ρ 因子的转录终止

三、转录后的加工修饰

原核生物和真核生物转录生成的各种 RNA 前体均无活性，要经过加工修饰才能转变为具有生物活性的 RNA，称为转录后的加工。在真核生物中，几乎所有转录生成的 RNA 分子均需经过一定程度的加工才能成为成熟的 RNA。原核细胞的 mRNA 并无特殊的加工过程就能作为翻译的模板；相反，真核生物转录和翻译在时间和空间上是分开的，其转录的 mRNA 称为 hnRNA，hnRNA 分子经剪切后大约只有 10%的部分转变为成熟的 mRNA。tRNA 和 rRNA 的初级转录产物则需经过加工，才能成为成熟的 tRNA 和 rRNA。

(一) mRNA 转录后的加工

在原核生物中，转录生成的 mRNA 为多顺反子，即几个结构基因，利用共同的启动子和共同的终止信号经转录生成一条 mRNA，此 mRNA 分子编码几种不同的蛋白质。在原核生物中没有核膜，转录与翻译是连续进行的，往往转录还未完成翻译就已经开始了。因此，原核生物中转录生成的 mRNA 没有特殊的转录后加工修饰过程。真核生物 mRNA 的前身为 hnRNA 或不均一核 RNA，必须进行首尾修饰及剪接才能指导蛋白质的合成。

1. 5′-端加帽　真核生物 mRNA，转录产物第一个核苷酸往往是 5′-三磷酸鸟苷。

pppGmRNA 在成熟过程中先由磷酸酶催化水解，释放出 5′-末端的 pi 或 ppi，然后在鸟苷酸转移酶作用下连接另一分子 GTP，生成三磷酸双鸟苷（GpppGp -），再在甲基转移酶催化下进行甲基化修饰，形成 5′- m7GpppGp -的帽子结构，保护 mRNA 免遭核酸酶的水解，易被蛋白质合成的起始因子所识别。

2. *3′-端加尾* mRNA 前体先经特异核酸外切酶切去 3′-末端多余的核苷酸，再由多聚腺苷酸聚合酶催化，以 ATP 为供体进行聚合反应，形成多聚腺苷酸（polyA）尾巴。polyA 尾巴不是由 DNA 编码的，而是转录后在核内加上去的。polyA 是 mRNA 由细胞核进入细胞质必需的形式，提高了 mRNA 在细胞质中的稳定性。真核生物胞质内 mRNA 的 polyA 的长度为 100～200 个核苷酸，且长度随 mRNA 的寿命而缩短。

3. *mRNA 前体（hnRNA）的拼接* 原核生物的结构基因是连续编码序列，而真核生物的基因往往是断裂基因，即编码一个蛋白质分子的核苷酸序列被多个插入片段所隔开，hnRNA 含有不能编码氨基酸序列的内含子和具有表达活性的外显子。剪接在特定的酶催化作用下，切除内含子，连接外显子，成为具有翻译功能的模板。由特定的 RNA 酶切断编码区与非编码区之间的磷酸二酯键后，再使编码区相互连接，生成成熟的 mRNA（图 10 - 9）。

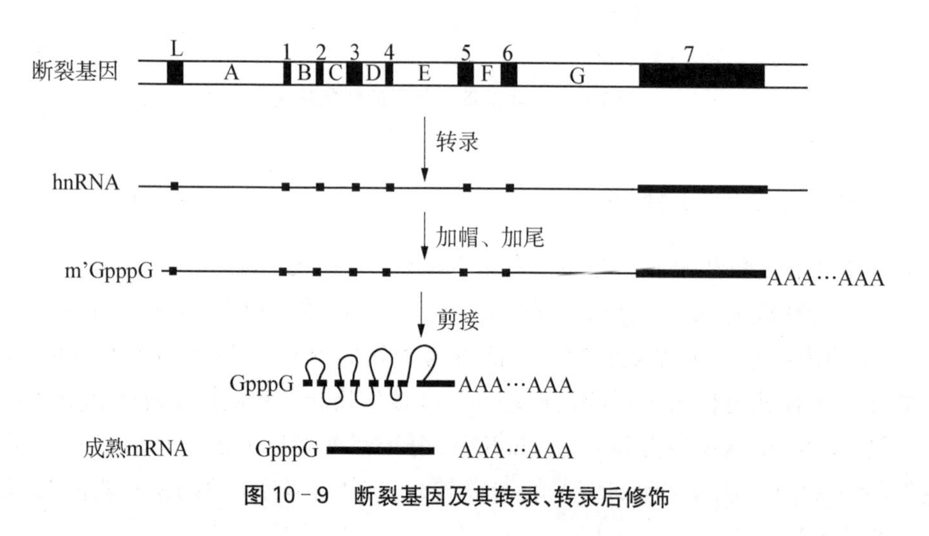

图 10 - 9 断裂基因及其转录、转录后修饰

（二）tRNA 转录后的加工

原核生物和真核生物刚转录生成的 tRNA 前体一般无生物活性，需要进行加工：①剪切和拼接；②3′- OH 连接- ACC 结构；③碱基修饰。原核生物和真核生物 tRNA 前体分子的加工基本相同。

1. *剪切* 原核生物和真核生物 tRNA 基因均转录生成 tRNA 前体，在 5′-端、3′-端以及 tRNA 反密码环部分，由核糖核酸酶切除插入序列核苷酸形成 tRNA。

2. *3′- OH 连接- ACC 结构* 在核苷酸转移酶的催化下，以 CTP、ATP 为供体，在 tRNA 前体的 3′-末端加上 CCA - OH 结构，使 tRNA 具有携带氨基酸的能力。

3. 碱基修饰　即 RNA 分子中稀有碱基的生成，包括以下步骤。①甲基化反应：A→mA，G→mG。②还原反应：尿嘧啶（U）还原为二氢尿嘧啶（DHU）。③脱氨基反应：腺嘌呤（A）→次黄嘌呤（I）。④碱基转位反应：U→ψ（假尿嘧啶）。

（三）rRNA 转录后的加工

rRNA 的转录和加工与核糖体的形成同时进行。原核生物 rRNA 转录后加工，包括以下几方面：①rRNA 前体被大肠杆菌 RNaseⅢ，RNaseE 等剪切成一定链长的 rRNA 分子；②rRNA 在修饰酶催化下进行碱基修饰；③rRNA 与蛋白质结合形成核糖体的大、小亚基。真核细胞在转录过程中首先生成的是 45S 大分子 rRNA 前体，然后通过核酸酶作用，断裂成 28S、5.8S 及 18S 等不同 rRNA。这些 rRNA 与多种蛋白质结合形成核糖体。rRNA 成熟过程中也包括碱基的修饰，碱基的修饰以甲基化为主（图 10－10）。

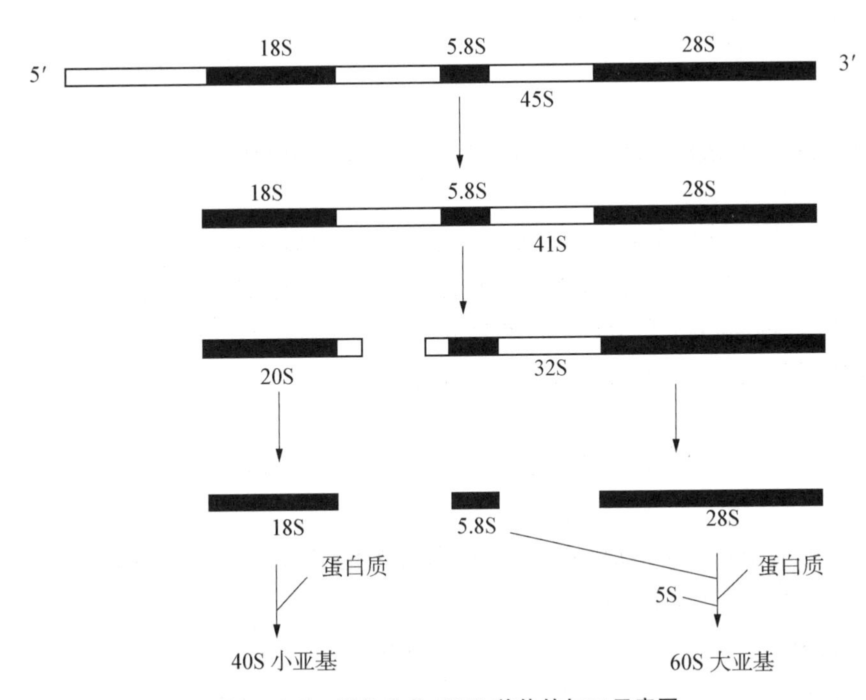

图 10－10　真核生物 rRNA 前体的加工示意图

三类 RNA 通过剪切、拼接、末端添加核苷酸碱基修饰等加工过程转变为成熟的 RNA，再参与蛋白质的生物合成等功能。

第三节　蛋白质的生物合成

mRNA 生成后，遗传信息由 mRNA 传递给新合成的蛋白质，此时 mRNA 分子中的遗传信息被翻译成为蛋白质的氨基酸排列顺序。因此，蛋白质的合成过程也被称为翻译，包含起始、延长和终止3个阶段的过程。

一、蛋白质生物合成的体系

参与蛋白质合成的物质，除作为原料的氨基酸外，还有mRNA、tRNA、核蛋白体、有关的酶（氨基酰tRNA合成酶），以及ATP、CTP等供能物质与必要的无机离子等。

（一）蛋白质生物合成的原料和所需酶类

1. *原料*　蛋白质合成的原料是21种L-α-氨基酸。合成过程需ATP或GTP供能，Mg^{2+}和K^{+}参与。

2. *酶及蛋白因子*

1）氨基酰-tRNA合成酶　催化氨基酸的活化以及与对应tRNA的结合反应。

2）转肽酶　是核糖体大亚基的组分，催化核糖体"P位"上的肽酰基转移至"A位"的氨基酰-tRNA的氨基上，使酰基与氨基缩合形成肽键，使P位上的肽链与tRNA分离。

3）转位酶　催化核糖体向mRNA的3′-端移动一个密码子的距离，使下一个密码子定位于"A位"。

4）蛋白因子　蛋白质的生物合成还需要众多蛋白质因子参与，翻译时它们仅临时性地与核糖体发生作用，之后从核糖体复合物中解离，包括起始因子（initiation factor，IF）、延长因子（elongation factor，EF）和释放因子（releasing factor，RF）。

起始因子的主要作用是促进核糖体小亚基、起始tRNA与模板mRNA的结合及大小亚基的分离。

延长因子的主要作用是促使氨基酰-tRNA进入核糖体的"A位"，在延长阶段促进转位过程。

释放因子的功能一是识别mRNA上的所有终止密码子；二是诱导转肽酶改变为酯酶活性，使肽链从核糖体上释放。

（二）mRNA

在原核生物中，每种mRNA常带有几种功能相关蛋白质的编码信息，这些编码信息构成一个转录单位，能指导多条肽链合成，称为多顺反子mRNA，转录后一般不需特别加工。在真核生物中，每种mRNA一般只带有一种蛋白质的编码信息，指导1条多肽链的合成，称为单顺反子mRNA，转录后需加工、成熟才能成为翻译模板。mRNA是蛋白质生物合成的直接模板。mRNA中每3个核苷酸组成1个密码子，体现1个氨基酸的信息或其他信息，称为遗传密码（genetic codon）或密码子（codon）。mRNA以三联体密码子的方式，决定了蛋白质分子中氨基酸的排列顺序。生物体内共有64个密码子，其中62个分别代表21种不同L-α-氨基酸（UGA编码硒代半胱氨酸）（表10-4）。AUG即编码多肽链中的甲硫氨酸，又作为多肽链合成的起始信号，称为起始密码子

(initiation codon);而 UAA、UAG、UGA 则代表多肽链合成的终止信号,称为终止密码子(termination codon)。mRNA 上的启动信号到终止信号的排列是有一定方向性的。启动信号总是位于 mRNA 的 5′-末端的一边,而终止信号总是在 mRNA 的 3′-末端一边。遗传密码具有以下重要特点。

1. 连续性 相邻 2 个密码子之间没有任何间隔,翻译必须从起始点开始,一个密码子接着一个密码子"阅读"下去,直到终止密码子为止。mRNA 上的碱基缺失或插入都会造成密码子的阅读框架改变,使氨基酸序列发生改变,称为框移突变(frameshift mutation)。

2. 简并性 21 种 L-α-氨基酸中,除色氨酸、甲硫氨酸和硒代半胱氨酸各有 1 个密码子外,其余氨基酸都有 2～6 个密码子,称为遗传密码的简并性。同一氨基酸的不同密码子互称为简并密码子或同义密码子。主要表现在密码子的头两位碱基相同,仅第三位碱基不同,这样有利于减少有害突变,保证遗传的稳定性。

3. 方向性 mRNA 中密码子的排列有一定的方向性。起始密码子位于 mRNA 链的 5′-端,终止密码子位于 3′-端,翻译从 5′-端→3′-端,多肽链的合成从 N 端→C 端延伸。

4. 通用性 从病毒、细菌到人类几乎使用同一套遗传密码表(表 10-4),称为遗传密码的通用性。

5. 摆动性 mRNA 密码子与 tRNA 反密码子在配对辨认时,有时不完全遵守碱基配对原则,尤其是密码子的第三位碱基与反密码子的第一位碱基,即使不严格互补也能相互辨认,称为密码子的摆动性,此特性能使 1 种 tRNA 识别 mRNA 的多种简并性密码子。

表 10-4 遗传密码表

第一个核苷酸(5′)	第二个核苷酸				第三个核苷酸(3′)
	U	C	A	G	
U	苯丙氨酸	丝氨酸	酪氨酸	半胱氨酸	U
	苯丙氨酸	丝氨酸	酪氨酸	半胱氨酸	C
	亮氨酸	丝氨酸	终止密码	硒代半胱氨酸	A
	亮氨酸	丝氨酸	终止密码	色氨酸	G
C	亮氨酸	脯氨酸	组氨酸	精氨酸	U
	亮氨酸	脯氨酸	组氨酸	精氨酸	C
	亮氨酸	脯氨酸	谷氨酰胺	精氨酸	A
	亮氨酸	脯氨酸	谷氨酰胺	精氨酸	G
A	异亮氨酸	苏氨酸	天冬酰胺	丝氨酸	U
	异亮氨酸	苏氨酸	天冬酰胺	丝氨酸	C
	异亮氨酸	苏氨酸	赖氨酸	精氨酸	A
	甲硫氨酸	苏氨酸	赖氨酸	精氨酸	G

（续表）

第一个核苷酸（5′）	第二个核苷酸				第三个核苷酸（3′）
	U	C	A	G	
G	缬氨酸	丙氨酸	天冬氨酸	甘氨酸	U
	缬氨酸	丙氨酸	天冬氨酸	甘氨酸	C
	缬氨酸	丙氨酸	谷氨酸	甘氨酸	A
	缬氨酸	丙氨酸	谷氨酸	甘氨酸	G

拓展阅读 10-5　遗传密码的破译

（三）rRNA 与核糖体

rRNA 与多种蛋白质共同构成核糖体。核糖体是多肽链合成的场所。各种成分最终均需结合于核糖体上，再将氨基酸按特定的顺序聚合成多肽链。

各种细胞的核糖体均由大小 2 个亚基组成。原核生物的核糖体为 70S，包括 30S 小亚基和 50S 大亚基两部分（图 10-11）。真核生物中的核糖体为 80S，分为 40S 小亚基和 60S 大亚基两部分。核糖体在蛋白质的生物合成中具有以下功能。

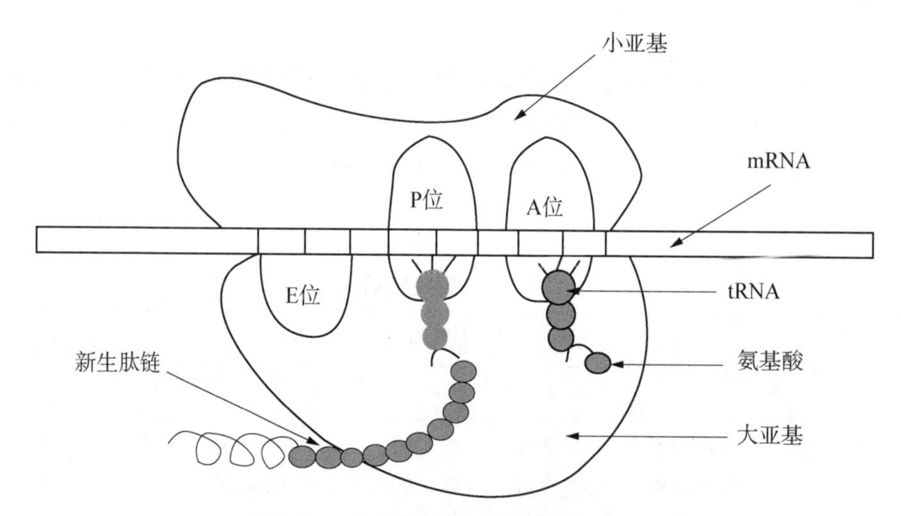

图 10-11　原核生物核糖体的模式图

1. 小亚基的功能　①结合模板 mRNA；②结合起始 tRNA；③结合和水解 ATP。

2. 大亚基的功能　①有 3 个 tRNA 的结合位点：第一个称为受位或 A 位（aminoacyl site），是氨基酰-tRNA 进入核糖体后占据的位置；第二个称为给位或 P 位（peptidyl site），是肽酰-tRNA 占据的位置；第三个称为出位或 E 位（exit site），是空载 tRNA 占据的位置。以上为原核生物大亚基结构，但真核生物大亚基无 E 位，其他同原核生物。由于核糖体与 tRNA 的结合是非特异的，所以核糖体能结合多种氨基酸 tRNA。②具有转肽酶活性，催化肽键的形成。③能结合参与蛋白质合成的多种可溶性蛋白因子，如 EF、IF、RF 等。

(四) tRNA 与氨基酸的活化

1. tRNA　tRNA 上有 3 个核苷酸组成的反密码子，与 mRNA 上的密码子按碱基互补配对原则结合，并以氨基酰-tRNA 的形式携带氨基酸，氨基酰-tRNA 才能准确地在 mRNA 上对号入座。tRNA 为氨基酸的搬运工具。

每种氨基酸可由 2～6 种特异的 tRNA 转运，但 1 种 tRNA 只能特异地转运 1 种氨基酸。tRNA 对密码子的辨认是通过 tRNA 反密码子与 mRNA 密码子的反向平行互补配对来实现的。由于密码子的摆动性，使得 1 种 tRNA 所携带的 1 种氨基酸可结合在几种同义密码子上，称为不稳定配对。

2. *氨基酸的活化*　在 ATP 和酶存在的条件下，tRNA 与对应氨基酸结合成为氨基酰-tRNA，此过程称为氨基酸的活化。活化是在氨基酸的羧基上进行，由氨基酰-tRNA 合成酶催化、ATP 供能，每活化 1 分子氨基酸需要消耗 2 个高能磷酸键。

$$\text{氨基酸} + \text{tRNA} + \text{ATP} \xrightarrow[\text{Mg}^{2+}]{\text{氨基酰-tRNA合成酶}} \text{氨基酰-tRNA} + \text{AMP} + \text{PPi}$$

二、蛋白质生物合成的过程

蛋白质生物合成的过程是从 mRNA 的起始密码子 AUG 开始，按 5′→3′方向逐一读码，直至终止密码子。合成中的肽链从起始甲硫氨酸开始，从 N 端向 C 端延长，直至终止密码子前一位密码子所编码的氨基酸。整个翻译过程可分为起始、延长、终止阶段。

(一) 原核生物的合成过程

原核生物的合成过程是在核糖体上完成的，即为广义的核糖体循环。该循环是指活化的氨基酸由 tRNA 携带至核糖体上，以 mRNA 为模板合成多肽链的过程，是合成的中心环节。

1. *起始*　指模板 mRNA 和起始氨基酰-tRNA 分别与核糖体结合而形成翻译起始复合物(initiation complex)。

1) 核糖体大、小亚基的分离　完整的核糖体大、小亚基分离，准备 mRNA、起始氨基酰-tRNA 与小亚基结合。IF1、IF3 与核糖体的小亚基结合，促进大、小亚基分离，还能防止大、小亚基重新聚合。

2) mRNA 与小亚基结合　原核生物 mRNA5′-端起始密码子的上游 8～13 个核苷酸部位有一段富含嘌呤碱基(如-AGGAGG-)的特殊保守序列，称为 SD 序列(Shine-Dalgarno sequence)。此序列可被核糖体小亚基 16SrRNA3′-端的富含嘧啶碱基的短序列(如 3′-UCCUCC-5′)辨认结合。然后，核糖体小亚基沿 mRNA 模板向 3′-端滑动并准确地定位于起始密码子 AUG 的部位。

3) fMet-tRNAfMet 的结合　可促进 mRNA 的准确就位。

4）核糖体大亚基结合　30S小亚基、mRNA和fMet－tRNAfMet结合后，再与大亚基结合形成由完整核糖体、mRNA、fMet－tRNAfMet组成的翻译起始复合物。此时，结合起始密码子AUG的fMet－tRNAfMet占据P位，而A位空缺，对应mRNA上AUG后的下一组三联体密码，准备相应氨基酰－tRNA的进入（图10－12）。

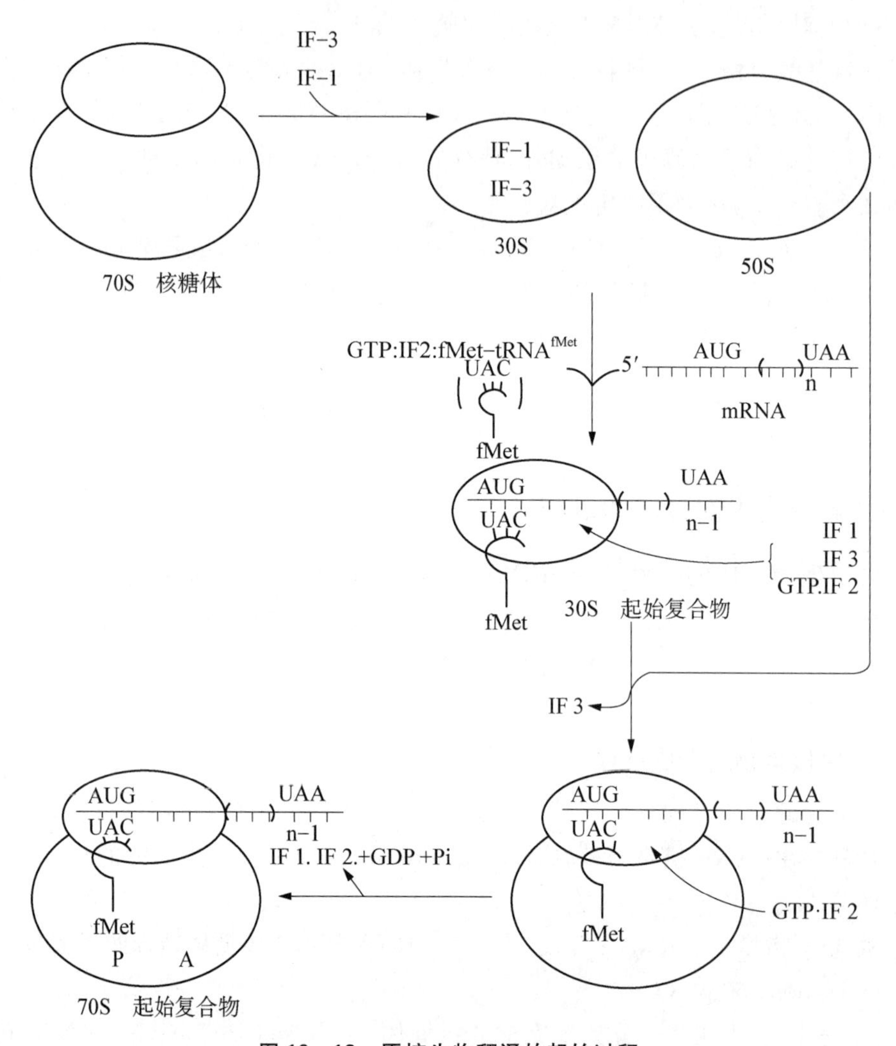

图10－12　原核生物翻译的起始过程

2．延长　指在翻译起始复合物的基础上，各种氨基酰－tRNA按mRNA上密码子的顺序在核糖体上一一对号入座，其携带的氨基酸依次以肽键缩合形成新的多肽链。这一阶段是在核糖体上连续循环进行的，故又称核糖体循环，此为狭义的核糖体循环。每次循环使新生肽链延长一个氨基酸。每个循环又分为3步，即进位、成肽和转位。

云视频10－2　核糖体循环

1）进位（registration） 根据 mRNA 上密码子的要求，新的氨基酸不断地被特异的 tRNA 运至相应的核蛋白体受位，形成肽键。同时，核蛋白体从 mRNA 的 5′-端向 3′-端不断移位，推进翻译过程。肽链延长阶段需要数种称为延长因子的蛋白质、GTP 与某些无机离子参与。

在翻译起始复合物形成后，核糖体的 P 位已被 fMet - tRNAfMet 占据，A 位空缺；按照 A 位处对应的 mRNA 第 2 个密码子，相应的氨基酰- tRNA 与 EF - Tu - GTP 构成复合物，并通过其反密码子识别 mRNA 模板上的密码子，进入 A 位。此时，EF - Tu 有 GTP 酶活性，能水解 GTP 释能，驱动 EF - Tu 和 GDP 从核糖体释出，重新形成 Tu - Ts 二聚体。

2）成肽（peptide bond formation） 是在大亚基上转肽酶的催化下，P 位上起始氨基酰- tRNA 携带的甲酰甲硫氨酰基或肽酰- tRNA 的肽酰基转移到 A 位并与 A 位上新进入氨基酰- tRNA 的氨基，缩合形成肽键的过程。

3）转位（translocation） 指在转位酶的催化下，核糖体向 mRNA 的 3′-端移动一个密码子的距离，而 A 位的肽酰- tRNA 移入 P 位的过程。EF - G 有转位酶活性，可结合并水解 GTP 提供能量，而卸载的 tRNA 则移入 E 位，A 位空出，mRNA 模板的下一个密码子进入 A 位，为另一个能与之对号入座的氨基酰- tRNA 的进位准备条件。当下一个氨基酰- tRNA 进入 A 位注册时，位于 E 位上的空载 tRNA 脱落、排出。

新生肽链上每增加 1 个氨基酸残基都需要经过上述 3 步反应，此过程需 2 种 EF 参与并消耗 2 分子 GTP。核糖体沿 mRNA 模板从 5′→3′方向阅读遗传密码，连续进行进位、成肽、转位的循环过程，每次循环向肽链 C 端添加一个氨基酸，使相应肽链的合成从 N 端向 C 端延伸，直到终止密码子出现在 A 位为止（图 10 - 13）。

3. 终止 当多肽链合成已完成，并且“受位”上已出现终止信号（UAA、UAG、UGA），此后即转入终止阶段。终止阶段包括已合成完毕的肽链被水解释放，核蛋白体与 tRNA 从 mRNA 上脱落的过程。这一阶段需要一种起终止作用的蛋白质因子——终止因子参与。

由于终止密码子不能被任何氨基酰- tRNA 识别，只有 RF 能予以辨认并进入 A 位。RF 的结合可诱导转肽酶的构象改变，发挥酯酶活性，水解新生肽链与结合在 P 位的 tRNA 之间的酯键，释出合成的新生多肽链；然后由 GTP 提供能量，使 tRNA 及 RF 释出，核糖体与 mRNA 模板分离。在 IF 的作用下，核糖体大、小亚基分离并可重新参与多肽链合成（图 10 - 14）。

（二）真核生物的合成过程

真核生物的肽链合成过程与原核生物的肽链合成过程基本相似，只是反应更复杂、涉及的蛋白质因子更多。

1. 起始 真核生物与原核生物在肽链合成的起始阶段差异较大，其起始过程如下。

1）核糖体大、小亚基的分离 起始因子 eIF - 2B、cIF - 3 与核糖体小亚基结合，在 eIF - 6 参与下，促进 80S 核蛋白体解离成大、小亚基。

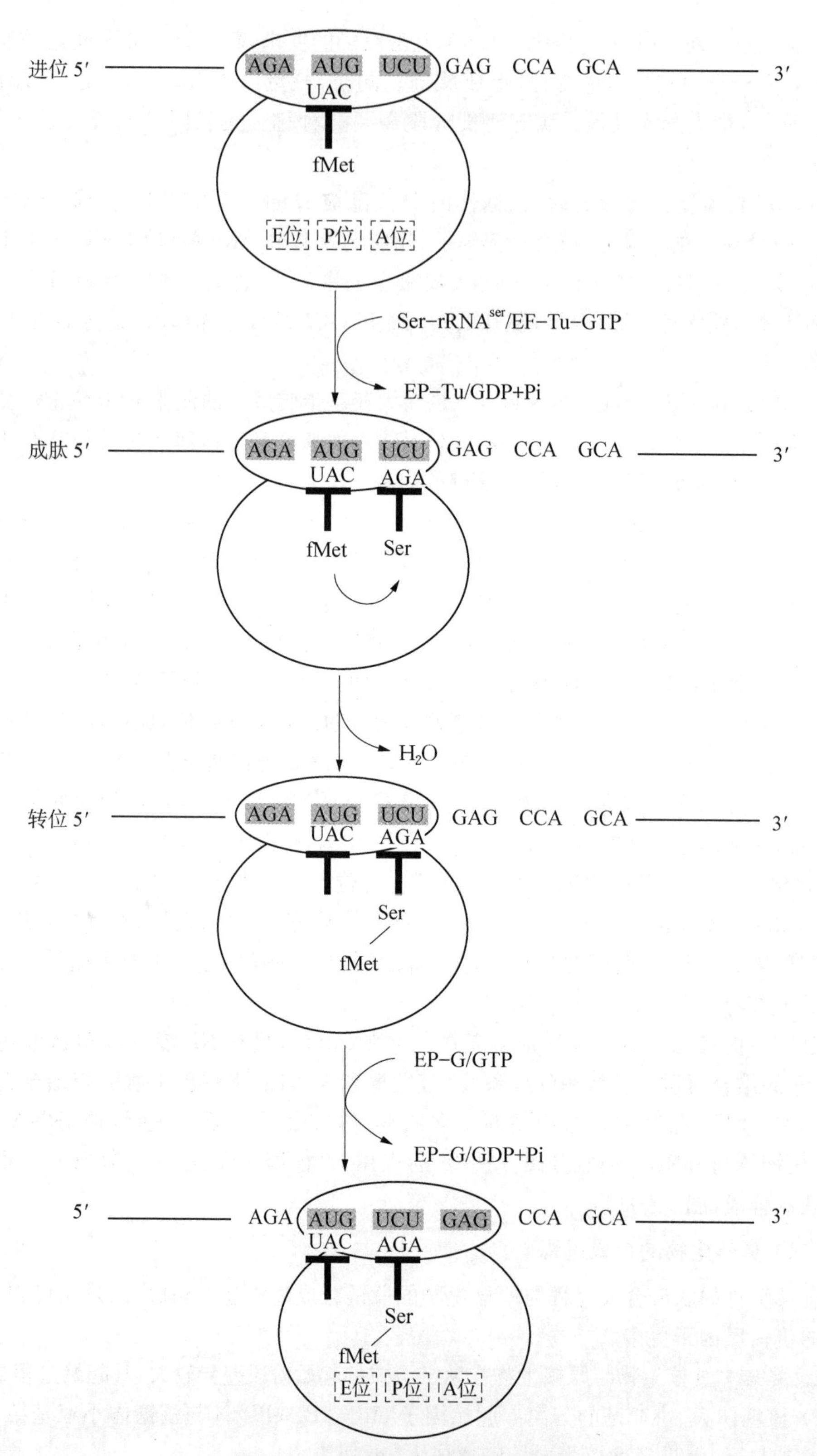

图 10 - 13 原核生物翻译的延长过程

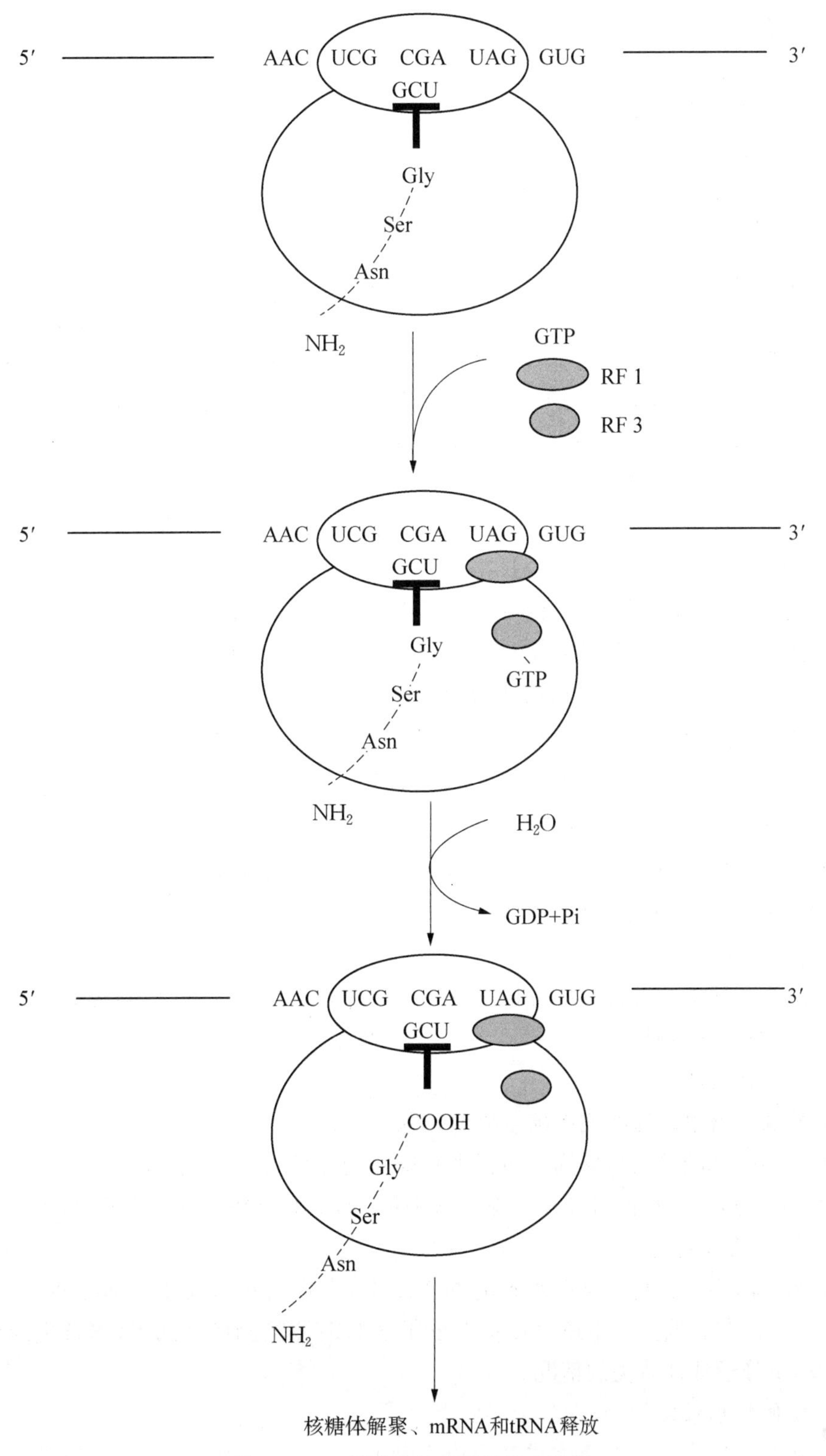

图 10－14　原核生物翻译的终止过程

2）起始氨基酰-tRNA结合　起始Met-tRNAiMet和结合GTP的eIF-2共同结合于小亚基P位的起始位点。

3）mRNA在核糖体小亚基的准确就位　起始密码子AUG上游无SD序列，mRNA在小亚基上的定位依赖于帽子结合蛋白复合物。该复合物通过eIF-4E结合mRNA5′帽子，polyA结合蛋白结合3′poly-A尾，使mRNA在小亚基准确就位。

4）核糖体大亚基结合　已结合mRNA、Met-tRNAiMet的小亚基迅速与60S大亚基结合成翻译起始复合物。通过eIF-5作用和水解GTP供能，促进各种eIF从核糖体释放。

2. 延长　真核生物中催化氨基酸tRNA进入受体的延长因子只有一种（EFT1）。催化肽酰tRNA移位的因子称为EFT2，可被白喉毒素抑制。真核生物肽链合成的延长过程与原核生物基本相似，但有不同的反应体系和EF。此外，真核细胞核糖体无E位，转位时卸载的tRNA直接从P位脱落。

3. 终止　真核生物翻译的终止过程与原核生物相似，但只有一种释放因子eRF，可识别所有终止密码子，可完成原核生物各类RF的功能。

无论在原核细胞还是真核细胞内，通常有10～100个核糖体附着在同一条mRNA模板上，进行蛋白质合成。这种mRNA与多个核糖体结合形成串珠状聚合物称为多聚核糖体。每条mRNA结合的核糖体数目与生物的种类和mRNA的长度有关，一般每间隔80个核苷酸即附着有一个核糖体。用同一条mRNA为模板，各自合成多肽链，提高了mRNA的利用率和蛋白质生物合成的速度。

（三）翻译后的加工修饰和输送

从核蛋白体释放的多肽链，不一定具备生物活性。肽链从核蛋白体释放后，经过细胞内各种修饰处理过程，成为有活性的成熟蛋白质，称为翻译后加工。常见的翻译后的加工修饰方式如下。

1. 折叠　新生肽链折叠形成特定空间结构才具有生物学活性，一般需在折叠酶和分子伴侣的参与下才能完成。

2. 一级结构的修饰

1）N端甲酰甲硫氨酸或甲硫氨酸的切除。

2）个别氨基酸的共价修饰　包括半胱氨酸间二硫键的形成，胶原蛋白前体中赖氨酸、脯氨酸残基的羟基化，酪蛋白中某些丝氨酸、苏氨酸或酪氨酸的磷酸化，组氨酸的甲基化，谷氨酸的羟基化等。

3）水解修饰　在特异蛋白水解酶的作用下，去除某些肽段或氨基酸残基，生成有活性的多肽。在真核生物中还存在将大分子多肽前体经翻译后加工、水解生成数种不同活性的小分子活性肽类的情况。

3. 空间结构的修饰

1）亚基的聚合　具有2个或2个以上亚基的蛋白质，如血红蛋白，通过非共价键将亚基聚合成寡聚体，形成蛋白质的四级结构。

2）辅基的连接　各种结合蛋白质如糖蛋白、脂蛋白、色蛋白及各种带辅基的酶，还需进一步与辅基连接，成为具有功能活性的天然蛋白质。

3）疏水脂链的共价连接　某些蛋白质，如 Ras 蛋白、G 蛋白等，翻译后通过在肽链的特定位点将脂链嵌入疏水膜双脂层，定位成为特殊质膜内在蛋白，成为具有生物活性的蛋白质。

4. 翻译后的靶向输送　蛋白质合成后，定向地到达其执行功能的目标地点，称为靶向输送。分泌性蛋白的合成过程与其他蛋白质基本一样的。但其 mRNA 往往有一段疏水氨基酸较多的肽编码，这段肽称为信号肽。信号肽的作用是把合成的蛋白质转移到内质网，剪切下信号肽，然后把合成的蛋白质送出胞外。

（四）蛋白质生物合成与医学

1. 分子病　基因突变导致蛋白质一级结构改变而引起的生物体某些结构和功能异常，这种疾病称为分子病。分子病最典型的代表为镰刀型红细胞贫血病，红细胞变形成为镰刀状而极易破裂，产生溶血性贫血。

2. 某些抗生素和生物活性物质对蛋白质合成的影响

1）抗生素　包括四环素、氯霉素、链霉素和嘌呤霉素等。

（1）四环素族：包括土霉素等，能抑制氨基- tRNA 与原核细胞的核蛋白体小亚基结合，抑制细菌内蛋白质的生物合成。

（2）氯霉素：能与原核生物的核蛋白体大亚基结合，阻断翻译延长过程；高浓度时，对真核生物线粒体内的蛋白质合成也有阻断作用。

（3）链霉素：和卡那霉素能与原核生物蛋白体小亚基结合，改变其构象，引起读码错误，结核杆菌对这两种抗生素特别敏感。

（4）嘌呤霉素：结构与酪氨酸 tRNA 相似，从而可取代一些氨基酸 tRNA 进入翻译中的核蛋白体受位，当延长的肽链转入此异常受位时，容易脱落，终止肽链合成。嘌呤霉素对原核、真核生物的翻译过程均有干扰作用。

2）其他干扰蛋白质合成的物质　某些毒素能在肽链延长阶段阻断蛋白质合成而引起毒性。如白喉毒素可特异地抑制人、哺乳动物肽链 EF 的活性，抑制真核细胞蛋白质的生物合成。

真核细胞感染病毒后可分泌具有抗病毒作用的蛋白质，即干扰素。它可通过活化一种特异蛋白激酶，使 IF 磷酸化而失活，抑制翻译起始。它还可间接活化一种核酸内切酶，使病毒 mRNA 发生降解，阻断病毒蛋白质合成。干扰素还具有调节细胞生长分化、激活免疫系统等功能，广泛应用于临床。

思政小课堂 10-1　杂交水稻之父——袁隆平

（朱健美）

数字课程学习

○教学 PPT ○导入案例解析 ○复习与自测 ○更多内容……

第十一章　肝脏化学

章前引言

肝脏是人体最大的多功能实质性器官，也是人体最大的消化腺。它不仅影响食物的消化、吸收，而且还具有分泌、排泄、生物转化等重要功能，几乎参与体内的一切物质代谢。

肝脏的多功能性是由其独特的形态结构和化学组成特点决定的。①肝脏有肝动脉和门静脉双重血液供应；②肝脏有肝静脉和胆管 2 条输出管道；③肝脏含有丰富的血窦，血窦内血流速度缓慢，有利于肝细胞与血液进行营养物质与代谢产物的交换；④肝脏含有丰富的亚细胞结构，如线粒体、内质网、溶酶体、过氧化物酶体、微粒体等，为物质代谢顺利进行提供了场所；⑤肝脏含有数百种酶类。大部分酶类活性高，且有些酶是肝脏特有的。这些特点确立了肝脏是人体“物质代谢中枢”的地位。

拓展阅读 11－1　肝在激素代谢中的作用

学习目标

1. 归纳出肝的结构和化学组成特点。
2. 理解肝脏的生物转化的概念、反应类型、特点和意义。
3. 描述胆汁酸的分类和胆汁酸肠肝循环的意义。
4. 根据胆红素的正常代谢过程和黄疸发生的原因鉴别三类黄疸。

思维导图

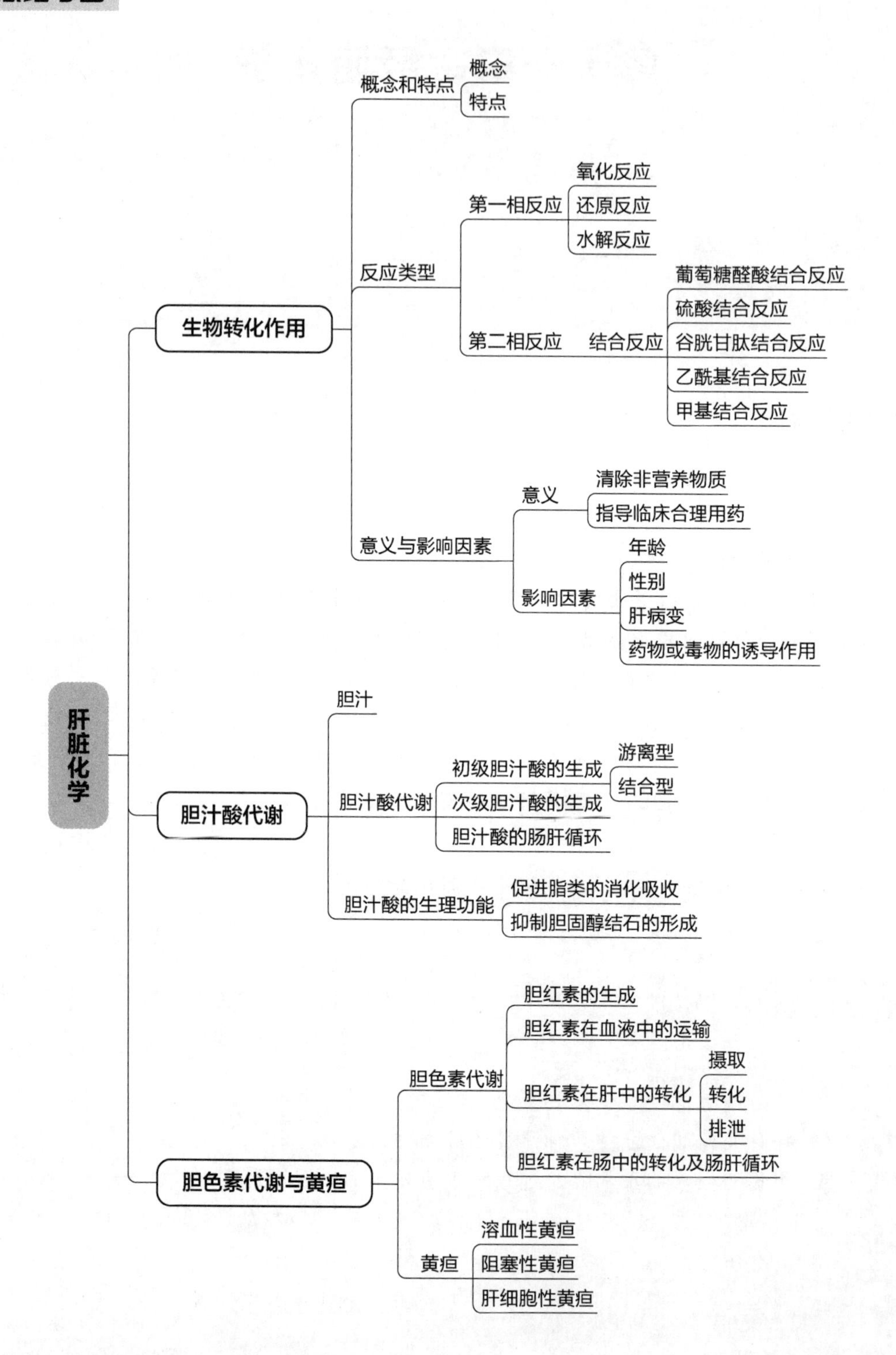

肝脏化学
生物转化作用
概念和特点
概念
特点
反应类型
第一相反应
氧化反应
还原反应
水解反应
第二相反应
结合反应
葡萄糖醛酸结合反应
硫酸结合反应
谷胱甘肽结合反应
乙酰基结合反应
甲基结合反应
意义与影响因素
意义
清除非营养物质
指导临床合理用药
影响因素
年龄
性别
肝病变
药物或毒物的诱导作用
胆汁酸代谢
胆汁
胆汁酸代谢
初级胆汁酸的生成
次级胆汁酸的生成
游离型
结合型
胆汁酸的肠肝循环
胆汁酸的生理功能
促进脂类的消化吸收
抑制胆固醇结石的形成
胆色素代谢与黄疸
胆色素代谢
胆红素的生成
胆红素在血液中的运输
胆红素在肝中的转化
摄取
转化
排泄
胆红素在肠中的转化及肠肝循环
黄疸
溶血性黄疸
阻塞性黄疸
肝细胞性黄疸

案例导入

患者，男，汉族，35岁。为舒缓工作紧张情绪，每天下班后患者总喜欢去酒吧喝酒。入院前一晚，他邀请同事小孙一同去酒吧喝酒。在酒吧3h内患者共喝了10标准杯酒(每一标准杯酒含酒精14g)。随即患者身体出现如下症状：右下腹痛、皮肤表皮呈淡黄色(黄疸)、神志不清、呕吐。患者被送入急诊室后，其家属叙述，其家族有醉酒史，且最近一段时间，患者表现有些反常：嗜睡、旷工、思想游离。医生为患者做了磁共振弹性成像(magnetic resonance elastography，MRE)和血液学生化检查，检查结果如表11-1所示。

表11-1　患者的血液生化检查结果及MRE

检查项目	患者的值	参考范围
血压(mmHg)	115/73	<120/80
体质指数(BMI)	23.2	18.5～24.9
心率(BPM)	82	60～100
血糖(mg/dL)	88	70～100
丙氨酸转氨酶ALT(IU/L)	90↑	10～40
天冬酰胺转氨酶AST(IU/L)	260↑	10～34
病毒性肝炎检测	阴性	阴性
*肝脏MRE评分	F4	F0

*：肝脏MRE评分标准：肝脏按纤维化程度分为0～4等级。F0=无纤维化；F1=轻度纤维化；F2=显著纤维化；F3=重度纤维化，但无硬化；F4=肝硬化。

问题：

1. 请问患者出现上述症状的原因是什么？

2. 请问患者的血液生化检查结果有哪些异常？请解释导致这些异常指标的生化机制。

第一节　生物转化作用

一、生物转化的概念和特点

(一) 概念

生物转化作用(biotransformation)是将非营养物质经过氧化、还原、水解和结合反应，使其极性增加或活性改变，易于随尿液或胆汁排出体外的过程。

非营养物质是指既不能构成组织细胞的结构成分，又不能氧化分解供能的物质。其来源如下。①内源性物质：机体代谢过程中产生的各种生物活性物质，如激素、神经递质、胺类及对机体有毒的代谢产物（如氨和胆红素）等。②外源性物质：指从外界进入体内的药物、食品添加剂、色素和有机磷农药以及蛋白质在肠道中的腐败产物如胺、苯酚、吲哚和硫化氢等。

肝脏是生物转化作用的主要器官，转化能力最强。此外，肾、胃肠道、肺、皮肤及胎盘也有一定的生物转化能力。

（二）生物转化作用的特点

1. *多样性和连续性* 即一种物质在体内可进行多种生物转化反应，如水杨酸可发生结合反应，也可发生羟化反应。但大多数物质需要经过氧化、还原、水解、结合等连续反应后才能排出体外。

2. *解毒与致毒的双重性* 大多数非营养物质经过生物转化后其毒性减弱或消失（解毒作用），但有少数物质的毒性反而出现或增强（致毒作用）。例如，黄曲霉素 B_1 在体外因不能与核酸等生物高分子结合而无任何毒性，但经肝细胞微粒体混合功能氧化酶的催化生成环氧化黄曲霉毒素 B_1，能与核酸分子中鸟嘌呤的第 7 位 N 结合而致癌。香烟中所含的 3,4 -苯并芘本身无致癌作用，转化为 7,8 -二氢二醇- 9,10 -环氧化物而具有较强的致癌作用。

二、生物转化的反应类型

肝的生物转化反应类型可归纳为两相反应。第一相反应包括氧化、还原、水解反应；第二相反应为结合反应。

（一）第一相反应

第一相反应包括氧化、还原、水解反应。一些非营养物质经过第一相反应后，可使其分子中的某些非极性基团转化为极性基团，或使其分解、理化性质改变，易于或可以直接排出体外。

1. *氧化反应*（oxidation reaction） 肝细胞的微粒体、线粒体和胞质中含有参与生物转化的多种氧化酶系，包括加单氧酶系、单胺氧化酶系、脱氢酶系，催化不同类型的氧化反应。

1）加单氧酶系（monooxygenase） 存在于微粒体中，其催化反应依赖细胞色素 P_{450} 参与。该酶催化氧分子中的一个氧原子加在底物分子中形成羟基，故称为加单氧酶或羟化酶；另一个氧原子被 NADPH 还原成水分子，一个氧分子发挥了两种功能，故也称为混合功能酶。其反应通式如下：

$$RH + O_2 + NADPH + H^+ \xrightarrow{\text{加单氧酶}} ROH + NADP^+ + H_2O$$

此酶可催化多种化合物的羟化。如药物、毒物、类固醇激素等经羟化反应后，水溶性增加，易于排出体外。

2）单胺氧化酶系（monoamine oxidase，MAO）　存在于肝细胞的线粒体中，属黄素蛋白。它可催化肠道吸收腐败产物（如组胺、尸胺、腐胺、酪胺）和许多生理活性物质（如5-羟色胺、儿茶酚胺类等），它们均可在该酶催化下氧化为醛而灭活，降低有机胺对机体的毒害作用。其反应通式如下：

$$RCH_2NH_2 + O_2 + H_2O \xrightarrow{\text{单胺氧化酶}} RCHO + NH_3 + H_2O_2$$

3）脱氢酶类　醇脱氢酶和醛脱氢酶存在于胞质和微粒体中，均以 NAD^+ 为辅酶，使醇或醛氧化生成相应的醛或酸。其反应通式如下：

$$RCH_2OH \xrightarrow[NAD^+ \;\; NADH+H^+]{\text{醇脱氢酶}} RCHO \xrightarrow[H_2O+NAD^+ \;\; NADH+H^+]{\text{醛脱氢酶}} RCOOH$$

摄入体内的乙醇约5%通过肺呼出，约5%通过肾代谢，90%以上运输到肝代谢。肝对乙醇的代谢主要依赖肝内的乙醇脱氢酶和乙醛脱氢酶，乙醇脱氢酶催化乙醇脱氢生成乙醛，乙醛由乙醛脱氢酶催化脱氢生成乙酸，乙酸转化成乙酰 CoA，进入三羧酸循环彻底氧化，最终生成水和二氧化碳。人的酒量与其肝内这两种脱氢酶含量相关。能饮者两种脱氢酶的活性较高。中等酒量者一般只含乙醇脱氢酶，能把乙醇转化为乙醛，但因缺乏乙醛脱氢酶而导致乙醛积累，引起血管广泛扩张而面部潮红。微饮或不能饮酒者一般这两种酶都不存在。另外，两种脱氢酶的活性与心情和时间相关。在一般情况下，心情愉悦时酶活性高，焦虑郁闷时则酶活性低，且随一日时间从早到晚酶的活性逐渐增强。

慢性肝病患者因肝脏功能受损，酒精代谢减慢。乙醇在肝内转化为乙醛，会使肝细胞发生变性和坏死，加重肝损伤。而且慢性病毒性肝炎患者饮酒除了会加重肝损伤外，还会促进病毒复制，降低抗病毒治疗效果。肝炎病毒与酒精对肝脏损害起协同作用，中国人群的病毒性肝炎流行率高，而肝炎病毒感染者饮酒，酒精会加剧肝病患者的肝损伤，促进肝脏疾病进展，增加肝硬化、肝癌的发生风险。可见饮酒一定会加重肝脏负担，故肝病患者务必禁酒。

在线案例 11-1　酒精肝

2. 还原反应（oxidation reaction）　肝微粒体中的硝基还原酶和偶氮苯还原酶，分别催化硝基化合物和偶氮化合物，NADPH 供氢，还原成相应的胺类。硝基化合物常见于食品防腐剂、工业试剂等，偶氮化合物常见于食品色素、化妆品等。有些药物可经还原反应而失去药效，如催眠药三氯乙醛可在肝脏被还原生成三氯乙醇而失去催眠作用。

$$C_6H_5NO_2 \xrightarrow[-H_2O]{+2H} C_6H_5NO \underset{-2H}{\overset{+2H}{\rightleftharpoons}} C_6H_5NHOH \xrightarrow[-H_2O]{+2H} C_6H_5NH_2$$

（自动进行）

硝基苯　亚硝基苯　苯胲　苯胺

3．水解反应（hydrolysis reaction）　肝微粒体和胞液中含有多种水解酶，可水解酯键、酰胺键及糖苷键以降低或消除这类化合物的生物活性，这些水解产物往往还需要进行结合反应后才能排出体外。例如，乙酰水杨酸（阿司匹林）先经水解反应生成水杨酸，后者再与葡糖醛酸发生结合反应，生成葡糖醛酸化合物。

$$C_6H_4(OCOCH_3)COOH \xrightarrow[酯酶]{水解} C_6H_4(OH)COOH + CH_3COOH$$

乙酰水杨酸　水杨酸　乙酸

（二）第二相反应

第二相反应指结合反应。结合反应（conjugation reaction）是机体最重要的生物转化反应方式。含有羟基、巯基、羧基或氨基等功能基团的激素、药物、毒物与某些小分子物质或化学基团结合使其极性和水溶性增强，生物活性或毒性降低，利于排泄。可供结合的物质通常是体内代谢产生的极性强、没有毒性的水溶性物质。如葡萄糖醛酸、硫酸、谷胱甘肽、甘氨酸、乙酰基等，其中与葡萄糖醛酸结合反应最为重要。

1．葡萄糖醛酸结合反应　葡萄糖醛酸基的直接供体是尿苷二磷酸葡萄糖醛酸（UDPGA），在肝微粒体葡萄糖醛酸基转移酶的催化下，能使UDPGA分子中的葡萄糖醛酸基转移到含羟基、巯基、氨基、羧基的非营养物质上，生成葡萄糖醛酸苷，使其水溶性增加，易随尿液或胆汁排出。吗啡、可卡因、胆红素、类固醇激素等代谢产物均可进行葡萄糖醛酸结合反应。

$$C_6H_5OH \xrightarrow[UDPGA \to UDP]{UDPGT} 苯\text{-}\beta\text{-}葡萄糖醛酸苷$$

苯酚　苯-β-葡萄糖醛酸苷（醚型）

2．硫酸结合反应　在肝细胞的胞质中，硫酸转移酶将活性硫酸的供体3′-磷酸腺苷-5′-磷酸硫酸（PAPS）中的硫酸基转移到多种醇、酚、芳香胺类以及内源性的固醇类物质分子上，生成硫酸酯化合物。例如，雌酮与硫酸发生结合反应，生成雌酮硫酸而灭活。

HO　　PAPS　　PAP　　HO_3SO

雌酮　　硫酸转移酶　　雌酮硫酸酯

3. 谷胱甘肽结合反应　许多卤代化合物和环氧化合物在体内与还原型谷胱甘肽GSH结合，由肝胞质中的谷胱甘肽-S-转移酶催化，生成含谷胱甘肽的结合产物而解毒。如进入肝的胰岛素与GSH结合而裂解为A链和B链，进而再经胰岛素酶的水解而灭活。

4. 乙酰基结合反应　乙酰基的供体是乙酰CoA。各种芳香胺或氨基酸的氨基与乙酰CoA在乙酰基转移酶的催化下，生成相应的乙酰基化合物。如磺胺类抑菌药物及抗结核药物异烟肼均是在肝内经乙酰化而灭活的。其反应通式如下：

$H_2N-C_6H_4-SO_2NH_2$ —乙酰转移酶→ $CH_3CONH-C_6H_4-SO_2NH_2$

磺胺　　$CH_3CO\sim SCoA$　　CoASH　　乙酰磺胺

课堂互动 11-1　如何促进磺胺类药物的排泄

5. 甲基结合反应　S-腺苷蛋氨酸（SAM）提供甲基，在肝细胞中多种甲基转移酶的催化下，含有羟基、巯基或氨基的化合物均可进行甲基化反应，生成相应的甲基化衍生物。如儿茶酚胺、5-羟色胺及组胺可通过甲基化而失去其生物活性。

三、生物转化的意义与影响因素

（一）生物转化作用的意义

生物转化是生命体适应环境并赖以生存的有效手段。

1. 清除非营养物质　无论是从外界进入体内的异物（如毒物、药物、致癌物）及蛋白质在肠道中的腐败产物（如胺、苯酚、吲哚和硫化氢等），还是代谢过程中产生的各种物质，大部分在肝内进行生物转化。经过生物转化后，有的失去活性，有的药理活性或毒性改变，有的极性或水溶性增加，最终利于将它们经尿液或肠道清除出体外，避免它们在体内蓄积或对机体造成威胁，从而保护机体的正常生命活动。

2. 指导临床合理用药　进入体内的大多数药物主要在肝内通过生物转化作用改变其药理活性。肝发育不全或肝功能低下时可影响肝的生物转化功能，使药物的灭活速度下降，药物的治疗剂量与毒性剂量之间的差距减小，易发生中毒，造成肝损害。有些药物本身可诱导相关酶的合成，长期服用某种药物可出现耐药性。有些药物可抑制另一种药物的代谢，使其代谢速度减慢，使机体对另一种药物的敏感性增加。故全面了解肝的生物转化作用，可以指导临床合理用药以免造成对肝的损害。

拓展阅读11－2 生物转化指导临床合理用药

(二) 影响生物转化的因素

生物转化作用受年龄、性别、肝病变及诱导物等体内、外各种因素的影响。

1. 年龄因素 新生儿由于肝细胞微粒体酶系发育不完全，对药物及毒物的耐受性较差，转化能力不足，易发生药物中毒、高胆红素血症及核黄疸。如葡萄糖醛酸转移酶在新生儿出生后逐渐增加，8周才达到成人水平，而体内90%的氯霉素与葡萄糖醛酸结合后解毒，故新生儿易发生氯霉素中毒。老年人因器官退化，对氨基比林、保泰松等药物的生物转化能力下降，用药后药效较强，不良反应也大。故临床用药时，对婴幼儿及老年人的剂量必须严加控制。

2. 性别因素 一般情况下，女性生物转化能力比男性强。如氨基比林在女性体内半衰期约为10.3 h，而在男性体内则长达13.4 h。

3. 肝病变。肝实质性病变时，一方面微粒体中加单氧酶系和UDPGA转移酶活性显著降低；另一方面肝血流量减少，患者对药物或毒物的摄取、转化发生障碍，易蓄积而引起中毒。故肝病患者用药时要特别慎重。

4. 药物或毒物的诱导作用

(1) 某些药物或毒物可诱导转化酶合成，使肝脏的生物转化能力增强，称为药物代谢酶的诱导。肝细胞内的微粒体酶是药物代谢最重要的酶系统，简称“肝药酶”。肝药酶诱导剂是指那些长期使用后能加速肝药酶合成并增强其活性的药物。利用诱导作用增强药物代谢和解毒，如临床上可用苯巴比妥治疗新生儿高胆红素血症，以防止胆红素脑病(又称核黄疸)的发生。

(2) 多种物质在体内转化代谢常由同一酶系催化，同时服用多种药物时可出现竞争同一酶系而相互抑制其生物转化作用的情况。临床用药时应加以注意，如保秦松可抑制双香豆素的代谢，同时服用时会使双香豆素的抗凝作用加强，易发生出血现象。

第二节 胆汁酸代谢

一、胆汁

胆汁是肝细胞分泌的一种液体，正常成人每天分泌量为300～700 ml，呈金黄色、微苦、稍偏碱性，比重约1.01，称为肝胆汁。肝胆汁进入胆囊后，其中水分和其他一些成分被胆囊吸收而浓缩，并掺入胆囊壁分泌的黏液，其颜色转变为暗褐或棕绿色，比重增至约1.04，称为胆囊胆汁。胆汁经肝内胆道系统流出，再经胆总管排泄至十二指肠，参与食物的消化和吸收。

胆汁的组分包括水和固体成分。固体成分主要是胆汁酸、胆色素和胆固醇等，其中胆汁酸占固体物质总量的50%～70%,胆汁酸在胆汁中以钠盐或钾盐形式存在,称为胆汁酸盐,简称胆盐。

二、胆汁酸代谢

胆汁酸(bile acid)是胆汁的主要成分,是胆固醇代谢的最终产物。正常成人每天合成的胆固醇总量约有40%转变成胆汁酸。胆汁酸按其来源可分为初级胆汁酸和次级胆汁酸。其代谢包括合成、排泄及肠肝循环3个主要环节。

(一) 初级胆汁酸的生成

初级胆汁酸是肝细胞以胆固醇为原料,经一系列酶的催化作用而合成。

1. *游离型胆汁酸的生成*　在肝细胞的微粒体和胞液中,胆固醇在胆固醇7α-羟化酶催化下,生成7α-羟胆固醇,然后再经还原、羟化、侧链氧化断裂、加辅酶A等多步酶促反应生成游离型胆汁酸,即胆酸和鹅脱氧胆酸。

7α-羟化酶是胆汁酸合成的限速酶,受胆汁酸浓度的负反馈调节。口服考来烯胺或高纤维素食物能促进胆汁酸排泄,减少胆汁酸的重吸收,解除对7α-羟化酶的抑制,加速胆固醇转化成胆汁酸,从而降低血清胆固醇浓度。甲状腺素能提高7α-羟化酶和胆固醇侧链氧化酶的活性,促进胆汁酸合成。故甲状腺功能亢进患者的血清胆固醇浓度降低,而甲状腺功能低下患者的血清胆固醇浓度偏高。

2. *结合型胆汁酸的生成*　胆酸和鹅脱氧胆酸分别与甘氨酸或牛磺酸结合形成结合型胆汁酸,即甘氨胆酸、甘氨鹅脱氧胆酸、牛磺胆酸及牛磺鹅脱氧胆酸。结合型胆汁酸极性增强,水溶性更大。正常人胆汁中甘氨胆酸与牛磺胆酸的比例为3∶1。初级胆汁酸生成如图11-1所示。

(二) 次级胆汁酸的生成

次级胆汁酸以结合型胆汁酸为原料,在小肠下段及大肠生成。结合型初级胆汁酸排入肠道后,协助脂类物质消化吸收后,在肠道细菌酶作用下,水解脱去甘氨酸或牛磺酸生成游离型胆汁酸,进而7α-位脱羟基,胆酸将转变为脱氧胆酸,鹅脱氧胆酸转变为石胆酸。脱氧胆酸和石胆酸称为次级胆汁酸。

(三) 胆汁酸的肠肝循环

排入肠道的各种胆汁酸约95%以上被肠壁重吸收,经门静脉回肝。结合型胆汁酸在回肠部位以主动重吸收为主,其余在肠道各段为被动重吸收。肠道中的石胆酸(约为5%)因溶解度小,一般不被重吸收,直接随粪便排泄,正常人每日随粪便排出的胆汁酸有0.4～0.6 g。

被肠道重吸收的胆汁酸经门静脉再次入肝,在肝脏中游离型胆汁酸又转变成结合型胆汁酸,并与肝细胞新生成的结合型胆汁酸一起再随胆汁排入肠道,胆汁酸在肝、肠之间的这种循环称为胆汁酸的肠肝循环(图11-2)。

云视频11-1　胆汁酸的肠肝循环

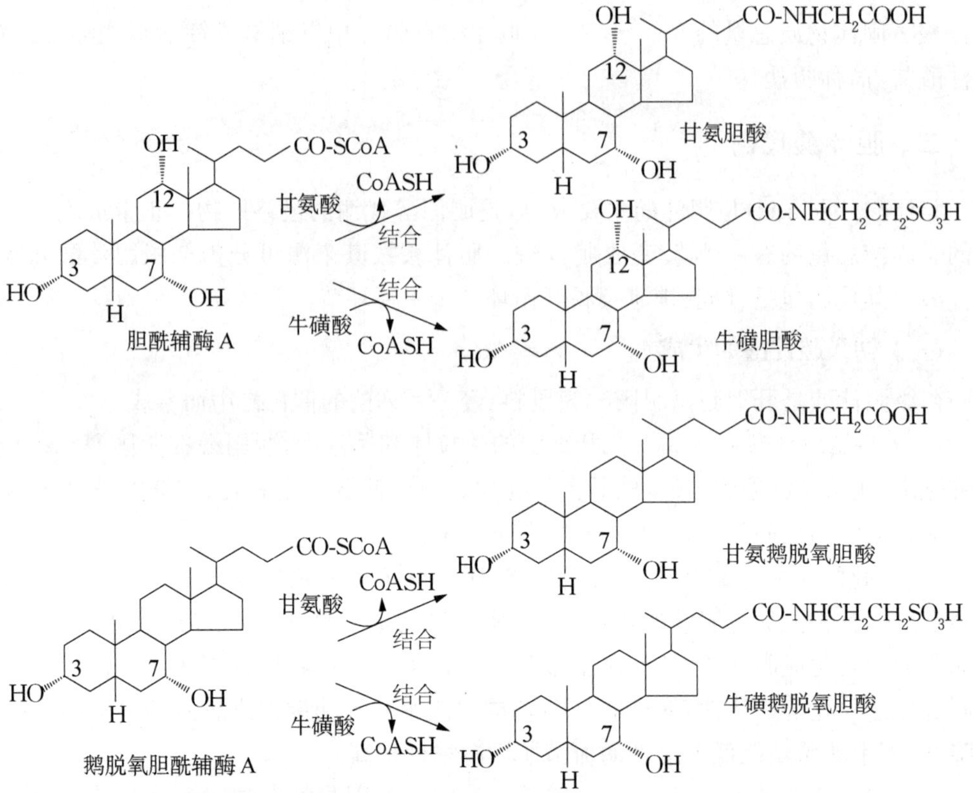

图 11-1 初级胆汁酸的生成

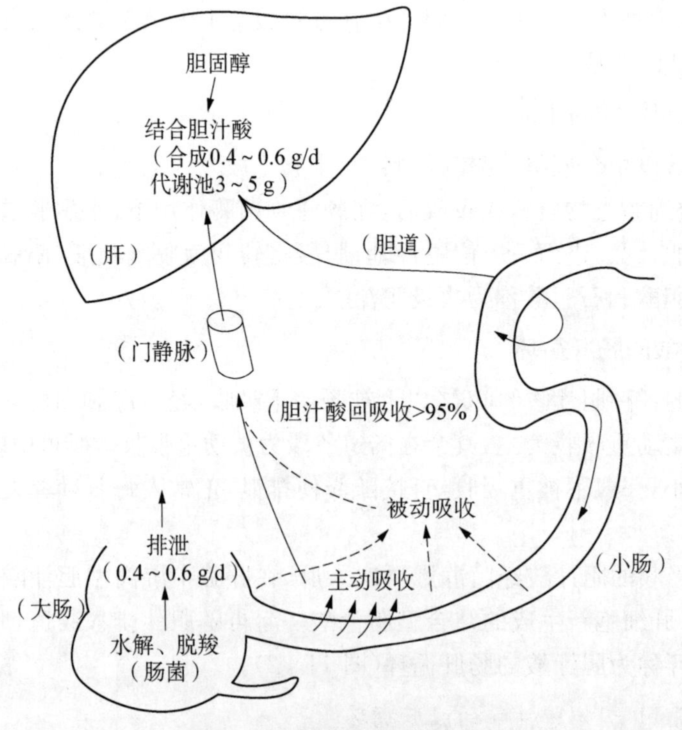

图 11-2 胆汁酸的肠肝循环

胆汁酸的肠肝循环成人每日要进行 6～12 次，其生理意义在于使有限的胆汁酸反复利用，发挥最大限度的乳化作用，以保证脂类的消化吸收正常进行。也即补充肝合成胆汁酸能力的不足和人体对胆汁酸的生理需要。此外，胆汁酸重吸收也有利于胆汁的分泌，并使胆汁中的胆汁酸盐与胆固醇比例恒定，不易形成胆固醇胆结石。

拓展阅读 11-3　腹泻或回肠大部分切除会出现什么情况

三、胆汁酸的生理功能

（一）促进脂类的消化吸收

胆汁酸是较强的乳化剂，其分子内部既含有亲水基团（如羟基、羧基等），又含有疏水基团（如甲基、烃核）。两类不同性质的结构分别排列于环戊烷多氢菲核的两侧，因而构成胆汁酸立体构型上的亲水和疏水 2 个侧面，有显著的界面活性分子特征，能降低水油两相间的表面张力，能与卵磷脂、胆固醇、脂肪或脂溶性维生素等形成直径仅 3～10 μm 的混合微团，稳定地分散于水溶液中，既有利于消化酶作用，又促进脂类的消化吸收。

（二）抑制胆固醇结石的形成

胆汁酸通过与卵磷脂的协同作用，与脂溶性的胆固醇形成可溶性微团，促进胆固醇溶解于胆汁中，使之不易结晶、析出和沉淀，经胆道转运至肠道排出体外，抑制胆固醇结石形成。若肝合成胆汁酸的能力下降，消化道丢失胆汁酸过多或肠肝循环中肝摄取胆汁酸过少，以及排入胆汁中的胆固醇过多（高胆固醇血症），使胆汁酸和卵磷脂与胆固醇的比值降低（小于 10∶1），易引起胆固醇析出沉淀，形成结石。

拓展阅读 11-4　熊胆

第三节　胆色素代谢与黄疸

一、胆色素代谢

胆色素（bile pigment）是含铁卟啉化合物在体内分解代谢的产物，包括胆红素、胆绿素、胆素原和胆素等化合物。除胆素原无颜色外，其余均有一定的颜色，正常时主要随胆汁排泄，故称为胆色素。

胆红素（bilirubin）是胆汁中的主要色素，呈橙黄色，具有毒性，可引起脑组织不可逆的损害。胆红素代谢异常，可导致高胆红素血症，引起黄疸。胆红素的代谢包括胆红素的生成、运输、转化和排泄四个环节。

（一）胆红素的生成

正常成人每天生成 250～350 mg 胆红素，其中约 80%来自衰老的红细胞中血红蛋白的分解，其余则来自非血红蛋白的含铁卟啉化合物的分解，如细胞色素、过氧化氢酶及过氧化物酶的裂解。

正常红细胞的平均寿命约 120 天，衰老的红细胞在肝、脾、骨髓的单核-吞噬细胞系统被识别吞噬并释放出血红蛋白(6～8 g/d)，血红蛋白进一步分解为珠蛋白和血红素，珠蛋白可降解为氨基酸供机体利用。血红素在微粒体血红素加氧酶的催化下，消耗 1 分子氧和 NADPH＋H^+，使血红素铁卟啉环上的 α-次甲基桥(—CH═)氧化断裂，释放等摩尔 CO、Fe^{3+} 生成胆绿素。胆绿素呈蓝绿色，溶于水，不易透过生物膜，性质不稳定，在胆绿素还原酶及 NADPH＋H^+ 的作用下还原为胆红素，称为游离胆红素(图 11 - 3)。

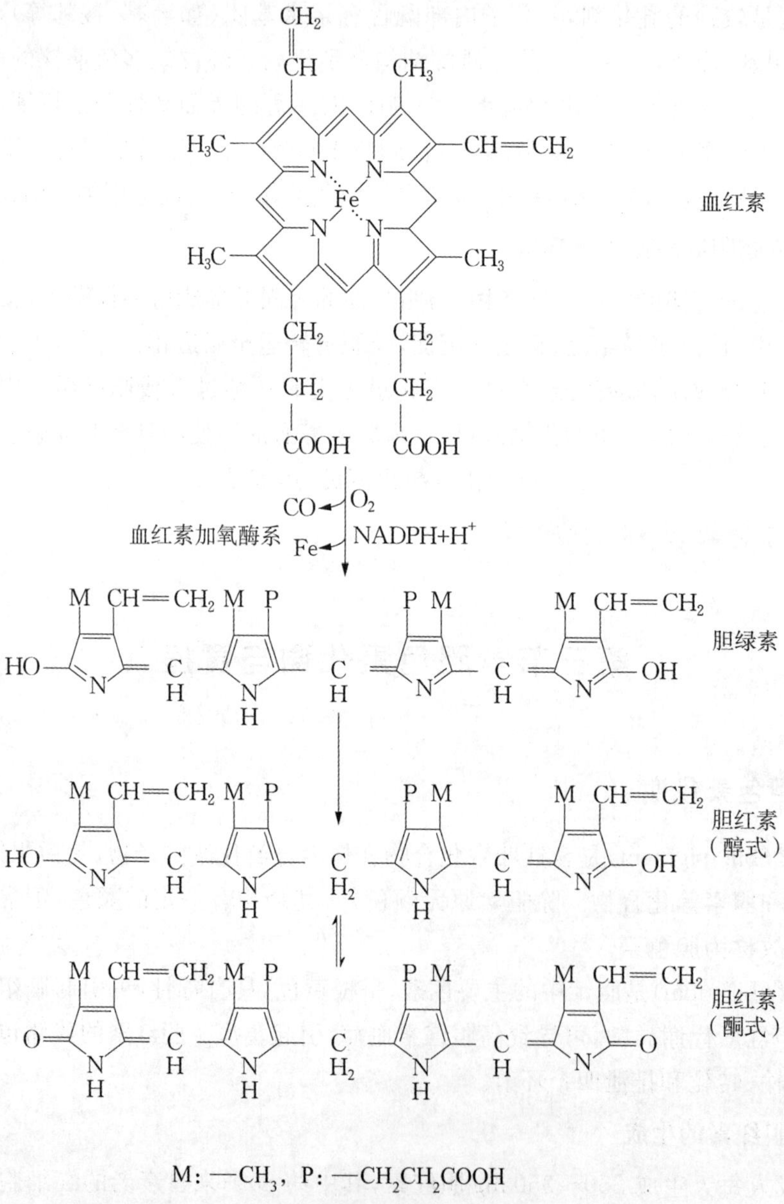

M: $—CH_3$, P: $—CH_2CH_2COOH$

图 11 - 3　胆红素生成过程

(二) 胆红素在血液中的运输

胆红素进入血液主要与血浆清蛋白结合成胆红素-清蛋白复合体的形式存在和运输。这种结合既利于胆红素在血液中运输，又避免了胆红素透过生物膜对脑细胞产生毒性作用。胆红素-清蛋白复合物存在于血液中，称为血胆红素。血胆红素尚未进入肝脏进行结合反应，也称未结合胆红素。这种胆红素必须加入乙醇后才能与重氮试剂起反应，又称为间接胆红素。由于胆红素与清蛋白结合后分子量变大，不能经过肾小球滤过随尿液排泄，故正常人尿液中无血胆红素。

正常人血胆红素含量为 0.1～1.0 mg/dl，而每 100 ml 血浆中的清蛋白能结合 20～25 mg 游离胆红素，故丰富的血浆清蛋白足以防止胆红素进入脑组织而产生毒性作用。但是在患高胆红素血症的新生儿体内，过剩的游离胆红素因其脂溶性强，可透过血脑屏障与神经核团结合，引起胆红素脑病，又称核黄疸。为防止此病发生，临床上给高胆红素血症患儿静脉滴注含丰富清蛋白的血浆。某些阴离子药物如磺胺药、抗生素、水杨酸、利尿剂及食品添加剂等均可竞争性地与清蛋白结合，使胆红素游离，故新生儿要慎用此类药物。

(三) 胆红素在肝中的转化

胆红素在肝内的代谢包括肝细胞对胆红素的摄取、结合与排泄。

1. 胆红素的摄取　胆红素-清蛋白复合物随血液循环运至肝脏时，胆红素迅速脱离清蛋白被肝细胞摄取。进入肝细胞后胆红素可与两种可溶性配体 Y 蛋白和 Z 蛋白结合成复合物，并以胆红素 Y-蛋白(或胆红素 Z-蛋白)复合物的形式进入内质网进行代谢转化。Y 蛋白结合胆红素的能力比 Z 蛋白强，且含量丰富，故以 Y 蛋白结合为主。Y 蛋白结合达到饱和后，Z 蛋白的结合才增加。类固醇、溴酚磺酸钠、甲状腺激素等有机阴离子可竞争性地与 Y 蛋白结合，影响胆红素摄取。一般新生儿出生 7 周后 Y 蛋白才达到正常成人水平，故新生儿易产生生理性黄疸。苯巴比妥可诱导 Y 蛋白合成，临床上可用其治疗新生儿黄疸。

2. 胆红素的转化　在肝细胞的内质网，大部分胆红素在 UDPGA 转移酶的催化下与 UDPGA 结合，生成胆红素葡萄糖醛酸酯(图 11-4)。由于胆红素分子中含有的 2 个羧基均可与葡萄糖醛酸的羟基结合，故可分别生成单葡萄糖醛酸胆红素和双葡萄糖醛酸胆红素，以后者为主，占 70%～80%。小部分胆红素分别与活性硫酸、甲基、乙酰基等进行结合反应，生成结合胆红素。

这种与葡萄糖醛酸基结合的胆红素，称为结合胆红素(又称肝胆红素)，其水溶性增强，利于从胆管排出或透过肾小球随尿排出，不易透过生物膜进入其他组织，显著降低了其毒性，是胆红素解毒的重要方式。结合胆红素能与重氮试剂直接起反应生成紫红色偶氮化合物，故也称为直接胆红素(表 11-2)。

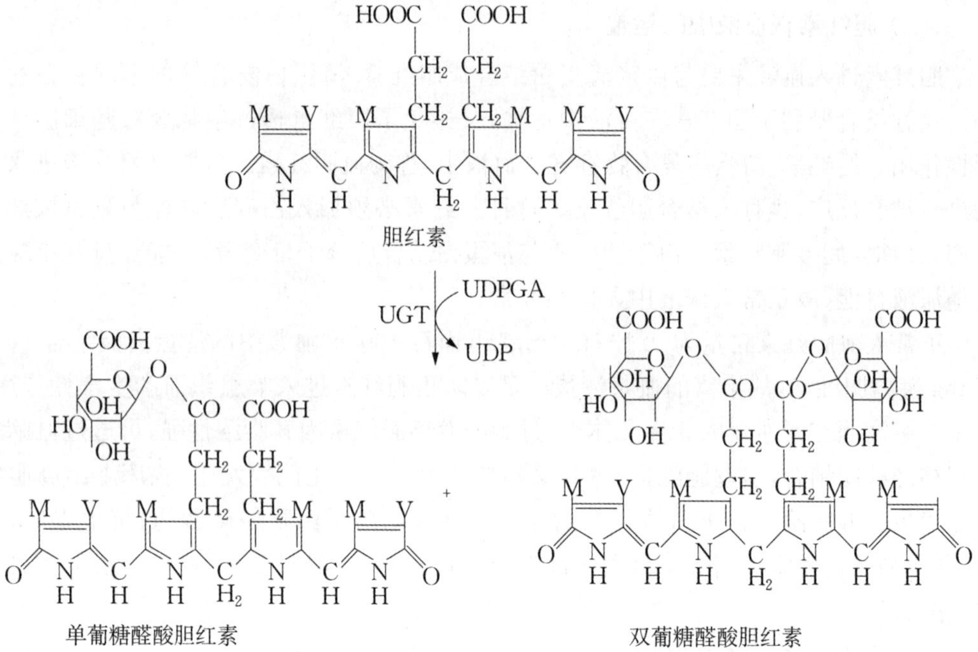

胆红素

UGT UDPGA → UDP

单葡糖醛酸胆红素 + 双葡糖醛酸胆红素

$M=CH_3, V=CH=CH_2$

图 11-4 葡萄糖醛酸胆红素的生成及结构

表 11-2 两种胆红素性质的比较

性质	未结合胆红素	结合胆红素
常见其他名称	间接胆红素、血胆红素、游离胆红素	直接胆红素、肝胆红素
葡萄糖醛酸结合	未结合	结合
与重氮试剂反应	慢、间接反应	迅速、直接反应
溶解性	脂溶性	水溶性
经肾可随尿排出	不能	能
进入脑组织产生不良反应	大	无

3. *胆红素的排泄* 结合胆红素被肝细胞分泌入胆管,随胆汁进入肠道排泄。毛细胆管内结合胆红素的浓度远高于细胞内,肝细胞排出胆红素是一个逆浓度梯度的耗能过程,如果发生肝阻塞或重症肝炎、中毒、感染,可导致胆红素排泄障碍,结合胆红素可逆流入血,使血中胆红素水平升高,尿中出现胆红素。

(四) 胆红素在肠中的转变及其肠肝循环

结合胆红素随胆汁排入肠道后,在肠道细菌的作用下,由 β-葡萄糖醛酸酶催化脱去葡萄糖醛酸释放胆红素,再被逐步还原生成无色的胆素原族化合物,包括中胆素原、粪胆素原、尿胆素原。在生理情况下，大部分胆素原在肠道下段或随粪便排出后，经空气氧化成棕黄色的粪胆素，是粪便颜色的主要来源。正常成人每 100 g 粪便中胆原为 75～350 mg。当胆道完全阻塞时，结合胆红素进入肠道受阻，不能生成胆素原和粪胆素，故粪便颜色呈灰白色。肠道中的胆素原有 10%～20%可被肠黏膜细胞重吸收入血，经门静脉进入肝，其中大部分(约 90%)再随胆汁排入肠道，此过程称为胆素原的肠肝循环(图 11-5)；小部分胆素原可进入体循环经肾随尿液排泄，即为无色的尿胆素原。尿胆素原遇空气被氧化成黄褐色的尿胆素，是尿液颜色的主要来源，正常成人每天随尿液排出的尿胆素原为 0.5～4.0 mg。临床上，尿胆素原、尿胆素及尿胆红素合称尿三胆，是黄疸类型鉴别诊断的常用指标。

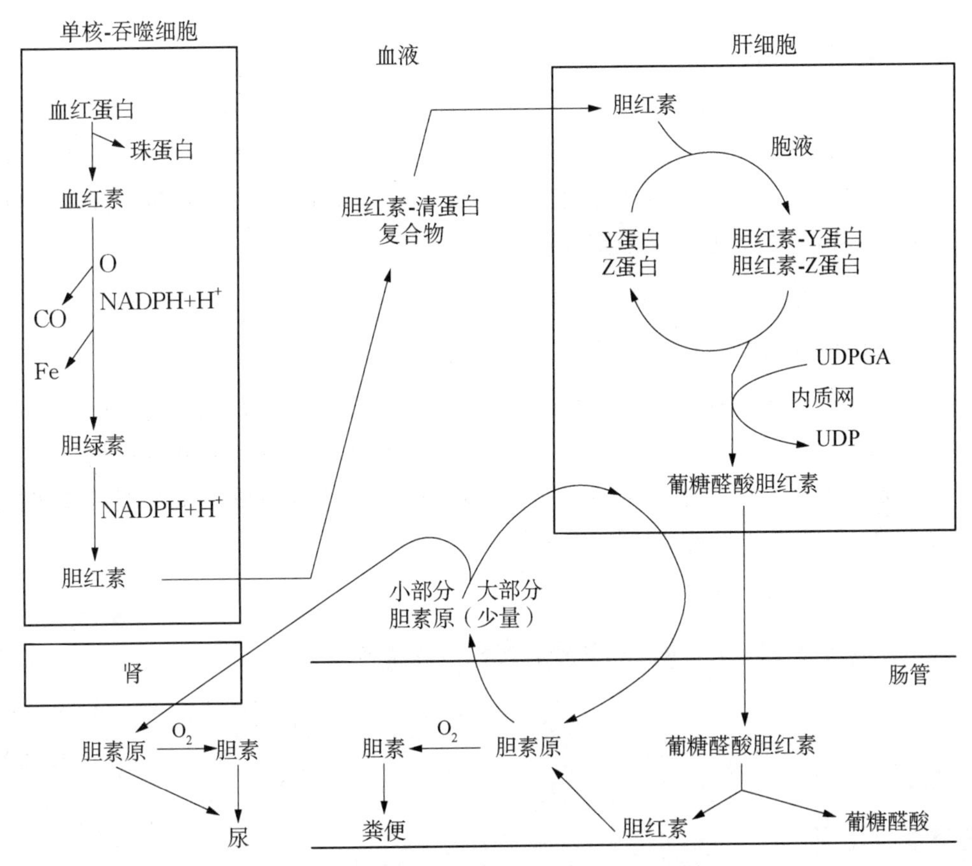

图 11-5 胆红素的形成与胆素原的肠肝循环

二、黄疸

正常人血清胆红素总量为 3.4～17.1 μmol/L，其中未结合胆红素占 4/5，其余 1/5 为结合胆红素。各种原因导致体内胆红素生成过多，或肝摄取、转化、排泄过程障碍时均可引起血清胆红素浓度升高，称为高胆红素血症。胆红素为金黄色物质，可扩散入组织，造成巩膜和皮肤黄染的现象称为黄疸(jaundice)。当血清胆红素浓度为17.1～34.2 μmol/L，肉眼不易观察到巩膜和皮肤有黄染现象，称为隐性黄疸；当血清胆红素浓度>34.2 μmol/L时，肉眼可见巩膜和皮肤均有黄染，称为显性黄疸。

根据病因，黄疸可分为三类：溶血性黄疸、阻塞性黄疸、肝细胞性黄疸。

(一) 溶血性黄疸

恶性疟疾、镰刀状红细胞贫血症、蚕豆病及输血不当等因素导致红细胞大量破坏，单核-吞噬细胞产生过多的胆红素，超过肝细胞最大的处理能力，大量未结合胆红素进入血液引起胆红素增高，称为溶血性黄疸或肝前性黄疸。其主要特征是血清中未结合胆红素异常增高，粪便颜色加深，与重氮试剂间接反应阳性，尿胆素原升高，尿胆红素阴性。

(二) 阻塞性黄疸

各种原因(如胆管炎症、肿瘤、胆结石等)引起的胆红素排泄通道受阻，胆小管和毛细胆管内压力增大而破裂，使结合胆红素反流入血，造成血清胆红素升高，称为阻塞性黄疸或肝后性黄疸。其主要特征为血清中结合胆红素异常升高，与重氮试剂直接反应阳性，尿胆素原减少，尿胆红素强阳性。

在线案例 11-2 阻塞性黄疸

(三) 肝细胞性黄疸

由于肝细胞严重受损(如肝炎、肝硬化、肝肿瘤等)，使其摄取、结合、转化和排泄胆红素的能力均降低而引起的血清胆红素增高，称为肝细胞性黄疸或肝原性黄疸。其主要特征是血清中结合胆红素和未结合胆红素均增高，胆红素与重氮试剂直接和间接反应均呈阳性，粪便颜色变浅，尿胆红素阳性。

云视频 11-2 新生儿黄疸

课程思政 11-1 中国肝胆外科之父—吴孟超

(刘光艳)

数字课程学习

○教学PPT ○导入案例解析 ○复习与自测 ○更多内容……

实训一　分光光度计的使用

【实训目的】

通过实验使学生掌握分光光度计的工作原理和基本结构，并会正确使用仪器。为后续实验课生化项目的开展奠定基础。

【仪器工作原理】

利用各种化学物质所具有的发射光、吸收光或散射光光谱谱系的特征来确定其性质、结构及含量的技术，称为分光光度技术或分光光度法。分光光度法是生物化学物质定量分析测定研究中广泛使用的方法之一，分光光度法所使用的光谱范围一般为200～10 000 nm，常用于糖、蛋白质、核酸、酶等的快速定量检测，具有灵敏、精确、快速和简便的特点。

1. *分光光度技术的基本原理*　利用吸收光谱可以对不同物质进行定性和定量分析，其理论依据是朗伯-比尔(Lambert-Beer)定律。Lambert 定律认为当一束单色光透过有色溶液之后，由于溶液吸收了一部分光线，所以透过光的强度会减弱。当溶液浓度不变时，透过的液层越厚，光线强度减弱就越显著。而 Beer 定律则认为当一束单色光透过有色溶液之后，当溶液液层的厚度不变而浓度不同时，溶液的浓度越大，则透过光的强度就越弱。

如果同时考虑吸收层的厚度和溶液浓度对光吸收的影响，就得到 Lambert-Beer 定律，即吸光度 A 与溶液的浓度 C 以及液层的厚度 L 的乘积成正比(实训图 1－1)。用公式表示为 $A=KCL$，其中 C 为溶液浓度(g/L)；L 为液层厚度(cm)；K 为吸光系数，其值大小取决于入射光的波长、溶液的性质和温度，而与光的强度、溶液浓度及液层厚度无关。

2. *分光光度计的组成与结构*　分光光度计因使用的波长范围不同而分为紫外光分光光度计(如 751、752 等型号)、可见光分光光度计(如 721、722、723 等型号)、红外光分光光度计(TJ270－30A 等)和全波段(万用)分光光度计。各种分光光度计主要由以下 4 部分组成：光源、单色器(分光系统)、吸收池(样品室、比色皿)和检测系统(实训图 1－2)。

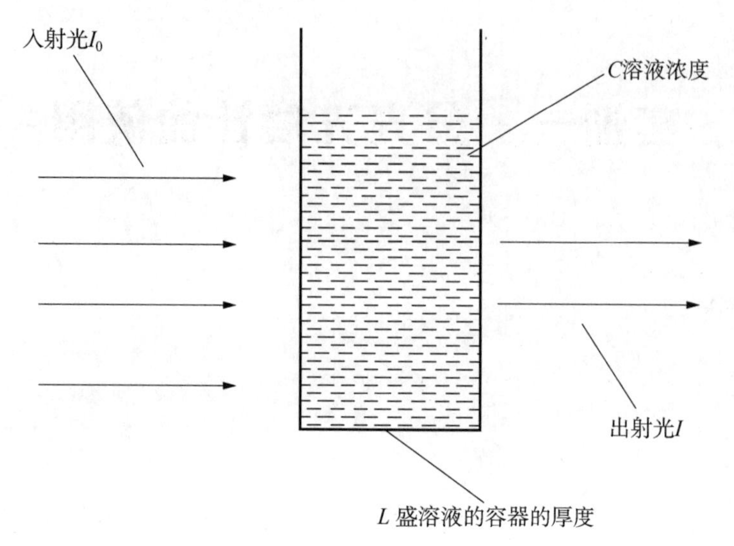

实训图 1-1 溶液对光的吸收

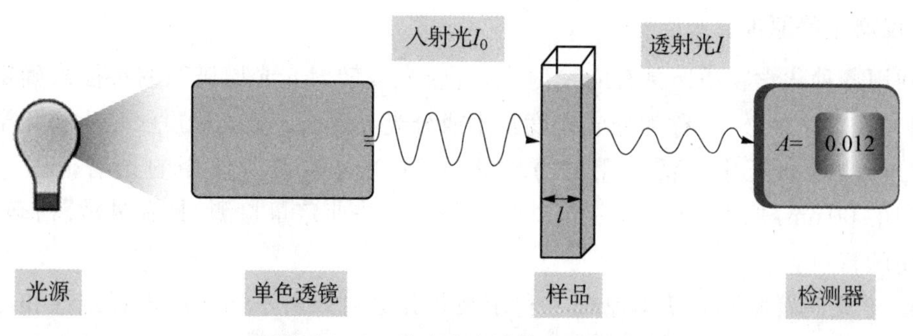

实训图 1-2 分光光度计的组成与结构

1）光源 发出所需波长范围内的连续光谱，需要有足够的光强度和稳定性。用于可见光和近红外光区的光源是钨灯，现在最常用的是卤钨灯，适用波长范围是 320～1 100 nm。用于紫外光的是氢灯、氘灯，适用波长范围是 150～400 nm。

2）单色器 也叫分光系统，由棱镜或光栅构成，其作用是把来自光源的混合光分解为单一波长的光。

3）吸收池 用以盛装待测溶液，一般用玻璃或石英制成，在紫外区测定时用石英比色皿。

4）检测系统 利用光电效应，将光能转换为电流信号。

3. 分光光度技术的应用 利用 Lambert-Beer 定律可通过以下两种方法测定并计算出未知溶液的浓度。

1）标准管法 也叫标准比较法。其方法：在比色分析相同条件下，测定未知浓度(C_1)溶液的吸光度，即测定管吸光度(A_1)；同时也测定已知浓度(C_2)溶液的吸光度，即标准管的吸光度(A_2)，从 Lambert-Beer 定律的公式可以得出：

$$A_1 = \lg\frac{I_0}{I} = KCL = K_1C_1L_1$$

$$A_2 = \lg\frac{I_0}{I} = KCL = K_2C_2L_2$$

因为所测定的物质成分相同，故 $K_1 = K_2$；比色时溶液的厚度也是固定的(使用同一规格的比色皿)，故 $L_1 = L_2$。所以得到

$$\frac{A_1}{A_2} = \frac{C_1}{C_2}$$

则未知溶液的浓度为

$$\text{未知浓度}(C_1) = \frac{\text{测定管吸光度}(A_1)}{\text{标准管吸光度}(A_2)} \times \text{标准管浓度}(C_2)$$

2) 标准曲线法　是分析大批样品时常用的方法，但需要先配制一系列已知浓度的测定物溶液，按与测定样品相同的方法进行处理显色，在最大吸收波长(λ_{max})处读取各管的吸光度，以各管吸光度 A 为纵坐标，对应浓度 C 为横坐标，作标准曲线。在标准溶液的一定浓度范围内，溶液的浓度与其吸光度之间的关系符合 Lambert-Beer 定律，因此可以得到一条通过原点的直线(实训图 1-3)。当进行测定时，待测样品以相同条件在 λ_{max} 处读取吸光度，从标准曲线上即可查得该待测样品的浓度。一般情况下，标准曲线的范围在测定物浓度的 0.5～2 倍，吸光度在 0.05～1.0 比较合适。

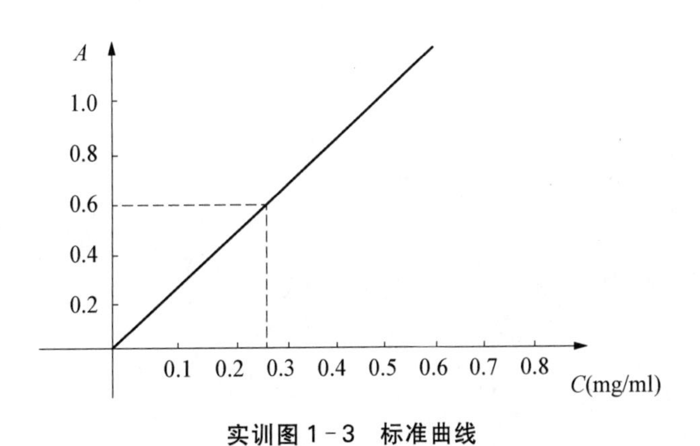

实训图 1-3　标准曲线

【试剂与器材】

紫外-可见分光光度计

【实训操作】

以紫外-可见分光光度计为例：

（1）预热仪器：接通电源，打开仪器开关，掀开样品室暗箱盖，预热 20 min。

（2）设置定量测定方式：光度测量、定量测定、浓度直读等。

（3）根据选择的定量测定方式设置相关参数，选定测量波长。

（4）将参比溶液置于光路中，调整仪器示值 $A=0$（或 $T=100\%$）。

（5）将待测溶液置于光路中，读取并记录当前仪器吸光度示值 A。

（6）关机，清洗比色皿。

（7）计算待测样品溶液浓度。

【注意事项】

（1）预热，保证仪器准确稳定。

（2）拿放比色皿，应持其“毛面”，杜绝接触光路通过的“光面”；测量时需要洗净比色皿并擦干，同时用待测液润洗 3 次；比色皿内盛待测液体量为比色杯的 3/4 处；如果比色皿表面有液体时，应用擦镜纸拭干，以保证光路通过时不受影响。

（3）溶液浓度要适当，吸光度读数处于 0.1～0.7 为宜，否则误差较大，要适当调整浓度。

【实训思考】

（1）简述朗伯-比尔（Lambert-Beer）定律测定溶液浓度的原理。

（2）简述分光光度计使用时的注意事项。

（马雪艳）

实训二　双缩脲法测定血清总蛋白

【实训目的】

通过实验操作训练学生的实践操作技能和培养学生的动手能力，促使学生进一步理解血清蛋白质测定的原理和临床意义。

【实训原理】

血清总蛋白是血清中各种蛋白质浓度的总称。2 个尿素分子缩合后生成的双缩脲（$H_2N—OC—NH—CO—NH_2$）在碱性环境中，能与 Cu^{2+} 结合成紫红色的化合物，此反应称为双缩脲反应。血清（浆）中蛋白质的肽键（—CO—NH—）与双缩脲结构相似，故也能进行双缩脲反应。此反应可作为蛋白质定量测定的依据。

这种紫红色络合物在 540 nm 处有明显的吸收峰，其颜色深浅与血清蛋白含量在一定范围内成正比关系，经与同样处理的蛋白质标准液比较，即可求得蛋白质含量。

【试剂与器材】

1. 试剂　本实验所用的检测试剂盒可在检验试剂专卖市场上购买。

1）NaOH 溶液　6.0 mol/L。

2）双缩脲试剂　硫酸铜（$CuSO_4 \cdot 5H_2O$）为 2.0 mmol/L，酒石酸钾钠（$NaKC_4H_4O_6 \cdot 4H_2O$）为 31.9 mmol/L，碘化钾（KI）为 30.1 mmol/L，氢氧化钠为 600 mmol/L。

称取未失结晶水的硫酸铜结晶（$CuSO_4 \cdot 5H_2O$）3.0 g，溶于 500 ml 新鲜制备的蒸馏水煮沸冷却的去离子水中，加酒石酸钾钠（$NaKC_4H_4O_6 \cdot 4H_2O$）9.0 g，碘化钾（KI）5.0 g，完全溶解后加入 6.0 mol/L 氢氧化钠溶液 100 ml，边加边搅拌，最后蒸馏水定容至 1 L。置聚乙烯瓶中盖紧保存，室温下可稳定半年，若贮存瓶中有黑色沉淀出现，则需要重新配制。

酒石酸钾钠的作用是结合铜离子，维持铜离子在碱性溶液中的溶解度，碘化钾防止两价铜离子还原。

3）蛋白质标准液　浓度为 70.0 g/L，可用商品血清蛋白标准液或定值参考血清作标准，冷冻保存。

2. 仪器 试管、试管架、微量加样器、刻度吸管、离心机、恒温水浴箱、自动生化分析仪或分光光度计等。

【实训操作】

取试管 3 支,标明测定管(U)、空白管(B)、标准管(S),按实训表 2-1 操作。

实训表 2-1 血清总蛋白测定操作步骤

试剂(mL)	空白管	标准管	测定管
血清	—	—	0.5
蛋白标准液	—	0.5	—
蒸馏水	0.5	—	—
双缩脲试剂	3.0	3.0	3.0

将试剂混匀,置于 37℃恒温水浴箱 10 min,在波长 540 mm 处比色,用空白管调零,测定各管吸光度并记录吸光度值。

【计算】

$$\text{血清总蛋白(g/L)} = \frac{\text{测定管吸光度}}{\text{标准管吸光度}} \times \text{蛋白标准液浓度(g/L)}$$

参考范围:血清总蛋白 60～80 g/L。

【注意事项】

(1) 黄疸血清、严重溶血、葡聚糖及酚酞对本方法有较大干扰,可以用标本空白管来消除。

(2) 高脂血症患者的混浊血清会干扰比色测定。

(3) 试管和刻度吸管必须清洁,否则会出现浑浊。

(4) 双缩脲反应并非是蛋白质特有的颜色反应,凡分子内含有 2 个或 2 个以上肽键(—CO—NH—)的化合物均可呈双缩脲反应。

(5) 双缩脲法显色反应和蛋白质中肽键数成正比关系,与蛋白质的种类、分子量及氨基酸的组成无明显关系。

【临床意义】

1. 血清总蛋白浓度增高

1) 血浆浓缩 凡体内水分排出大于摄入时,均可引起血浆浓缩。如急性脱水(如呕吐、腹泻、高烧等)、外伤性休克(毛细血管通透性增大)、慢性肾上腺皮质功能减退(尿排钠增多引起继发性失水)等。

2) 蛋白质合成增加 多见于多发性骨髓瘤患者,此时主要是异常球蛋白增加,使血清总蛋白增加。

2. 血清总蛋白浓度降低

1）血浆被稀释　血浆中水分增加，血浆被稀释。如静脉注射过多，低渗溶液或各种原因引起的水钠潴留。

2）营养不良或消耗增加　长期低蛋白饮食或慢性肠道疾病引起吸收不良，使体内缺乏合成蛋白质的原料；长期患消耗性疾病，如严重结核病、恶性肿瘤和甲状腺功能亢进等，均可导致血清总蛋白浓度降低。

3）蛋白质合成障碍　当肝功能严重受损时，蛋白质合成减少，以清蛋白降低最为显著。

4）蛋白质丢失　严重烧伤，大量血浆渗出；大出血；肾病综合征患者尿中长期丢失蛋白质；溃疡性结肠炎患者可从粪便中长期丢失一定量的蛋白质。

【实训思考】

（1）什么是双缩脲试剂？试述该试剂中各成分的作用。

（2）测定血清总蛋白有何临床意义？

（高玲）

实训三　影响酶活性因素的观察

【实训目的】

通过学生自己动手操作，仔细观察，加深学生对酶活性影响因素，如温度、pH值、激活剂与抑制剂对酶促反应速度影响的理解。

【实训原理】

酶有的是单纯蛋白质，有的是结合蛋白质。因此，凡是能够引起蛋白质变性的因素都可以使酶丧失活性，温度、pH值、激活剂和抑制剂对酶的活性都有显著的影响。酶活性通常通过测定酶促反应的底物或产物量的变化来进行观察。本实验用唾液淀粉酶为材料观察酶活性受理化因素影响的情况。淀粉在该酶催化作用下，随着时间延长而出现不同程度的水解，从而得到各种糊精乃至麦芽糖、少量葡萄糖等水解产物。碘液能指示淀粉的水解程度，如淀粉遇碘可呈紫色、暗褐色和红色，而麦芽糖与葡萄糖遇碘则不呈颜色反应，仅显示碘液的原色。

1. *温度对酶活性的影响*　酶的催化作用受温度的影响很大。一方面，与一般化学反应一样，酶促反应速度随着温度升高而增大。当温度升高到一定程度时，酶促反应的速度达到最大值。此时的温度称为该酶的最适温度。另一方面，酶是一种蛋白质，温度过高会引起蛋白质变性，导致酶失活。因此，反应速度达到最大值以后，随着温度升高，反应速度反而逐渐下降，甚至完全停止反应。

2. *pH值对酶活性的影响*　酶的活性受环境pH值的影响极为显著。通常酶只有在一定的pH值范围内才表现活性，一种酶表现活性最强时的pH值，称为该酶的最适pH值。偏离最适pH值时酶的活性逐渐降低，偏离越远，其活性越低。不同的酶最适pH值不同。例如，胃蛋白酶的最适pH值为1.25～2.5，淀粉酶的最适pH值为6.8，但是酶的最适pH值还受底物性质和缓冲液性质的影响。在磷酸缓冲液中，淀粉酶的最适pH值为6.4～6.6。

3. *酶的激活剂和抑制剂*　酶的活性受某些物质的影响，有些物质能使酶的活性增加，称为酶的激活剂；有些物质能使酶的活性降低，称为酶的抑制剂。例如，氯化钠为唾液淀粉酶的激活剂，硫酸铜为抑制剂，激活剂和抑制剂通常具有特异性。

【试剂与器材】

1. 试剂

(1) 1%淀粉溶液。

(2) pH 值分别为 5.0、5.8、6.6、7.4、8.0 的磷酸氢二钠-柠檬酸缓冲液。

(3) 自制唾液淀粉酶。①稀释唾液的配制：将痰吐尽，用水漱口，再含蒸馏水做咀嚼运动，2 min 后吐入烧杯中，再用滤纸过滤后待用。②煮沸唾液的配制：取出一部分稀释唾液，放入沸水中煮沸 5 min，使唾液淀粉酶变性失活。

(4) 碘化钾-碘液：将碘化钾 20 g 及碘 10 g 溶于 100 ml 蒸馏水中，用时稀释 10 倍。

(5) 1%氯化钠溶液。

(6) 2%硫酸铜溶液。

2. 器材

试管及试管架、恒温水浴箱、烧杯、冰块、记号笔、屏风。

【实训操作】

1. 温度对唾液淀粉酶活性的影响　取 3 支试管，编号后按实训表 3-1 操作。观察 3 支试管中颜色的区别，分析温度对酶促反应的影响情况。

实训表 3-1　操作步骤表

试剂(滴)	1	2	3
1%淀粉溶液	5	5	5
pH 值 6.6 缓冲液	10	10	10
保温 5 min	37 ℃恒温水浴	沸水浴	冰浴
自制唾液淀粉酶溶液	5	5	5
保温 10 min	37 ℃恒温水浴	沸水浴	冰浴
碘液试剂	1	1	1

2. pH 值对唾液淀粉酶活性的影响　取 5 支试管，编号后按实训表 3-2 操作。观察 5 支试管颜色的区别，分析 pH 值对酶促反应的影响情况。

实训表 3-2　操作步骤表

试剂(滴)	1	2	3	4	5
1%淀粉溶液	5	5	5	5	5
缓冲液 pH 值	5.0	5.8	6.6	7.4	8.0
缓冲液	10	10	10	10	10

（续表）

试剂(滴)	1	2	3	4	5
自制唾液淀粉酶溶液	5	5	5	5	5
混匀，置37℃水浴箱中保温，10 min后取出					
碘液试剂	1	1	1	1	1

3. 抑制剂和激活剂对唾液淀粉酶活性的影响　取3支试管，编号后按实训表3-3操作。观察各试管颜色有何不同，分析抑制剂和激活剂对唾液淀粉酶活性的影响情况。

实训表3-3　操作步骤表

试剂(滴)	1	2	3
1%淀粉溶液	5	5	5
pH值6.6缓冲液	10	10	10
1%氯化钠溶液	4	—	—
2%硫酸铜溶液	—	4	—
自制唾液淀粉酶溶液	5	5	5
混匀，置37℃水浴箱中保温，10 min后取出			
碘液试剂	1	1	1

【注意事项】

（1）做pH值对酶活性的影响实验项目时，为确保实验的效果，各试剂加完后再加唾液淀粉酶液。

（2）做各实验项目加唾液淀粉酶时应从第一管开始依次进行，前后各管之间相隔时间控制在5～7s。

【临床意义】

血清淀粉酶和尿淀粉酶测定是胰腺疾病最常用的实验室诊断方法，当罹患胰腺疾病或有胰腺外分泌功能障碍时都可引起其活性升高或降低，有助于胰腺疾病的诊断。淀粉酶活性变化亦可见于某些非胰腺疾患，因此在必要时测定淀粉酶同工酶具有鉴别诊断意义。

1. 血清淀粉酶升高

1）急性胰腺炎　最常见于急性胰腺炎，发病后2～12 h活性开始升高，12～72 h达峰值，3～4天恢复正常。虽然淀粉酶活性升高程度并不一定与胰腺损伤程度相关，但升高程度愈大，患急性胰腺炎的可能性愈大。怀疑急性胰腺炎时应连续监测淀粉酶，并结合其他检查，如胰脂肪酶、胰蛋白酶等。

2）急腹症　其他急腹症也可引起淀粉酶活性升高。

3）慢性胰腺炎　慢性胰腺炎时淀粉酶活性可轻度升高或降低，但没有很大的诊断意义。

4）胰腺癌　胰腺癌早期淀粉酶活性也可升高。

2. *尿淀粉酶升高*　血液中淀粉酶能被肾小球滤过，血清淀粉酶升高时，都会使尿中淀粉酶排出量增加，其升高可早于血淀粉酶，下降晚于血淀粉酶。

3. *淀粉酶同工酶*　血清淀粉酶来源于胰腺，以及唾液腺和许多其他组织，所以淀粉酶活性升高时，同工酶测定有助于疾病鉴别诊断。

【实训思考】

（1）简述影响酶活性的因素有哪些？

（2）简述测定淀粉酶同工酶的临床意义是什么？

（蔡太生）

实训四　血清葡萄糖测定（葡萄糖氧化酶法）

【实训目的】

（1）了解葡萄糖氧化酶法测定血糖的原理，能正确完成血糖测定的实训操作。

（2）掌握血糖测定的临床意义。

【实训原理】

葡萄糖氧化酶（glucose oxidase，GOD）能将葡萄糖氧化为葡萄糖酸和过氧化氢。后者在过氧化物酶（peroxidase，POD）作用下分解为水和氧，同时将无色的4-氨基安替比林与酚氧化缩合生成红色的醌类化合物，即Trinder反应。其颜色的深浅在一定范围内与葡萄糖浓度成正比，在505 nm波长处测定吸光度，与标准管比较可计算出血糖的浓度。反应式如下：

$$\text{葡萄糖} + O_2 + 2H_2O \longrightarrow \text{葡萄糖酸} + 2H_2O_2$$

$$2H_2O_2 + 4\text{-氨基安替比林} + \text{酚} \longrightarrow \text{醌类化合物（红色）} + H_2O$$

【试剂与器材】

1．试剂　本实验所用的检测试剂盒在市场上购买，具体如下。

（1）5.0 mmol/L 葡萄糖标准液。

（2）酶酚混合试剂。

2．仪器　试管、微量加样器、试管架、恒温水浴箱、分光光度计、离心机。

【实训操作】

（1）取3支试管编号，按实训表4-1操作。

实训表 4－1　血糖测定操作步骤

试剂(mL)	空白管	标准管	测定管
血清	—	—	0.02
葡萄糖标准液	—	0.02	—
蒸馏水	0.02	—	—
酶酚混合液	3.0	3.0	3.0

(2) 将试管中的液体混匀，置于恒温水浴箱中 37 ℃水浴保温 15 min，在波长 505 nm 处比色，以空白管调零，读取标准管及测定管吸光度。

【计算】

$$\text{血清葡萄糖(mmol/L)} = \frac{\text{标准管吸光度}}{\text{测定管吸光度}} \times 5$$

正常成人空腹血糖参考范围：3.9～6.1 mmol/L。

【注意事项】

(1) 如葡萄糖浓度测定结果超过 20 mmol/L，应将标本用生理盐水稀释后再测定，结果乘以稀释倍数。

(2) 若酶酚混合试剂呈红色，应弃之重配。因标本和标准用量少，其加量是否准确对测定结果影响较大，故其加量必须准确。

(3) 本实验宜采用清晨空腹血，采血后应立即测定，否则标本置于室温的环境下大约每小时葡萄糖浓度降低 5%，会影响测定结果。

【临床意义】

1. 生理性高血糖　可见于摄入高糖饮食或注射葡萄糖后，或精神紧张、情绪激动、交感神经兴奋，肾上腺分泌增加时。

2. 病理性高血糖

1) 糖尿病　病理性高血糖常见于胰岛素绝对或相对不足引起的糖尿病。

2) 对抗胰岛素的激素分泌过多　如甲状腺功能亢进、肾上腺皮质功能及髓质功能亢进、腺垂体功能亢进、胰岛 α-细胞瘤等。

3) 颅内压增高　颅内压增高(如颅外伤、颅内出血、脑膜炎等)刺激血糖中枢，出现高血糖。

4) 脱水引起的高血糖　如呕吐、腹泻和高热等也可使血糖轻度增高。

3. 生理性低血糖　饥饿或剧烈运动、注射胰岛素或口服降血糖药过量。

4. 病理性低血糖

1) 胰岛素分泌过多　由胰岛 β 细胞增生或胰岛 β 细胞瘤等引起。

2) 对抗胰岛素的激素分泌不足　如腺垂体功能减退、肾上腺皮质功能减退和甲状腺功能减退等。

3）严重肝病患者　肝贮存糖原及糖异生功能低下，不能有效调节血糖。

【思考题】

（1）采血后为什么要立即进行血糖测定？

（2）血糖测定的临床意义是什么？

（付凤洋）

实训五　肝中酮体的生成作用

【实训目的】

验证肝是酮体生成的器官。使学生进一步理解酮体代谢的特点、生理意义及临床意义；学会制备组织（肌、肝）匀浆的操作方法。

【实训原理】

新鲜肝组织匀浆中含酮体生成酶系，与丁酸保温反应后即有酮体生成。酮体在弱碱性环境下可与含亚硝基铁氰化钠的显色粉发生反应，生成紫红色化合物。而经同样处理的新鲜肌肉匀浆不含酮体生成酶系，与丁酸保温后不能反应生成酮体，不能与酮体显色粉作用发生显色反应。

【试剂与器材】

1. 试剂

（1）生理盐水。

（2）洛克溶液：NaCl 0.9 g、KCl 0.042 g、$CaCl_2$ 0.024 g、$NaCO_3$ 0.02 g、葡萄糖(glucose)0.1 g，将上述固体试剂混合溶于水中，溶解后加水至100 ml。

（3）0.5 mol/L 丁酸溶液：取 44.0 g 丁酸溶于 0.1 mol/L 的 NaOH 溶液，并用 0.1 mol/L 的 NaOH 溶液稀释至 1 000 mL。

（4）0.1 mol/L 磷酸缓冲液（pH 值 7.6）：准确称取 $Na_2HPO_4 \cdot 2H_2O$ 7.74 g 和 $NaH_2PO_4 \cdot H_2O$ 0.897 g，用蒸馏水稀释至 500 mL，用 pH 值计精确测定 pH 值。

（5）15%三氯醋酸溶液。

（6）酮体显色粉：亚硝基铁氰化钠[$Na_2Fe(CN)_5NO$]1 g，无水碳酸钠（$NaCO_3$）30 g，硫酸铵[$(NH_4)_2SO_4$]50 g，混合后研碎。

2. 仪器　试管、试管架、解剖剪刀、台式天平、pH 值计、匀浆器、塑料胶头滴管、量筒、离心机、恒温水浴箱、白色瓷点滴板、小药匙等。

【实训操作】

（1）肝匀浆和肌匀浆的制备　取新鲜家兔的肝和骨骼肌，用生理盐水冲洗，剪碎后放入匀浆器中，加入 pH 值 7.6 的磷酸缓冲液（W：V(重量：体积)＝1：3)，研磨成匀浆。

(2) 取试管 4 支，编号后按实训表 5－1 加入试剂(单位：滴)。

实训表 5－1　操作步骤

试剂(mL)	试管 1	试管 2	试管 3	试管 4
洛克溶液	15	15	15	15
丁酸溶液	30	—	30	30
肝匀浆	20	20	—	—
肌匀浆	—	—	—	20
蒸馏水	—	30	20	—

(3) 将上述 4 支试管充分混匀，置于 37℃恒温水浴箱中保温 40～50 min。

(4) 取出各管，分别加入 15％三氯乙酸 20 滴，充分混匀，离心(3 000 转/分)，收集各管上清液置于对应编号的干净玻璃试管中。

(5) 在白色瓷点滴板的 4 个小凹槽中各加一小匙酮体显色粉，用干净吸管吸取各管滤液加入显色粉中，观察颜色发生的反应并解释原因。

【注意事项】

(1) 在剪肝和肌肉和使用匀浆器时注意清洗干净，不要混淆材料。

(2) 可以用滤纸或湿润的棉花过滤获取反应后的上清液。

(3) 亚硝基铁氰化钠具有一定的毒害性，应谨慎使用。

【临床意义】

正常成人血中酮体的含量极少，仅 0.03～0.5 mmol/L，尿酮为阴性。血酮升高，尿酮阳性的临床意义如下：

(1) 酮体是脂肪酸在肝内不彻底氧化的产物，随血液运送到心脏，脑等肝外组织利用。酮体包括乙酰乙酸、β-羟基丁酸及丙酮。丙酮具有挥发性，可随呼吸排出，有“烂苹果”气味。在长期饥饿和严重糖尿病时，由于葡萄糖供应不足，酮体成为大脑的主要能源物质。但酮体产生过多，超出机体的代谢能力时，会导致酮体堆积，严重时会出现酮症酸中毒。检测血酮和尿酮对临床诊断糖尿病酮症酸中毒(DKA)意义重大。

(2) 非糖尿病性酮尿：婴儿或者儿童可因为发热，严重呕吐，腹泻，未能进食而出现酮尿。妊娠期妇女可因严重的妊娠反应出现剧烈的呕吐，重症子痫不能进食，消化吸收障碍等而尿酮体阳性。从预防的角度看，严防饥饿更重要。

(3) 剧烈运动：出现应激状态也可以引起尿酮阳性。

【实训思考】

（1）用观察到的实验现象解释酮体生成的部位。

（2）酮体生成有何生理意义？

（钟奕奕）

实训六　血清转氨酶活性测定

【实训目的】

了解转氨酶在代谢过程中的重要作用及其在临床诊断中的意义，学习转氨酶活性测定的原理和方法。

【实训原理】

转氨基作用是指在转氨酶的催化下，α-氨基酸分子中的氨基转移到α-酮酸分子中的酮基上，进而生成新的α-酮酸和α-氨基酸的过程。

ALT在最适温度和pH值条件下，催化底物丙氨酸和α-酮戊二酸生成丙酮酸和谷氨酸。生成的丙酮酸与2,4-二硝基苯肼作用，生成丙酮酸2,4-二硝基苯腙。丙酮酸2,4-二硝基苯腙在酸性环境中呈草黄色，加碱后呈棕红色，与以同样的方法制作的标准液进行比色，计算出酶的活性。ALT的活性以卡门氏单位表示，即1 mL血清在37℃条件下与足量的底物作用30 min，每生成2.5 μg的丙酮酸称为一个酶活性单位。

$$\text{丙氨酸} + \alpha\text{-酮戊二酸} \longleftrightarrow \text{丙酮酸} + \text{谷氨酸}$$

$$\text{丙酮酸} + 2,4\text{-二硝基苯肼} \longrightarrow \text{丙酮酸-}2,4\text{二硝基苯腙}$$

【试剂与器材】

1. 试剂

(1) 0.1 mol/L磷酸缓冲液(pH值7.4)。

(2) 2.0 μmol/mL丙酮酸钠标准溶液。

(3) 谷丙转氨酶底物。

(4) 2,4-二硝基苯肼溶液。

(5) 0.4 mol/L氢氧化钠溶液。

(6) 人血清(冰箱内保存)。

2. 仪器　试管、试管架、微量加样器、恒温水浴箱、分光光度计。

【实训操作】

(1) 标准曲线的绘制取6支试管，编号为0～5，然后按实训表6-1分别加入试剂。

实训表 6-1　操作步骤

试剂(mL)	试管 0	试管 1	试管 2	试管 3	试管 4	试管 5
丙酮酸钠标准溶液	—	0.05	0.1	0.15	0.2	0.25
谷丙转氨酶底物	0.5	0.45	0.4	0.35	0.3	0.25
磷酸缓冲液	0.1	0.1	0.1	0.1	0.1	0.1
相当于酶活力单位	0	28	57	97	150	200

将试管中各种试剂混匀，置于恒温水浴箱中 37 ℃水浴 30 min；然后分别在各管中加入 2,4-二硝基苯肼 0.5 ml，混匀，再 37 ℃水浴 20 min，然后在各管中分别加入 0.4 mol/L NaOH 5 ml；将所得 6 支试管混匀，10 min 后以对照组调零，用 520 nm 波长比色并读取吸光度。

以吸光度为纵坐标，各管相应的转氨酶单位为横坐标，绘制标准曲线。

(2) 取 3 支试管，编号后按实训表 6-2 操作。

实训表 6-2　操作步骤

试剂(mL)	空白管	标准管	测定管
谷丙转氨酶底物	0.5	0.5	0.5
丙酮酸标准液	—	0.1	—
血清	—	—	0.1
37 ℃水浴 30 min			
2,4-二硝基苯肼	0.5	0.5	0.5
0.1 mol/L 磷酸盐缓冲液	0.1	—	—
37 ℃水浴 20 min			
0.4 mol/L NaOH	5.0	5.0	5.0

试管中液体混匀后，在室温下静置 10 min，以 520 nm 波长比色；以空白管调零，测吸光度；代入标准曲线方程即可计算出样品酶活性单位。

【计算】

$$\text{ALT(U/L)} = \frac{\text{测定管吸光度}}{\text{标准管吸光度}} \times 0.1 \times 88/2.5 \times 10$$

ALT 正常值参考范围：<40 活性单位

【注意事项】

(1) 恒温水浴的温度要求准确到(37±0.5)℃，在 25～37 ℃范围内，温度每升高

1 ℃,其酶活性增高 7%～10%。

(2) 所有器材应绝对干净,保证无酶的抑制剂或激活剂存在并保持中性。

【临床意义】

正常时,转氨酶主要分布在细胞内,血清中酶活性很低。谷草转氨酶以心脏细胞中活性最大,其次为肝脏细胞;谷丙转氨酶以肝脏细胞中的活性最大。如果谷丙转氨酶血清值超过正常值上限,并持续两周以上,表明有肝胆疾病存在的可能。

【实训思考】

测定转氨酶有何临床意义?

(陶艳阳)

主要参考文献

1. 周爱儒.生物化学[M].6 版.北京:人民卫生出版社,2006.
2. 万福生.生物化学[M].2 版.北京:人民卫生出版社,2007.
3. Robert K M, Daryl K D, Peter A M,等.哈珀生物化学(英文影印版)[M].北京:科学出版社,2000.
4. 王易振.生物化学[M].北京:人民卫生出版社,2009.
5. 查锡良.生物化学[M].北京:人民卫生出版社,2009.
6. 何旭辉.生物化学[M].2 版.北京:人民卫生出版社,2010.
7. 潘文干.生物化学[M].6 版.北京:人民卫生出版社,2009.
8. 吴伟平.生物化学[M].2 版.北京:北京出版社,2020.
9. 陈辉.生物化学[M].3 版.北京:高等教育出版社,2019.
10. 田华.生物化学[M].3 版.北京:科学出版社,2012.
11. 蔡太生.生物化学[M].3 版.北京:人民卫生出版社,2015.
12. 刘光艳.生物化学[M].北京:中国科学技术出版社,2010.
13. 阎瑞君.生物化学[M].上海:上海科学技术出版社,2006.
14. 黄平.生物化学[M].北京:人民卫生出版社,2006.
15. 段满乐.生物化学检验[M].北京:人民卫生出版社,2010.
16. 王镜岩.生物化学[M].3 版.北京:高等教育出版社,2002.
17. 郝乾坤,郑里翔.生物化学[M].西安:第四军医大学出版社,2011.
18. 姚文兵.生物化学[M].7 版.北京:人民卫生出版社,2011.
19. 吴梧桐.生物化学[M].6 版.北京:人民卫生出版社,2010.
20. 高国全.生物化学[M].北京:人民卫生出版社,2006.
21. 李玉珍.生物化学[M].北京:化学工业出版社,2017.
22. 唐炳华.生物化学[M].10 版.北京:中国中医药出版社,2017.
23. 瞿静,黄忠仕.生物化学[M].2 版.南京:江苏凤凰科学技术出版社,2018.
24. 郑晓珂.生物化学[M].3 版.北京:人民卫生出版社,2016.
25. 施红.生物化学[M].2 版.北京:中国中医药出版社,2017.
26. 贾弘禔.生物化学[M].3 版.北京:北京大学医学出版社,2005.

中英文对照索引

第六章

第七章

第八章

第九章

第十章

第十一章